普通高等教育工业智能专业系列教材

云控制与工业 VR 技术

东北大学信息科学与工程学院　组编

关守平　谭树彬　编著

机 械 工 业 出 版 社

云控制是计算机控制发展的最新阶段。由于云控制系统是在网络控制系统的基础上形成的，因此本书首先介绍网络控制的基本理论，在此基础上介绍云计算技术和云控制系统理论，包括云控制系统结构、特性、建模和控制方法等。另一方面，虚拟现实（VR）技术是20世纪发展起来的一项全新的实用技术，也是目前的研究热点之一。由于云控制系统目前尚缺少应用实例，因此本书以基于VR技术构造的虚拟化工业装置或过程为被控对象，详细介绍了工业VR技术和设计实例，然后据此设计了一个基于工业VR对象的云控制虚拟仿真实验平台，作为研究云控制理论的实验环境。本书侧重运用经典理论解决实际问题，每种技术配有设计实例，每章配有习题，方便读者深入学习。

本书可作为高等院校工业智能、自动化及相关专业本科生或控制工程及相关专业研究生的教材，也可供科研人员和工程技术人员参考。

本书配套授课电子课件，需要的教师可登录 www.cmpedu.com 免费注册，审核通过后下载，或联系编辑索取（微信：15910938545，电话：010-88379739）。

图书在版编目（CIP）数据

云控制与工业VR技术/东北大学信息科学与工程学院组编；关守平，谭树彬编著 . —北京：机械工业出版社，2021.7（2025.6重印）
普通高等教育工业智能专业系列教材
ISBN 978-7-111-68332-2

Ⅰ.①云…　Ⅱ.①东…　②关…　③谭…　Ⅲ.①计算机控制系统-应用-工业技术-高等学校-教材②智能制造系统-应用-工业技术-高等学校-教材
Ⅳ.①T-39

中国版本图书馆CIP数据核字（2021）第100504号

机械工业出版社（北京市百万庄大街22号　邮政编码100037）
策划编辑：汤　枫　责任编辑：汤　枫
责任校对：张艳霞　责任印制：刘　媛
北京富资园科技发展有限公司印刷

2025年6月第1版·第3次印刷
184mm×260mm·17.75印张·437千字
标准书号：ISBN 978-7-111-68332-2
定价：59.80元

电话服务　　　　　　　　　　　　网络服务
客服电话：010-88361066　　　　机　工　官　网：www.cmpbook.com
　　　　　010-88379833　　　　机　工　官　博：weibo.com/cmp1952
　　　　　010-68326294　　　　金　书　网：www.golden-book.com
封底无防伪标均为盗版　　　　机工教育服务网：www.cmpedu.com

出 版 说 明

人工智能领域专业人才培养的必要性与紧迫性已经取得社会共识，并上升到国家战略层面。以人工智能技术为新动力，结合国民经济与工业生产实际需求，开辟"智能+X"全新领域的理论方法体系，培养具有扎实的专业知识基础，掌握前沿的人工智能方法，善于在实践中突破创新的高层次人才将成为我国新一代人工智能领域人才培养的典型模式。

自动化与人工智能在学科内涵与知识范畴上存在高度的相关性，但在理论方法与技术特点上各具特色。其共同点在于两者都是通过具有感知、认知、决策与执行能力的机器系统帮助人类认识与改造世界。其差异性在于自动化主要关注基于经典数学方法的建模、控制与优化技术，而人工智能更强调基于数据的统计、推理与学习技术。两者既各有所长，又相辅相成，具有广阔的合作空间与显著的交叉优势。工业智能专业正是自动化科学与新一代人工智能碰撞与融合过程中孕育出的一个"智能+X"类新工科专业。

东北大学依托信息科学与工程学院，发挥控制科学与工程国家一流学科的平台优势，于2020年开设了全国第一个工业智能本科专业。该专业立足于"人工智能"国家科技重点发展战略，面向我国科技产业主战场在工业智能领域的人才需求与发展趋势，以专业知识传授、创新思维训练、综合素质培养、工程能力提升为主要任务，突出"系统性、交叉性、实用性、创新性"的专业特色，围绕"感知-认知-决策-执行"的智能系统大闭环框架构建工业智能专业理论方法知识体系，瞄准智能制造、工业机器人、工业互联网等新领域与新方向，积极开展"智能+X"类新工科专业课程体系建设与培养模式创新。

为支撑工业智能专业的课程体系建设与人才培养实践，东北大学信息科学与工程学院启动了"工业智能专业系列教材"的组织与编写工作。本套教材着眼于当前高等院校"智能+X"新工科专业课程体系，侧重于自动化与人工智能交叉领域基础理论与技术框架的构建。在知识层面上，尝试从数学基础、理论方法及工业应用三个部分构建专业核心知识体系；在功能层面上，贯通"感知-认知-决策-执行"的智能系统全过程；在应用层面上，对智能制造、自主无人系统、工业云平台、智慧能源等前沿技术领域和学科交叉方向进行了广泛的介绍与启发性的探索。教材有助于学生构建知识体系，开阔学术视野，提升创新能力。

本套教材的编著团队成员长期从事自动化与人工智能相关领域教学科研工作，有比较丰富的人才培养与学术研究经验，对自动化与人工智能在科学内涵上的一致性、技术方法上的互补性以及应用实践上的灵活性有一定的理解。教材内容的选择与设计以专业知识传授、工程能力提升、创新思维训练和综合素质培养为主要目标，并对教材与配套课程的实际教学内容进行了比较清晰的匹配，涵盖知识讲授、例题讲解与课后习题，部分教材还配有相应的课程讲义、PPT、习题集、实验教材和相应的慕课资源，可用于各高等院校的工业智能专业、人工智能专业等相关"智能+X"类新工科专业及控制科学与工程、计算机科学与技术等相关学科研究生的课堂教学或课后自学。

"智能+X"类新工科专业在 2020 年前后才开始在全国范围内出现较大规模的增设,目前还没有形成成熟的课程体系与培养方案。此外,人工智能技术的飞速发展也决定了此类新工科专业很难在短期内形成相对稳定的知识架构与技术方法。尽管如此,但考虑到专业人才培养对相关课程和教材建设需求的紧迫性,编写组在自知条件尚未完全成熟的前提下仍然积极开展了本套系列教材的编撰工作,意在抛砖引玉,摸着石头过河。其中难免有疏漏错误之处,诚挚希望能够得到教育界与学术界同仁的批评指正。同时也希望本套教材对我国"智能+X"类新工科专业课程体系建设和实际教学活动开展能够起到一定的参考作用,从而对我国人工智能领域人才培养体系与教学资源建设起到积极的引导和推动作用。

前　言

党的二十大报告中提出，实施科教兴国战略，强化现代化建设人才支撑。坚持教育优先发展、科技自立自强、人才引领驱动，加快建设教育强国、科技强国、人才强国，坚持为党育人、为国育才，全面提高人才自主培养质量，着力造就拔尖创新人才，聚天下英才而用之。

教育是国之大计、党之大计。培养什么人、怎样培养人、为谁培养人是教育的根本问题。报告中指出要加强教材建设和管理，推进教育数字化，建设全民终身学习的学习型社会、学习型大国。

云控制与工业 VR 技术是一门将控制、云计算和虚拟现实（VR）三个热点技术相结合的崭新课程，所涉及的内容是国家新基建战略的重要技术基础，因此应将课程思政与课程教学本身进行有机结合。了解我们国家在这些领域取得的最新技术成果，同时正视在某些基础技术方面存在的差距，从而激励学生增强民族自信心、使命感和责任感，进而推动我们国家在控制、网络、云计算、工业 VR 等技术领域的不断发展。

现代人工智能是以大数据为基础的，而大数据的存储和运算是以云计算为平台的，因此掌握云计算原理并熟练应用是目前从事信息领域研究人员的必备条件。本书将云计算引入控制领域，给出云控制的概念、结构，并据此进行云控制系统的建模和控制方法研究。书中进一步将云控制概念具体化，从云计算平台组建、云控制系统特性分析、云控制系统建模与控制器设计、云控制系统实现等方面，将云控制概念全面呈现给读者。由于云控制是在网络控制的基础上实现的，因此本书也详细介绍了网络控制系统的特性，以及建模和控制器设计方法。目前云控制系统还处于一个研究的初步阶段，缺少实用化的控制实例，因此本书基于控制系统虚拟仿真的思想，在详细介绍工业 VR 技术的基础上，应用 VR 技术建立虚拟化的工业装置或过程，并以此为被控对象，设计开发了一个基于工业 VR 对象的云控制虚拟仿真实验平台，将本书所涉及的技术有机结合起来，同时为读者提供一个理论研究和工程应用的实际环境。本书侧重运用经典理论进行系统分析设计，并注重理论与实际相结合，在介绍网络控制、云控制和工业 VR 常规技术的同时，分别自行设计了三种技术的各自应用实例供读者参考。本书的编写结合了作者多年来从事本科生和研究生的教学经验，因此相信本书会为从事工业智能，自动化及其相关专业的本科生、研究生和科研人员带来有益的帮助。

本书共 11 章。其中第 1 章介绍了计算机控制系统的基本概念，以及网络控制、云控制和工业 VR 技术的定义、特性、基本问题和研究内容；第 2 章介绍了网络控制基础知识，包括网络通信知识、控制网络性能分析和网络环境下采样周期的选择方法；第 3 章介绍了网络控制系统控制器设计方法，包括 PID 控制器和 Smith 预估控制器；第 4 章介绍了一个基于校园网络的网络控制实验系统设计实例；第 5 章介绍了云计算基础知识；第 6 章介绍了云控制系统的性能分析与控制器设计方法，包括极点配置设计方法和李雅普诺夫稳定性设计方法；第 7 章介绍了一个温室环境云控制系统设计实例；第 8 章介绍了 VR 技术基础知识；第 9 章介绍了工业 VR 关键技术；第 10 章介绍了一个冶金行业连轧过程轧机厚度控制（AGC）系统 VR 设计实例；第 11 章综合应用前述所介绍技术，设计开发了一个基于工业 VR 对象的云控制虚拟仿真实验平台。

本书第 1~7 章和第 11 章由关守平编写，第 8~10 章由谭树彬编写，全书由关守平统稿。本书在编写过程中参考了有关文献内容，这些文献均列入本书的参考文献中，在此对文献作者表示诚挚的谢意。

由于编者水平有限，书中难免存在不妥和错漏之处，希望读者批评指正。

编　者

目　　录

第1章 绪　论

云控制系统是计算机控制系统发展的最新阶段。自从 1946 年世界第一台数字计算机诞生以来，就引起了一场深刻的科学技术革命。20 世纪 50 年代初产生了将数字计算机用于控制的思想，从 20 世纪 60 年代开始，出现了计算机控制系统的概念，经过集中控制、分散控制和总线控制三个阶段，发展到了 21 世纪初的网络控制；从 2010 年开始，随着云计算（Cloud Computing）的出现，研究者提出了云控制的思想。这是一种新的计算机控制系统结构，在智能技术大发展的今天，从理论到实际应用中必将引起新的热潮，从而推动计算机控制理论的新发展。

虚拟现实（Virtual Reality，VR）技术是 20 世纪发展起来的一项全新的实用技术，也是目前的研究热点之一。由于云控制系统目前尚缺少应用实例，因此本书基于 VR 技术构造虚拟化的工业装置或工业过程作为被控对象，然后据此设计了一个基于工业 VR 对象的云控制虚拟仿真实验平台，作为研究云控制理论的实验环境。

1.1　计算机控制系统概述

1.1.1　计算机控制系统基本概念

控制是指对某一对象施加作用，使其按照预想的指标运行的过程。工业上的控制一般是闭环控制，由控制器和被控对象两大部分组成，其典型的常规控制系统结构如图 1.1 所示。

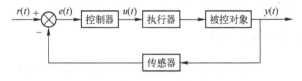

图 1.1　常规控制系统结构图

从常规控制系统来看，对于单位负反馈控制系统，为了获得控制信号，要将被控量 $y(t)$ 与给定值 $r(t)$ 相比较，得到偏差信号 $e(t)=r(t)-y(t)$。然后利用 $e(t)$ 进行控制，产生控制量 $u(t)$ 作用于被控对象上，使系统的偏差减小，直到消除偏差，达到使被控量接近或等于给定值的目的。由于这种控制的被控量是控制系统的输出，被控量的变化值又反馈到控制系统的输入端，与作为系统输入量的给定值相减，所以称为闭环负反馈控制系统。上述 $y(t)$、$u(t)$、$r(t)$ 和 $e(t)$ 皆为连续时间信号。

在闭环反馈控制系统中，传感器对被控对象的被控量（如温度、压力、流量、成分、位移等物理量）进行测量，将物理信号变换成一定形式的电信号，反馈给控制器。控制器将与反馈信号对应的工程量和系统的给定值相比较，然后控制器根据误差信号，应用一定的控制算法（如 PID 控制）产生控制信号，驱动执行器进行工作，使被控量与给定值相一致。一般可以认为，系统的执行器、传感器和被控对象组成了控制系统的广义被控对象，后面所指的控制对象，如不做特殊说明，都是指广义被控对象。现在工业界应用的控制器，通常都是由计算机系统来实现的，其典型结构如图 1.2 所示。因此，这种由计算机参与并作为核心环节的自动控制系统，称为计算机控制系统。

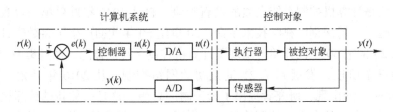

图 1.2　计算机控制系统典型结构图

控制系统中引入计算机，就可以充分利用计算机强大的计算、逻辑判断和记忆等信息处理能力，运用微处理器或微控制器的丰富指令，编制出满足某种控制规律的程序。只要执行该程序，就可以实现对被控对象的控制。

在计算机控制系统中，计算机处理的都是数字信号。因此在这样的控制系统中，需要有将模拟信号转换为数字信号的模/数（A/D）转换器，以及将数字信号转换为模拟信号的数/模（D/A）转换器。所以，计算机控制系统也可以称为数字控制系统，该系统中，既有模拟信号 $y(t)$ 和 $u(t)$，也有数字信号 $y(k)$、$r(k)$、$e(k)$ 和 $u(k)$。

计算机控制系统执行控制程序的过程如下。

1）实时数据采集：对被控参数按一定的采样时间间隔进行测量，并将采样结果输入计算机。

2）实时计算：对采集到的被控参数进行数据处理后，按预先规定的控制规律进行控制律的计算，确定当前的控制量。

3）实时控制：根据实时计算结果，将控制信号送往执行器。

1.1.2　计算机控制系统发展历程

最初的计算机控制系统是直接数字控制系统（Direct Digital Control，DDC），它在 20 世纪 60 年代占据了主导地位。DDC 强调计算机直接参与到对象进程的控制中，传感器的模拟量输出和执行器的模拟量输入都和数字计算机点对点连接。DDC 是完全集中的体系结构，全部的控制策略在一台或几台计算机中完成，因此这种计算机控制系统结构也称为集中控制系统（Integrated Control System，ICS）。

集中控制系统具有结构简单、易于构建、系统造价低等优点，因此在计算机应用的初期得到了较为广泛的应用。在现今的工业生产过程中，如果被控对象较为简单，或者可靠性要求不高，也可以采用计算机集中控制系统的结构。但是由于集中控制系统高度集中的控制结构，功能过于集中，计算机的负荷过重，计算机出现任何故障都会产生非常严重的后果，所以该系统较为脆弱，安全可靠性得不到保障。而且系统结构越庞大，系统开发周期越长，现场调试、布线施工等费时费力，很难满足用户的要求。

随着控制系统规模的日益扩大及计算机技术的进一步发展，集散控制系统（Distributed Control System，DCS）产生了。DCS 比 DDC 在控制方面有了很大的进步，因为它将控制分散在几个小型的控制器中，而每个控制器处理部分控制回路，这样，一个故障只会影响系统的一部分。DCS 在 20 世纪七八十年代占主导地位，在国内工业控制系统中得到了广泛的应用。

集散控制系统一般采用二级结构。第一级为前端计算机，也称为下位机或直接控制单元，它直接面对对象，完成实时控制、前端处理功能；第二级为中央处理机，又称为上位机，完成管理、监控等功能，实现最优控制。上位机与多个直接控制单元一般位于控制室中，其间以高速数据通道或专用通信网络连接；而直接控制单元与生产过程中的多个设备之间一般通过电缆进行连接。由于一个控制单元一般只完成一个控制点的闭环控制，而上位机又不参与直接控制，因此计算机的故障不会导致整个生产过程计算机控制系统的瘫痪，从而大大提高了整个过程控制系统的可靠性。同时，其积木式的结构，使控制系统的结构灵活、易于扩展。

DDC 和 DCS 都属于点对点的连线结构。随着科学技术的发展，被控对象和控制系统日益复杂化，控制系统各部件间需要的信息越来越多，这种点对点结构的控制系统逐渐显示出一定的局限性，主要表现在连线繁杂，维护、升级、扩展困难等。此外，这种控制系统结构也不适合如模块化、分散化、综合诊断、维护快速简易和低成本等一些新的控制要求。因此，这种点对点连接的控制网络越来越不能满足当今信息化的要求，这就对网络控制系统的产生提出了迫切的需求。另外，随着软硬件产品价格的不断下降，传感器、执行机构和驱动装置等现场设备的智能化，也为通信网络在控制系统更深层次的应用提供了必要的物质基础。

现场总线控制系统（Fieldbus Control System，FCS）是 20 世纪 90 年代兴起的一种先进的工业控制技术，它是网络控制系统的初级阶段。现场总线出现以后，网络化、集成化、智能化便成为控制系统发展的一种必然趋势。现场总线把通信网络一直延伸到生产设备现场，信号传输的全数字化提高了信号转换的精度和可靠性，避免了模拟信号传输过程中存在的信号衰减、精度下降、干扰信号的引入等长期难以解决的问题。同时，在 FCS 中具有微处理器的智能 I/O 与设备构成独立的控制单元，控制功能直接下放到现场，达到了完全的分散控制。

FCS 技术经过多年的发展，虽然取得了很大的成就，在很多领域都得到了广泛的应用，但也存在着许多问题，制约其应用范围的进一步扩展。首先，现场总线的选择，虽然目前国际电工委员会（International Electrotechnical Commission，IEC）已经统一了国际总线标准，但总线种类仍然有十余种，并且各厂家自成体系，不能达到完全开放，难以实现互换与互操作。其次，现场总线仍是一种分层的专用网络，管理和控制分离，难以实现整个工厂的综合自动化及远程控制。

现场设备控制需要进一步趋向于分布化、扁平化和智能化。控制技术和控制系统应该与企业的商业战略相联系，不仅需要将控制系统的各部分集成到一起，而且需要将控制系统（硬件和软件）集成到整个企业系统中。企业的这种组织管理模式客观上要求信息网络与控制网络的一体化，两者的分离必将会阻碍信息的上行下达，降低企业的生产管理效率。将控制网络融入企业信息网络，可以实现集中管理、高层监控和企业的综合自动化，为进一步接入更大的网络系统，如 Intranet、WAN、Internet 等打下基础，从而实现远程监控、远程诊断和远程维护。

因此，控制系统采用统一的网络协议和结构模型是当今控制界的共识。TCP/IP 是一个跨平台的通信协议组，能方便地实现异种机互联，它促成了计算机信息网络及 Internet 近十年的飞速发展。TCP/IP 由信息网络向底层控制网络延伸和扩展，形成控制与信息一体化全开放分布式网络，符合计算机、网络和控制技术融合的潮流，是发展的必然趋势。于是 21 世纪初，产生了网络控制系统（Networked Control System，NCS）。

由于 NCS 属于一种彻底的分布式控制结构，因此它具有连线少、可靠性高、易于系统扩展，以及能够实现信息资源共享等优点。但同时由于网络通信带宽、承载能力和服务能力的限制，使数据的传输不可避免地存在时延、丢包、多包传输及抖动等诸多问题，导致控制系统性能的下降甚至不稳定，同时也给控制系统的分析、设计带来了很大困难。

从 2010 年开始，出现了云计算的概念。云计算是通过网络提供可伸缩的廉价的分布式计算能力，是并行计算（Parallel Computing）、分布式计算（Distributed Computing）和网格计算（Grid Computing）的发展。云计算是虚拟化（Virtualization）、效用计算（Utility Computing）、将基础设施作为服务（Infrastructure as a Service，IaaS）、将平台作为服务（Platform as a Service，PaaS）和将软件作为服务（Software as a Service，SaaS）等概念混合演进并跃升的结果，能达到 10 万亿次的运算能力。在实际系统中，云计算首先将大量的计算机通过网络连接起来，将其虚拟化成可配置资源的共享资源池，其中包括计算、软件支持、数据访问和存储的服务，然后把计算任务加载到资源池中完成计算。终端用户不需要了解"云"中基础设施的细节，不必具有相应的专业知识，无须知道服务提供者的物理位置和具体配置就能进行使用。在这个系统中，计算机和其他设备通过网络提供了一种服务，使用户能够通过网络访问和使用，进行资源共享、软件使用和信息读取等，就如同这些设备安装在本地。云计算系统的处理能力不断提高，可以减少用户终端的处理负担，最终使用户终端简化成一个单纯的输入/输出设备，并能够按需购买。云计算的虚拟化、多粒度（节点）、动态调度、软计算的特性一方面使其更具高效性、开放性和可扩展性，另一方面也使得云计算具有更大的不确定性，给基于云计算的控制系统设计带来了新的挑战。

在工业控制方案中引入云计算，形成云控制系统（Cloud Control System，CCS）。在云端利用深度学习等智能算法，结合网络化预测控制、数据驱动控制等方法实现系统的自主智能控制，同时利用高速通信通道保证控制的实时性。云控制系统在不增加硬件成本的前提下，可以针对不同被控对象的不同状态，灵活地选择云控制器中相应的控制算法，实现多种被控对象的"定制化"控制。因此，云控制系统将是继集中控制系统、分散控制系统、总线控制系统和网络控制系统后的下一代控制系统新方式。

CCS 可以认为是云计算与网络控制系统的融合。网络控制系统本身由于网络的存在而具有不确定性，云控制系统由于云计算的加入而进一步增加了系统的不确定性，其主要原因是云计算平台负载动态变化，计算资源也动态变化，多种资源动态变化导致云计算系统不确定性的存在。众多不确定性的混合给云控制系统的建模和控制研究增加了难度。目前云控制系统相关的理论和技术问题已经引起了研究者的重视，并取得了初步的研究成果。

1.2　网络控制系统基本概念

1.2.1　网络控制系统定义与特点

网络控制系统（NCS）是指传感器、控制器和执行器机构通过通信网络形成闭环的控制系统。也就是说，在 NCS 中控制部件间通过共享通信网络进行信息（对象输出、参考输入和控制器输出等）交换。图 1.3 是网络控制系统的典型结构图，即在计算机控制系统的基础上，在控制器和被控对象之间加入通信网络（有线或无线网络），使传感器到控制器的反馈通道信息传输和控制器到执行器的前向通道信息传输通过通信网络进行，从而实现了对被控对象的计算机远程控制。

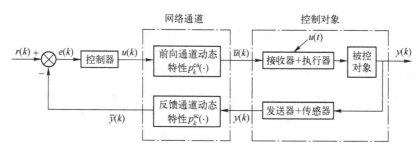

图 1.3　网络控制系统典型结构图

由于通信网络所表现出来的复杂性和不确定特性，相当于在控制器与控制对象之间增加了一个不确定的动态环节，其中反馈通道的动态特性用 $p_k^{sc}(\cdot)$ 表示，前向通道的动态特性用 $p_k^{ca}(\cdot)$ 表示，下角标 k 表示网络 k 时刻的动态特性。反馈通道的信息 $y(k)$ 经过网络传输到达控制器变成了 $\bar{y}(k)$，$\bar{y}(k)=p_k^{sc}(y(k))$；前向通道的信息 $u(k)$ 经过网络传输到达执行器变成了 $\bar{u}(k)$，$\bar{u}(k)=p_k^{ca}(u(k))$。网络的加入也使被控对象的结构发生了变化，增加了通信接收器和通信发送器。通信接收器包括通信网络接口和 D/A 转换器，通过网络接口接收数字控制信号并进行 D/A 转换后作用于执行器；通信发送器包括 A/D 转换器和通信网络接口，将检测信号进行 A/D 转换后变成数字信号，通过网络接口将数字信号打包发送到网络上。

因此，在将通信网络引入控制系统，连接智能现场设备和自动化系统，实现现场设备控制的分布化和网络化的同时，也增加了控制系统的复杂性。与传统的点对点控制模式相比，这种网络化的控制模式具有信息资源共享、连接线数大大减少、易于扩展与维护、高效、可靠和灵活等优点，但同时由于网络通信带宽、承载能力和服务能力的限制，使数据的传输不可避免地存在时延、丢包、多包传输及抖动等诸多问题，导致控制系统性能的下降甚至不稳定，同时也给控制系统的分析、设计带来了很大困难，因此对这个问题的研究和探索是极为必要的，近年来国内外许多学者积极地投入到该领域的研究。

与常规计算机控制系统相比，网络控制系统具有如下的特点。

1）结构网络化：NCS 最显著的特点体现在网络体系结构上，它支持如总线型、星形、树形等拓扑结构，与传统分层控制系统的递阶结构相比显得更加扁平和稳定。

2）节点智能化：带有 CPU 的智能化节点之间通过网络实现信息传输和功能协调，每个节点都是组成网络的一个细胞，且具有各自相对独立的功能。

3）控制现场化和功能分散化：网络化结构使原来由中央控制器实现的任务下放到智能化现场设备上执行，使危险得到了分散，从而提高了系统的可靠性和安全性。

4）系统开放化和产品集成化：NCS 的开发遵循一定标准进行，是一个开放的系统。只要不同厂家根据统一标准来开发自己的产品，这些产品之间便能实现互操作和集成。

控制系统中引入网络后，网络的自身特点将不可避免地造成网络控制系统的复杂性，主要表现在如下方面。

1）网络环境下，多用户共享通信线路且流量变化不规则，这必然导致网络时延，同时采用不同的网络协议会使时延具有不同的性质。

2）传输数据流经众多的计算机和通信设备且路径不唯一，这会导致网络时延和网络数据包的时序错乱。

3）在网络中由于不可避免地存在网络阻塞和连接中断，这又会导致网络数据包的时序错乱和数据包丢失。

对网络控制系统的评价通常有两个标准：网络服务质量（Quality of Service，QoS）和系统控制性能（Quality of control Performance，QoP）。前者的评价指标包括网络吞吐量、传输效率、误码率、时延可预测性和任务的可调度性；后者的评价指标和常规控制系统一样，包括稳定性、快速性、准确性、超调和振荡等。一个合理的通信协议可以确保网络服务质量；同时，只有充分考虑了控制系统网络化特点的控制算法或控制器设计方案，才能够保证网络控制系统的控制性能。网络协议的静态服务性能指标（如数据帧长度、通信速率、网络拓扑等）和动态服务性能指标（如网络时延特性、丢包率等）都将影响网络控制系统的整体性能。特别是考虑网络时延和信息丢失对系统稳定性和各项控制性能指标的影响，对于网络控制系统研究具有重要的意义。

1.2.2　网络控制系统基本问题与研究内容

网络控制系统给控制领域带来极大利益的同时，也存在很多难以解决的问题。由于控制系统通过网络形成闭环控制，网络中存在的不确定因素必然给控制系统的分析和设计带来很多困难。

（1）共享资源的优化调度

当多个控制回路连接到同一控制网络时，网络带宽的优化调度问题就变得格外重要。这时控制性能的好坏不仅依赖于控制算法的设计，还要依靠共享网络资源的调度。在计算机科学研究领域，单 CPU 或多 CPU 系统的实时调度算法已经得到充分的研究，但对网络控制系统来说，调度算法不仅要满足可调度性，还要满足控制系统的稳定性。

（2）网络诱导时延

多用户共享通信网络且流量变化不规则，导致网络诱导时延，降低系统的性能甚至引起系统不稳定。在 NCS 中可能存在多种不同性质的时延（常数、有界、随机时变等），属于哪一种主要由网络的协议、负荷和带宽等来决定。网络诱导时延的存在使得系统的分析变得非常复杂，虽然时延系统的分析和建模近年来取得了很大进展，但由于网络控制系统中时延的不确定性，现有的方法一般不能直接应用。

（3）单包传输和多包传输

单包传输是指 NCS 中的传感器、控制器的一个待发送数据被捆在一个数据包中一起发送。而多包传输是指 NCS 中的传感器、控制器的一个待发送数据被分成多个数据包进行传输。在 NCS 中，当需要一次性传输的数据量过大，又受到单包字节大小的限制时，就必须将这些数据分成多个数据包进行传输。另外，由于 NCS 的传感器和执行器常常是分散分布的，要将这些数据放在一个数据包中往往是不可能的。

（4）数据包的时序错乱

在网络环境下，被传输的数据流经众多计算机和通信设备的路径往往不唯一，这必然会导致数据包的时序错乱。时序错乱使得原来有一定先后次序的数据包，在从源节点发送到目标节点时，其到达的时序与原来的时序不同。时序错乱必然导致该到达的数据包不能按时到达，使得控制系统不能及时利用信息，难以实现实时性。

（5）数据包丢失

在 NCS 中，由于不可避免地存在网络阻塞和连接中断，这又必然会导致数据包的丢失。虽然大多数网络都具有重传机制，但它们也只能在一个有限的时间内传输，当超出这个时间后，数据就会丢失。传统的点对点结构的控制系统基本上都是同步和定时的系统，它对系统中的参数或者未建模动态具有较强的鲁棒性，但可能完全不能容忍数据网络的结构和参数的改变（网络中的数据包丢失可以看成网络结构和参数的改变）。因此在 NCS 的设计中，对数据包的丢失问题必须寻找相应的解决方法。

（6）节点的驱动方式

NCS 的节点有两种驱动方式：时钟驱动和事件驱动。时钟驱动是指网络节点在一个确定的时间到达时开始动作，事件驱动是指网络节点在一个特殊事件发生时开始动作。NCS 的传感器一般采用时钟驱动，而控制器和执行器既可以是时钟驱动，也可以是事件驱动。一般情况下，控制器和执行器采用事件驱动优于时间驱动，因为这样能够及时地利用信息，减少了时延。但是当进行多包传输或产生时序错乱时，事件驱动机制将变得复杂，设计上存在很大困难。

对网络控制系统的研究包括三个方面。

（1）对网络的控制（Control of Network）

对网络的控制是指围绕网络的服务质量，从拓扑结构、任务调度算法和介质访问控制层协议等不同的角度提出解决方案，满足系统对实时性的要求，减小网络时延、时序错乱、数据包丢失等一系列问题。该研究可以运用运筹学和控制理论的方法来实现，包括 NCS 体系结构和通信协议的研究、NCS 时延分析和网络调度、NCS 数据包传送的问题、NCS 中带通信约束的控制问题、NCS 的系统与信息集成等。

（2）通过网络的控制（Control through Network）

通过网络的控制是指在现有的网络条件下，设计相适应的 NCS 控制器，保证 NCS 良好的控制性能和稳定性，可以通过建立 NCS 数学模型用控制理论的方法进行研究；包括 NCS 的数学模型、NCS 的极点配置设计方法、NCS 的最优化设计方法、NCS 的鲁棒控制设计方法、NCS 的智能控制设计方法、NCS 的性能分析等。

（3）着眼于网络控制系统总体性能指标的综合控制（Integrated Control and Network）

着眼于网络控制系统总体性能指标的综合控制是指考虑在提高网络性能和控制性能的基

础上，优化和提高整个 NCS 的性能；包括协同考虑控制与调度、NCS 中的并行计算等。

1.3 云控制系统基本概念

1.3.1 云控制系统定义与结构

云控制系统（CCS）是云参与并作为核心环节的计算机控制系统，包含网络控制系统的全部内容。一般来说，云中包含全部的控制算法，但是在有边缘计算参与的典型云控制系统中，由于边缘层卸载了部分实时性要求强的控制任务，因此云中也可能只包含部分控制算法（如计算量大的优化算法等）。由于边缘计算也属于云计算的一种，因此本书统一将其抽象为云计算模型。图 1.4 是云控制系统理论结构模型，该结构由云端、网络端和对象端三部分组成。即在网络控制系统的基础上（见图 1.3），将控制器置于云端，传感器到控制器的反馈通道信息传输和控制器到执行器的前向通道信息传输通过通信网络与云端进行交互，从而实现了对被控对象的计算机远程控制。

图 1.4　云控制系统理论结构模型

云控制系统的出现也使计算机控制系统设计的理念发生了深刻的变化。纵观目前计算机控制系统的设计以及所使用的各种控制系统，即从集中控制系统、分散控制系统、总线控制系统到网络控制系统，它们主要围绕"控制器"这一核心进行系统设计和软硬件配置，主要的焦点是运行各种控制算法的计算机，而被控对象（或过程）则一般置于远端，常规控制系统抽象结构如图 1.5 所示。在这种控制系统结构中，为了提高控制器的性能，需要在计算机控制系统软硬件配置上不断提高；另外，信号的远距离传输也需要铺设大量的电缆等，因此控制系统的建设和运行维护成本较高。

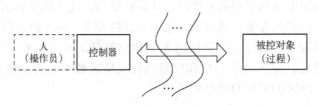

图 1.5　常规控制系统抽象结构

而云控制系统抽象结构如图 1.6 所示，其核心理念是使控制系统设计围绕被控对象（或过程）进行，而将控制器置于远方，主要焦点是被控对象，而不是控制器（计算机），这有利于对被控对象实时状态的把控。高速通信信道和云计算的出现为这种控制系统结构提供了可能性，可以将各种控制器（控制算法、优化算法等）置于远方的"云"中，构成云控制器，而被控对象端只需要通过高速通信信道发送现场检测信号和接收远方控制信号即可。

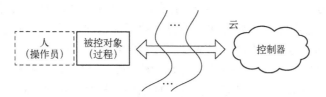

图 1.6　云控制系统抽象结构

　　云控制系统的一种具体实现结构如图 1.7 所示。在云端服务器建立数据库、控制算法库和优化算法库等，彼此互相连接，通过服务器软件进行云端管理。云端服务器通过互联网与各个被控对象端进行信息交换。被控对象端顶层为互联网通信接口，中层为检测器与执行器，底层为被控对象。检测器实时检测底层被控对象的各个状态变量，并通过通信接口提交至云端服务器；执行器依据通信接口接收从云端传来的控制信号，进而对被控对象的各操作变量进行实时控制。监控端可以是移动设备终端（如手机等）或者计算机，通过互联网与云端进行信息交换，供实时监控被控对象的运行状态。

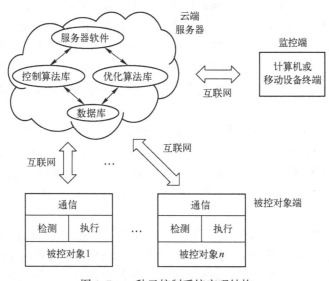

图 1.7　一种云控制系统实现结构

　　该结构可以有效克服现有控制系统控制算法更新替换不灵活、对于系统硬件要求高的问题，使控制系统设计更加灵活、方便。在不增加硬件成本的前提下，可以针对不同被控对象的不同状态，灵活地选择云控制器中相应的控制算法，实现多种被控对象的"定制化"控制。

1.3.2　云控制系统基本问题与研究内容

　　从图 1.4 可以看出，云控制系统可以认为是云计算与网络控制系统的融合，包括了网络控制系统的全部特性。网络控制系统本身由于通信网络的复杂性和被控对象的模型误差而具有不确定性，云控制系统由于云计算的加入而进一步增加了系统的不确定性，其主要原因是云计算平台负载动态变化，计算资源也动态变化，多种资源动态变化导致云计算系统不确定性的存在。众多不确定性的混合给云控制系统的建模和控制研究增加了难度。

因此为了便于分析，可对云控制系统结构进行分解，进而对不确定性进行分解，如图 1.8 所示，认为云控制系统主要存在三个方面的不确定性：云端不确定性、网络端不确定性和被控对象端不确定性，三者结合形成整个云控制系统的不确定性。这种分解策略的优点是可以充分利用网络控制系统的理论成果（如网络控制系统的时延模型），集中精力进行云控制系统的不确定性分析；在此基础上，将三种不确定性模型按照某种原则有效结合，从而建立云控制系统的不确定性模型，简化云控制系统不确定性建模的难度。

图 1.8　云控制系统不确定性分解图

云控制系统中由于云计算这一动态资源的加入，相较于网络控制系统，不确定性更多，如时延不确定性、丢包现象、时序错乱现象等，其中时延的不确定性由于云计算中资源的动态调度更加突出，是一种最主要的不确定特性。由于时延的存在，系统的前向通道和反馈通道就不能保证系统正常、稳定地工作。前向通道的时延相当于被控设备接收不到控制信息，而反馈通道的时延相当于系统没有负反馈，系统等价于开环系统，容易导致系统发散。而且由于系统中有时延，控制信息不能实时地传递给被控设备，输出信息也不能实时地反馈给控制器，从而使整个系统的稳定性和过渡过程性能变差，信息传输的连续性遭到破坏，系统输出响应严重变形。

与网络控制系统相比，云控制系统时延分析更加复杂，主要体现在如下几个方面。

1）网络控制系统的组成中，当传感器到控制器，或者控制器到执行器的连接不是网络连接时，则不必考虑网络特性（网络时延），这样就会大大简化控制器设计。但是在云控制系统设计中，这种假定不存在，因为传感器或者执行器与云端的连接必须通过网络，因此网络特性更加复杂。

2）网络控制系统中为了研究问题方便，通常将前向通道时延和反馈通道时延合并，成为一个总的时延，置于前向通道中。但是这种合并是有前提的，即控制器的结构和参数不随时间改变。事实上，云计算系统是动态变化的，这种假设在云控制系统中不一定成立，云控制系统前向通道时延和反馈通道时延要分开考虑；进一步，网络端时延和云端时延也应该分开考虑，因为网络端的时延是数据传输的时延，而云端的时延是资源调度和数据计算的时延。

3）一般来说，云端的可靠性要远远大于网络端的可靠性，因此云端的时延不确定性一般会遵从某一概率分布，较少会发生极端情况。以丢包为例，云端丢包的概率会很小，而网络端的丢包概率会很大，一旦发生丢包现象，则网络端时延就会取极值（最大情况）。

对云控制系统的研究目前还处于初始阶段，参照网络控制系统的研究内容，大体上包括三个方面。

（1）对云的控制（Control of Cloud）

对云的控制是指围绕云计算的服务质量，从服务模式、虚拟化技术、负载均衡技术、集群技术、容错技术和分布计算技术等不同的角度提出解决方案，满足系统对实时性的要求，减小资源调度和云计算时延、数据包时序错乱、数据包丢失等一系列问题，可以运用运筹学和控制理论的方法来实现。

（2）通过云的控制（Control through Cloud）

通过云的控制是指在现有的云计算条件下，设计相适应的 CCS 控制器，保证 CCS 良好的控制性能和稳定性，可以通过建立 CCS 数学模型用控制理论的方法进行研究；包括 CCS 的数学模型、CCS 的极点配置设计方法、CCS 的最优化设计方法、CCS 的鲁棒控制设计方法、CCS 的性能分析等。

（3）云控制的安全性问题（Cloud Control Security）

云控制系统中，云服务器端通过网络将控制指令传输给被控对象的执行器端，同时，被控对象中的传感器将检测到的数据反馈给云服务器端。在这个过程中，若通信网络遭受攻击，会影响系统的运行性能，严重时甚至会影响系统稳定性。因此，保证云控制系统的安全性、可靠性十分重要。目前，针对云控制系统的主要网络攻击形式包括拒绝服务（Denial-of-Service，DoS）攻击、假数据注入（Fade Data Injection，FDI）攻击、重放（Replay）攻击等。

1.4　工业 VR 技术基本概念

1.4.1　工业 VR 定义与特点

工业 VR（Industrial VR，IVR），简单地讲，就是 VR+工业，即虚拟现实技术在工业上的具体应用，如图 1.9 所示。实际的工业过程经过仿真技术的数字化，转化为可以计算机仿真重现的数字化工业过程，然后采用虚拟现实技术，将生产或工艺数据可视化，实现工业过程和虚拟现实技术的良好融合，形成工业 VR。

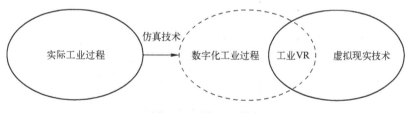

图 1.9　工业 VR 技术

虚拟现实技术和工业的结合与应用需求越来越迫切，将 VR 技术应用于工业过程的设计、控制、服务、制造和演示等，通过数学模型和虚拟动画实现工业实际设备或生产线的"软对象"建立，将"软对象"作为设计或控制主体，在计算机上虚拟再现，仿真实际生产过程或动作流程，减小投入成本，降低设计风险，甚至使无法实现的条件变为可能。

在将 VR 技术应用于工业领域时，突显出 VR 技术不可比拟的应用优势和性能。它可以无障碍、无阻滞地实现对三维立体空间事物的观察和操作，生动地模拟出实际的工业生产场景，可以良好地应用于制造、装配、安全监测、建筑和室内设计等领域。

工业 VR 技术以计算机网络技术、现代信息技术为依托，实现 VR 技术与现代工业实际过程的模拟、仿真或数字重现，是一种基于高度逼真的模拟化人机界面技术，可以达到基于自然技能和真实体验的人机交互系统。工业 VR 相对于一般的 VR，还有其特殊的性能和特征。

1）网络化。在网络技术为支撑的、并行式的设计结构系统之中，实现了对产品设计、工程分析、生产制造三者的统一和集成。它可以快速地响应市场需求，在虚拟的生产过程进行生产仿真或在虚拟的制造环境中生成数字样机，并对其进行预测和评估。

2）交互性。在 VR 技术的工业设计之中，构建三维立体的虚拟数字模型，给人"以假乱真"的真实体验，在身临其境的感觉中对其加以修改和操作，较好地实现人机的交互。

3）高效性。在 VR 技术的工业应用之中，可以较好地减少对设计的修改，节约设计成本，也提升了设计效率和精度。

VR 在工业中的应用指将 VR 应用于工业生产的需求分析、总体设计、工艺优化、生产制造、测试实验和使用维护等环节，实现工业产品设计、制造、测试、维护的智能化和一体化。融合了沉浸式交互手段、工业仿真图像引擎和多样化显示系统，是工业仿真系统的有效延伸，也是实现"人-机-环境"交互的最直观方式之一。

VR 作为关键技术，改变了以往的人机接口模式，通过以计算机技术为核心的现代信息技术生成逼真的视、听、触觉一体化的一定范围的虚拟环境，用户可以借助必要的装备以自然的方式与虚拟环境中的物体进行交互作用、相互影响，从而获得身临其境的感受和体验。

1.4.2 工业 VR 基本问题与研究内容

工业 VR 除了包括一般 VR 的基本问题和研究内容之外，还有其本身特有的问题与研究内容，归纳起来，主要有以下五个方面。

（1）工业 VR 中的实物虚化和虚物实化

VR 系统的主要工作流程是将现实世界中的事物转换至虚拟场景中，进而呈现给用户，捕捉用户的交互行为，并做出反应，主要包括虚物实化和实物虚化两个环节，如图 1.10 所示。

图 1.10　虚拟现实系统环节

实物虚化是在虚拟世界中描绘现实世界中事物的过程。在 VR 技术中，必不可少的实物虚化技术有几何造型建模、物理行为建模等，它们将从外观和物理特性等方面来对现实世界的物体进行建模，呈现于虚拟场景中。

虚物实化则是将建模好的虚拟场景呈现给用户的过程，这一过程需要某些特定的技术和工具的支持。如要使用户看到三维的立体影像，则需要依靠视觉绘制技术；要使用户看到的虚拟物体逼真，需要真实感绘制技术的帮助；要使用户听到三维虚拟的声音，需要三维声音渲染技术；要使用户感受真实的触感，需要力触觉渲染技术。

实物虚化属于一种映射技术，可以有效地对环境信息进行收集，同时还能完成构建模型、定位声源等任务。虚物实化也是一种关键技术，可以使使用者在虚拟环境之中获取真实的感官认知。

（2）动态环境建模

动态环境建模技术是 VR 中比较核心的技术，它的目的是获取实际环境的三维数据，并根据应用的需要，利用获取的三维数据建立相应的虚拟环境模型。借助动态环境建模技术完成建模需求时，可以在不接触的条件下有效完成视觉建模任务，其建设的基础主要是图像与建模结合起来的建模技术与算法，能够有效地将实际物体虚拟化，同时也可以在某种程度上将虚拟物体转化为实体，通过将虚拟与现实进行结合来实现节省建模数量的新型建模需求。

（3）实时三维图形绘制

实时三维图形绘制技术是 VR 传播时效性的具体保证。实时三维图形绘制技术指利用计算机为用户提供一个能从任意视点及方向实时观察三维场景的手段，它要求当用户的视点改变时，图形显示速度也必须跟上视点的改变速度，否则就会产生迟滞现象。由于三维立体图包含比二维图形更多的信息，而且虚拟场景越复杂，其数据量越大。因此，当生成虚拟环境的视图时，必须采用高性能的计算机及设计好的数据组织方式，从而达到实时性的要求。

三维计算机图形是在计算机和特殊三维软件帮助下创造的作品，一般来讲，实时三维图形绘制指创造这些图形的过程，或者三维计算机图形技术的研究领域及其相关技术。三维计算机图形和二维计算机图形的不同之处在于计算机内存储了几何数据的三维表示，用于计算和绘制最终的三维图像。一般来讲，为三维计算机图形准备几何数据的三维建模的艺术和雕塑、照相类似，而二维计算机图形的艺术则和绘画相似。但是，三维计算机图形依赖于很多二维计算机图形的相同算法，二维图形可以看作三维图形的子集。

（4）工业过程或生产工艺深入剖析

如果想通过虚拟现实技术反映实际工业过程的真实状态，实现工业过程或生产工艺的虚拟再现，必须深入了解工业过程的设计、控制、管理和运行等。以钢铁行业的连轧生产中的厚度控制（Automatic Gauge Control，AGC）为例，就需要清楚轧制过程的设备构成、运行状态、控制过程和生产工艺等。

在 AGC 系统中，改变压下位置或轧制压力是厚度控制的主要方式，其执行机构则是依靠液压压下控制系统来实现，它的主要任务是按数学模型计算出来的轧制压力或压下位置设定值对辊缝大小进行实时动态调节，控制轧出带材的厚度精度。液压压下控制系统是综合机、电、液一体化的复杂系统，因此需要对这些环节进行深入分析和建模，才能完成建立厚度控制 VR 系统的任务。

（5）工业 VR 中的仿真时间协调

时间管理是虚拟现实运行管理中的一项核心内容，对于工业 VR 系统来说，系统的时间特性直接影响对工业原型系统动态特性的分析和研究。在工业 VR 系统所基于的协同仿真框架中，由主节点负责整个仿真系统的时间推进服务，各个子节点负责节点内部时间的推进。

协同仿真运行框架一般提供两种时间推进机制：基于事件驱动（event-driven）和基于时间步长（time-stepped）。对于事件驱动仿真应用，按时间戳顺序处理内部局部事件和接收到的外部事件，仿真应用的时间推进与其处理的事件时间戳时间一致；对于时间步长仿真应用，系统以固定大小的时间推进仿真时间，只有在当前时间步长内的仿真活动都完成后，系统才将仿真时间推进到下一仿真时间。

协同仿真框架允许子节点采用与主节点不同的时间推进机制，即支持混合时间推进。如连轧过程厚度控制的 VR 系统，主节点采用基于步长的时间推进机制；同时，在连轧过程厚度控制 VR 系统中还存在具有离散事件仿真特性的环节，考虑到与仿真系统整体周期性动作规律的配合，可采用活动周期扫描法进行该环节的时间推进。

1.5 习题

1.1 什么是计算机控制系统？简述其组成和各部分功能。

1.2 简述 A/D 和 D/A 的作用。

1.3 控制系统中的信号一般分为几种？简述各自定义和特点。

1.4 计算机控制系统的"混合"特性体现在哪些方面？

1.5 计算机控制系统是开环还是闭环控制系统？为什么？

1.6 计算机控制系统中的采样定理是什么？解决什么问题？

1.7 "零阶保持器"是什么含义？

1.8 什么是 ICS，简述其特点。

1.9 什么是 DCS，简述其特点。

1.10 什么是 FCS，简述其特点。

1.11 什么是 NCS，简述其特点。

1.12 什么是 CCS，简述其特点。

1.13 简述网络控制系统的研究内容。

1.14 给出一个网络控制系统的应用实例。

1.15 简述云控制系统的研究内容。

1.16 给出一个云控制系统的应用实例。

1.17 工业 VR 通常指什么？

1.18 工业 VR 中的实物虚化是什么？

1.19 工业 VR 中的虚物实化是什么？

1.20 工业 VR 开发为什么要了解实际工业过程？

1.21 工业 VR 中的时间协调指的是什么？

1.22* 试简述工业智能的基本概念。

1.23* 试简述人工智能与工业智能的区别与联系。

1.24* 试简述信息物理系统（CPS）的基本概念。

1.25* 试简述工业互联网的含义。

（注：带"*"号的为思考题，以下章节同此含义）

第2章 网络控制基础

本章介绍网络通信的基础知识并研究网络控制系统的动态性能,在此基础上讨论控制系统重要的参数——采样周期的选择问题。从控制的角度来看,网络通信可以分为互联网、局域网和实时控制网络,每种网络具有不同的静态和动态特性。本章主要对网络的动态性能进行分析,其中重点对网络诱导时延的产生过程和组成进行详细分析。对于控制系统采样周期的确定,网络控制系统具有与常规控制系统不同的方法,本章对此问题从控制系统性能方面进行详细分析,并给出网络控制系统采样周期的定量选择方法。

2.1 计算机网络基础

2.1.1 计算机网络概念

什么是计算机网络?在不同时期计算机网络的定义也有所差异。一般认为,计算机网络是利用通信设备和线路把地理上分散的多台自主计算机系统连接起来,在相应软件(网络操作系统、网络协议、网络通信、管理和应用软件等)的支持下,以实现数据通信和资源共享为目标的系统。

现代计算机网络有以下特点。

1) 资源共享是计算机网络的主要目的,资源包括计算机硬件、软件和数据。

2) 被连接的自主计算机应自成一个完整的系统。各种类型、档次的计算机,都必须有自己的 CPU、主存储器、显示器、辅助存储器和完善的系统软件等,能单独进行信息加工处理。自主性是指联网的计算机之间不存在制约控制关系。

3) 一般的外部设备不能直接挂在网上,只有直接受一台计算机控制的外部设备,通过该台计算机的联网才能成为网上资源。

4) 计算机之间的互联通过通信设备及通信线路来实现,其通信方式多种多样,通信线路包括有线介质和无线介质。

5) 计算机网络要有功能完善的网络软件支持。

6) 联网计算机之间的信息交换必须遵循统一的通信协议。

计算机网络功能包括如下几个方面。

1) 信息交换:信息交换是计算机网络最基本的功能,主要完成计算机网络中各节点之间的系统通信。用户可以在网上收发电子邮件、发布新闻消息、购物、电子贸易、远程教育等。

2) 资源共享:资源共享是指网络用户可以在权限范围内共享网络中各计算机所提供的共享资源,包括软件、硬件和数据等,这种共享不受实际地理位置的限制。资源共享使得网络中分散的资源能够互通有无,大大提高了资源的利用率。

3）均衡使用网络资源：在计算机网络中，如果某台计算机的处理任务过重，可通过网络将部分工作转交给较"空闲"的计算机来完成，均衡使用网络资源。

4）分布处理：对于较大型综合性问题的处理，可按一定的算法将任务分配给网络，由不同计算机进行分布处理，提高处理速度，有效利用设备。采用分布处理技术往往能够将多台性能不一定很高的计算机组成具有高性能的计算机网络，使解决大型复杂问题的费用大大降低。

5）数据信息的综合处理：通过计算机网络可将分散在各地的数据信息进行集中或分级管理，通过综合分析处理后得到有价值的数据信息资料。例如，政府部门的计划统计系统，银行、财政及各种金融系统数据的收集和处理系统，地震资料的收集与处理系统，地质资料的采集与处理系统，人口普查的信息管理系统等。

6）提高计算机的安全可靠性：计算机网络中的计算机能够彼此互为备用机，一旦网络中某台计算机出现故障，故障计算机的任务就可以由其他计算机来完成，不会出现由于单机故障使整个系统瘫痪的现象，增加了计算机的安全可靠性。

计算机网络可按如下不同的方式分类。

1）按网络的通信距离和作用范围，计算机网络可分为广域网（WAN）、局域网（LAN）和城域网（MAN）。

广域网（Wide Area Network，WAN）又称为远程网，其覆盖范围一般为几十至数千千米，可在全球范围内进行连接，其传输速率通常为 56 kbit/s ~ 155 Mbit/s。局域网（Local Area Network，LAN）的作用范围较小，一般不超过 10 km，通常局限在一个园区、一座大楼，甚至在一个办公室内，局域网一般具有较高的传输速率，如 10 Mbit/s、100 Mbit/s、1 Gbit/s，甚至更高。城域网（Metropolitan Area Network，MAN）的作用范围、规模和传输速率介于广域网和局域网之间，是一个覆盖整个城市的网络。

2）按交换方式，计算机网络可分为电路交换网、报文交换网和分组交换网。

电路交换网：电路交换网的交换方式类似于传统的电话交换方式，用户在开始通信前必须申请建立一条从发送端到接收端的物理信道，并且双方在通信期间始终占用该信道。

报文交换网：当一个节点要发送报文时，它将一个目的地址附加到报文上，网络节点根据报文上的目的地址信息，把报文发送到下一个节点，一直逐个节点地转送到目的节点。每个节点在收到整个报文并检查无误后，就暂存这个报文，然后利用路由信息找出下一个节点的地址，再把整个报文传送给下一个节点。因此，端节点之间无须先通过呼叫建立连接。

分组交换网：将报文分成若干个分组，每个分组的长度有一个上限，有限长度的分组可以减少每个节点所需的存储空间，分组可以存储到内存中提高交换速度。分组交换网适用于交互式通信，如终端与主机间的通信。分组交换有虚电路分组交换和数据报分组交换两种，是计算机网络中使用最广泛的一种交换技术。

计算机网络的拓扑结构包括总线型、星形、环形、树形和混合型结构。

总线型网络拓扑采用一种传输媒体作为公用信道，所有站点都通过相应的硬件接口直接连接到这一公共传输媒体上，该公共传输媒体即称为总线。任何一个站点发送的信号都沿着传输媒体传播，而且能被所有其他站点接收。著名的以太网（Ethernet）就是总线型网络的典型实例。

由于所有站点共享一条公用的传输信道，因此一次只能由一个站点占用信道进行传输。为了防止争用信道产生的冲突，出现了一种在总线型网络中使用的媒体访问方法——带有冲突检测的载波监听多路访问方式，英文缩写成 CSMA/CD。

总线型拓扑结构的优点如下。

① 总线结构需要的电缆数量少。

② 总线结构简单，又是无源工作，有较高的可靠性。

③ 易于扩充，数据端用户入网灵活。

总线型拓扑结构的缺点如下。

① 总线的传输距离有限，通信范围受到限制。

② 当接口发生故障时，将影响全网，且诊断和隔离较困难。

③ 一次仅能由一个端用户发送数据，其他端用户必须等待，直到获得发送权，因此媒体访问控制机制较复杂。

星形拓扑是由中央节点和通过点到点通信链路连接到中央节点的各个站点组成。中央节点执行集中式通信控制策略，因此中央节点相当复杂，而各个站点的通信处理负担都很小。星形网络采用的交换方式有电路交换和报文交换，尤以电路交换更为普遍。这种结构一旦建立了通道连接，就可以无延迟地在连通的两个站点之间传送数据。目前流行的专用交换机（Private Branch eXchange，PBX）就是星形网络的典型实例。

星形拓扑结构的优点如下。

① 控制简单。因为端用户之间的通信必须经过中心站，所以媒体访问控制方法和采用的协议都比较简单。

② 故障诊断和隔离容易。中央节点对连接线路可以逐一隔离，进行故障检测和定位。单个节点的故障只影响一台设备，不会影响全网。

③ 方便服务。中央节点可方便地对各个站点提供服务和网络重新配置。

星形拓扑结构的缺点如下。

① 电缆长度和安装工作量较大。因为每个站点都要和中央节点直接连接，需要耗费大量的电缆，使得安装、维护工作量骤增。

② 中央节点的负荷较重，形成信息传输速率的瓶颈。

③ 对中央节点的可靠性和冗余度要求高。中央节点一旦发生故障，将使全网瘫痪。

环形拓扑结构是由站点和链接站点的链路组成的一个闭合环。每个站点能够接收从一条链路传来的数据，并以同样的速率串行地把该数据沿环送到另一端链路上。环形结构的特点是，每个端用户都与两个相邻的端用户相连，因而存在着点到点链路，但总是以单向方式操作。假设数据传输的方向为逆时针，则有上游端用户和下游端用户之分。环形网络的典型实例有 IBM 令牌环（Token Ring）和剑桥环（Cambridge Ring）。

环形拓扑结构的优点如下。

① 电缆长度短。环形拓扑网络所需的电缆长度和总线型拓扑网络相近，但比星形拓扑网络短得多。

② 当增加或减少工作站时，只需简单的连接操作。

③ 可使用光纤。光纤的传输速率很高，十分适合环形拓扑的单方向传输。

环形拓扑结构的缺点如下。

① 节点故障会引起全网故障。因为环上的数据传输要通过连接在环上的每一个节点。

② 故障检测困难。这与总线型拓扑相似，需在各个节点进行诊断和隔离。

③ 环形拓扑结构的媒体访问控制协议都采用令牌传递的方式，在负载较轻时，信道利用率相对来说就比较低。

树形拓扑可以认为是多级星形结构组成的，只不过这种多级星形结构自上而下呈三角形分布，就像一棵树一样，最顶端的枝叶少些，中间的多些，而最下面的枝叶最多。树的最下端相当于网络中的边缘层，树的中间部分相当于网络中的汇聚层，而树的顶端则相当于网络中的核心层。它采用分级的集中控制方式，其传输介质可有多条分支，但不形成闭合回路，每条通信线路都必须支持双向传输。

树形拓扑结构的优点如下。

① 易于扩展。这种结构可以延伸出很多分支和子分支，这些新节点和新分支都能容易地加入网内。

② 故障隔离较容易。如果某一分支的节点或线路发生故障，很容易将故障分支与整个系统隔离开来。

树形拓扑结构的缺点如下。

各个节点对根的依赖性太大，如果根发生故障，则全网不能正常工作。从这一点来看，树形拓扑结构的可靠性有点类似于星形拓扑结构。

将某两种单一拓扑结构混合起来，取两者的优点构成的拓扑称为混合型拓扑结构。常见的一种是星形拓扑和环形拓扑混合成的"星-环"拓扑；另一种是星形拓扑和总线型拓扑混合成的"星-总"拓扑。其实这两种混合型在结构上有相似之处，若将总线结构的两个端点连在一起也就成了环形结构。这种拓扑的配置是由一批接入环中或总线中的集中器组成，由集中器再按星形结构连至每个用户站。

混合型拓扑结构的优点如下。

① 故障诊断和隔离较为方便。一旦网络发生故障，只要诊断出哪个集中器有故障，将该集中器和全网隔离即可。

② 易于扩展。要扩展用户时，可以加入新的集中器，也可以在设计时，在每个集中器留出一些备用的可插入新的站点的接口。

③ 安装方便。网络的主电缆只要连通这些集中器即可。

混合型拓扑结构的缺点如下。

① 需要选用带智能的集中器。这是为了实现网络故障自动诊断和故障节点的隔离所必需的。

② 像星形拓扑结构一样，集中器到各个站点的电缆安装长度会增加。

2.1.2　网络体系结构与协议

一个网络协议主要由以下三个要素组成。

1）语法，即数据与控制信息的结构或格式。

2）语义，即需要发出何种控制信息，完成何种动作以及做出何种应答。

3）同步，即事件实现顺序的详细说明。

网络协议是计算机网络不可缺少的组成部分，它相当于人类的语言。人与人之间进行通话交流，必须具有相同的语言，一个不懂汉语的英国人和一个不懂英语的中国人是无法进行沟通的。同样道理，一个采用某种通信协议的计算机与一个采用另一种通信协议的计算机也无法通信。

相互通信的两个计算机系统必须高度协调工作才行，而这种"协调"是相当复杂的。为了设计这样复杂的计算机网络，网络设计者并不是设计一个单一、巨大的协议，为所有的通信规定完整的细节，而是把通信问题划分为许多小问题，然后为每个小问题设计一个单独的协议。这样就使得每个协议的设计、分析都比较容易。

将计算机网络的各层及其协议的集合，称为网络的体系结构。换种说法，计算机网络的体系结构就是这个计算机网络及其部件所应完成的功能的精确定义。需要强调的是，这些功能究竟是用何种硬件或软件完成的，则是一个遵循这种体系结构的实现的问题。体系结构是抽象的，而实现则是具体的，是真正在运行的计算机硬件和软件。

20 世纪 80 年代，网络的规模和数量都得到了迅猛增长。但是，许多网络都是基于不同的硬件和软件而实现的，这使得它们之间互不兼容，而且很难在使用不同标准的网络之间进行通信。为解决这个问题，国际标准化组织 ISO 研究了许多网络方案，认识到需要建立一种有助于网络建设者实现网络并用于通信和协同工作的网络模型。因此，1984 年 ISO 颁布了开放式系统互联参考模型（Open System Interconnect Reference Model，OSI/RM）。"开放"一词的准确含义是指任何两个遵守该模型和有关协议标准的计算机系统均能实现网络互联。

OSI 的体系结构定义了一个七层模型，从下到上分别为物理层（Physical Layer）、数据链路层（Data Link Layer）、网络层（Network Layer）、传输层（Transport Layer）、会话层（Session Layer）、表示层（Presentation Layer）和应用层（Application Layer），如图 2.1 所示。

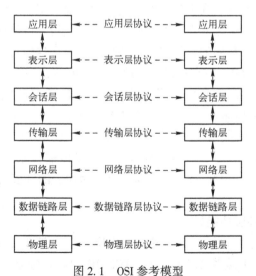

图 2.1　OSI 参考模型

层次结构模型中数据的实际传送过程如图 2.2 所示。第一层是物理层，提供了网络的物理介质链接。第二层至第七层是由下而上通过各接口虚拟链接（Virtual Link）以对等处理（Peer to Peer Process）介质完成数据的传输，即其他各层不是直接链接在一起，所有要传送的数据与控制信号一起往下传到物理层，再通过物理网络介质链接将数据送至接收端的物理层后，再上传至各层。

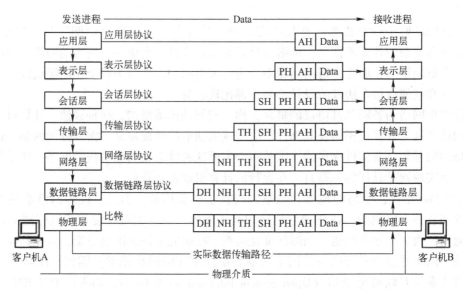

图 2.2　层次结构模型中数据的实际传送过程

在发送方从上到下逐层传递的过程中，每层都要加上适当的控制信息，即图中的 AH、PH、…、DH，统称为报头。到最底层成为由"0"或"1"组成的数据比特流，然后再转换为电信号在物理媒体上传输至接收方。接收方在向上传递时的过程正好相反，要逐层剥去发送方相应层加上的控制信息。

因接收方的某一层不会收到底下各层的控制信息，而高层的控制信息对于它来说又只是透明的数据，所以它只阅读和去除本层的控制信息，并进行相应的协议操作。发送方和接收方的对等实体看到的信息是相同的，就好像这些信息通过虚通信直接给了对方一样。

虽然 ISO 提出了 OSI/RM，但它只是一个理论上的模型，一直未能在市场上实现，反倒是 TCP/IP 获得了实际应用。TCP/IP 是由美国国防部高级研究计划局（Department of Defense Advanced Research Project Agency，DARPA）开发，在 ARPANET（Advanced Research Projects Agency Network）上采用的一个协议。后来随着 ARPANET 发展成为 Internet，TCP/IP 也就成了事实上的工业标准。TCP/IP 实际上是由以传输控制协议（Transmission Control Protocol，TCP）和网际协议（Internet Protocol，IP）为代表的许多协议组成的协议集，简称 TCP/IP，如图 2.3 所示。

TCP/IP 体系结构中各层功能如下。

1）网络接口层。网络接口层（又叫网络访问层）负责把 TCP/IP 包放到网络传输介质上，以及从网络传输介质上接收 TCP/IP 包。TCP/IP 的设计独立于网络访问方法、帧格式和传输介质。通过这种方法，TCP/IP 可以用来连接不同类型的网络，包括局域网和广域网，比如 X.25 和帧中继（Frame Relay），并可独立于任何特定网络，使 TCP/IP 能适应新的拓扑结构，比如异步传输模式（Asynchronous Transfer Mode，ATM）。网络接口层包括 OSI 模型中的数据链路层和物理层。注意，网络接口层并不利用数据链路层可能存在的编号和应答服

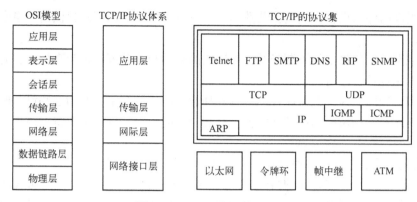

图 2.3　TCP/IP 协议体系结构

务。通常假定网络接口层是不可靠的，通过会话建立、编号和包应答进行可靠通信是传输层的任务。

2）网际层。常见的网际层如 Internet 层。Internet 层类似于 OSI 模型中的网络层，负责寻址、打包和路由选择功能。

Internet 层的核心协议由 IP、ARP、ICMP 和 IGMP 组成。网际协议（IP）是一个路由协议，负责 IP 寻址、路由选择、分段及包重组。地址解析协议（ARP）负责把 Internet 层地址解析成网络接口层地址，比如硬件地址。Internet 控制消息协议（ICMP）负责提供诊断功能，报告由于 IP 包投递失败而导致的错误。Internet 组管理协议（IGMP）负责管理 IP 组播。

3）传输层。传输层（又称主机到主机传输层）负责给应用层提供会话和数据报通信服务。传输层的核心协议是传输控制协议（TCP）和用户数据报协议（UDP）。

4）应用层。应用层给应用程序提供访问其他层服务的能力，并定义应用程序用于交换数据的协议，应用层包含 OSI 的会话层、表示层和应用层三层。现在已开发出很多应用层协议且一直在开发新的协议，广为人知的应用程序协议是那些用来交换用户信息的协议，例如，超文本传输协议（HTTP）用于传输组成万维网（World Wide Web，WWW）Web 页面的文件，文件传输协议（FTP）用于交互式文件传输，简单邮件传输协议（SMTP）用于传输邮件消息和连接，Telnet 终端仿真协议用于远程登录到网络主机。

此外，还有些应用层协议有助于简化 TCP/IP 网络的使用和管理。例如，域名系统（DNS）用于把主机名解析成 IP 地址；路由选择信息协议（RIP）是一种路由选择协议，路由器用它在 IP 网络上交换路由选择信息；简单网络管理协议（SNMP）用于在网络管理控制台和网络设备（路由器、网桥、智能集线器）之间选择和交换网络管理信息。

2.1.3　局域网技术

作为信息技术基础的计算机网络（局域网和远程网）是当今世界上最为活跃的技术之一。自 20 世纪 70 年代末期以来，微型计算机的使用日益广泛，使得计算机局域网（Local Area Network，LAN）技术获得了飞速发展和大范围的普及，至 20 世纪 90 年代 LAN 步入了更高速发展的阶段。目前 LAN 的使用已相当普遍，在一座办公大楼、一栋大厦、一个校园或一个企业内，人们借助于局域网这一资源共享平台可以很方便地实现诸如共享打印机、绘图机等费用很高的外部设备；通过公共数据库共享各类信息；向用户提供诸如电子邮件等的高级服务等。

随着局域网软硬件价格的不断降低，局域网的数量和覆盖范围也越来越大，它在相关领域中所起的作用也日益显著。

局域网和广域网一样，也是一种连接着各种设备的通信网络，并为这些设备间的信息交换提供相应的路径。局域网和广域网相比，有其自身的特点，它的主要特点体现在以下几个方面。

1）局域网的覆盖范围小，通常在一栋大楼或一个有限区域范围内部。

2）局域网一般为一个单位所拥有，这就意味着局域网的连接是要专门布线连接的。一个单位可以根据自身需要选择相应的建网技术，同时也要自己负责网络的管理和维护。

3）局域网拥有较高的内部数据传输速率。目前 LAN 的传输速率为 10 Mbit/s~10 Gbit/s，典型的有 10 Mbit/s、100 Mbit/s、1 Gbit/s 和 10 Gbit/s，比广域网的传输速率要高得多（广域网的传输速率为 56 kbit/s~155 Mbit/s，用户典型的上网速率有 4 Mbit/s、8 Mbit/s、50 Mbit/s 和 100 Mbit/s 等）。

4）局域网有较低的时延和较低的误码率。由于局域网采用专线连接，其信息传输可以避免广域网传输中信号经过多次交换而产生的时延和干扰，这样信息在传输时就具备较低的时延和较低的误码率。

5）局域网一般采用广播技术而非交换技术。这是因为局域网中的通信是在共享传输媒体上进行的，所以在局域网中，各个站点能够进行广播（一站向其他所有站发送）或组播（一站向多个站发送）。

根据局域网的以上特点，在 LAN 的设计过程中，其实现的关键技术为拓扑、传输媒体和媒体的访问控制协议并扩展到网络互联技术。

IEEE 在 1980 年 2 月成立了 IEEE 802 委员会，该委员会制定了一系列局域网标准，称为 IEEE 802 标准，现在的局域网基本上都符合这种标准。按 IEEE 802 标准，局域网体系结构由物理层、介质访问控制（Media Access Control，MAC）子层和逻辑链路（Logical Link Control，LLC）子层组成，它给出的参考模型如图 2.4 所示。

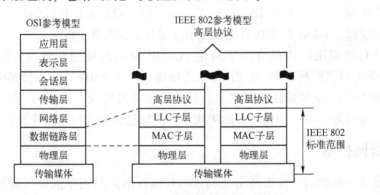

图 2.4　IEEE 802 参考模型和 OSI 模型

1）物理层：其主要作用是确保二进制位信号的正确传输，包括位流的正确传送与正确接收。

2）MAC 子层：MAC 子层是数据链路层的一个功能子层，MAC 子层构成了数据链路层的下半部，它直接与物理层相邻。MAC 子层为不同的物理介质定义了介质访问控制标准。它的主要功能如下。

① 在传输数据时，将要传输的数据组装成帧，帧中包含地址和差错检测等字段。

② 在接收数据时，将接收到的数据帧解包，并进行地址识别和差错检测。

③ 管理和控制对局域网传输介质的访问，进行合理的信道分配，解决信道竞争问题。

目前，IEEE 802 已规定的介质访问控制标准，有著名的带冲突检测的载波监听多路访问（CSMA/CD）、令牌环（Token Ring）和令牌总线（Token Bus）等。

3）LLC 子层：LLC 子层也是数据链路层的一个功能子层，在 MAC 子层的支持下向网络层提供服务，可运行于所有 IEEE 802 局域网和城域网协议之上。

LLC 子层与传输介质无关，它独立于介质访问控制方法，隐藏了各种 IEEE 802 网络之间的差别，并向网络层提供一个统一的格式和接口。LLC 子层的功能包括数据帧的差错控制、流量控制和顺序控制等功能，并为网络层提供两种类型的服务：面向连接服务和无连接服务。

IEEE 802 除了给出一个局域网协议的参考模型，同时还给出了许多标准的实施细则，这些实施细则标准是由 IEEE 802 委员会下面的各个工作组具体展开的。

以太网是基于总线型的广播式网络，在已有的局域网标准中，它是最成功的局域网技术，也是当前应用最广泛的一种局域网。目前，在 10 Mbit/s 以太网技术的基础上又开发出了 100 Mbit/s 快速以太网、1 Gbit/s 高速以太网和高带宽、全交换的 10 Gbit/s 以太网技术。而光纤以太网和端到端以太网则成为下阶段以太网的发展方向。从它的应用领域来看，以太网不仅是局域网的主流技术，而且采用以太网技术组建城域网的技术也已成熟。

（1）以太网的技术特性

1）以太网是基带网，它采用基带传输技术。

2）以太网的标准是 IEEE 802.3，它使用 CSMA/CD 访问方法。

3）以太网是一种共享型网络，网络上的所有站点共享传输媒体和带宽，当利用率到达 40% 时，网络的响应速度明显降低。

4）以太网是广播式网络，具有广播式网络的全部特点。

5）以太网的数字信号采用曼彻斯特编码方案，快速以太网采用 4B/5B 编码方案。

6）以太网支持传输介质类型有基带同轴电缆、无屏蔽双绞线和光纤。

7）以太网所构成的拓扑结构主要是总线型和星形。

8）有多种以太网标准，传输速率为 10 Mbit/s、100 Mbit/s、1000 Mbit/s。

9）以太网是可变长帧，长度为 60~1514 B。

10）以太网技术先进，又很简单，这是它获得成功的主要原因。

11）以太网技术成熟，价格低廉、易扩展、易维护、易管理。

（2）IEEE 802.3 数据帧格式

IEEE 802.3 包括了 MAC 子层和物理层，其中 MAC 子层核心是 CSMA/CD 协议。从前面可以知道，MAC 子层要负责组装和拆卸数据帧，在 IEEE 802.3 标准中，其数据帧的结构如图 2.5 所示。

前导字段	帧定界符	目的地址	源地址	长度	LLC DATA	填充码	FCS

图 2.5　数据帧结构图

1）前导字段（7 B）：每个字节的内容是 10101010，其作用是在发送、接收时起到同步作用。

2）帧定界符（1 B）：其内容是 10101011，它的作用是表明某数据帧开始。

3）目的地址、源地址（2 B 或 6 B）：其内容为接收数据节点和发送数据节点的地址，其中当地址最高位为 0 时是普通地址，为 1 时表示是组地址（多点广播）。

4）长度（2 B）：长度字段指明数据字段的字节数，其值为 0~1500 B。

5）LLC DATA：这是 MAC 子层从 LLC 子层接收的数据。

6）填充码（0~46 B）：填充码的作用与 IEEE 802.3 的工作原理有关。IEEE 802.3 要求有效的数据帧长度最短为 60 B，这样是为了区分有效帧和在冲突时产生的帧碎片，所以当 LLC DATA 较短时，必须使用填充码补齐。

7）FCS（4 B）：帧校验序列。这是一个 32 位的循环冗余码，它由除了前导字段、帧定界符和帧校验序列外的所有字段产生。

（3）CSMA/CD 技术

在总线型、树形和星形拓扑结构中应用最广的媒体访问控制技术是具有冲突检测（CD）功能的载波监听多路访问（Carrier Sense Multiple Access/Collision Detect，CSMA/CD）控制技术。CSAM/CD 以及它之前出现的 CSAM 和 ALOHA 技术属于随机访问和竞争技术。之所以这么说是因为在这种技术控制下，每个站点在何时进行信息传输是不可预期的，所以是随机的；另外每个站点都会为拥有对传输媒体的访问权而竞争，所以它又是竞争的。CSMA/CD 的基本版本是施乐公司开发的，如今它被广泛地应用于局域网的 MAC 子层，是著名的以太网所采用的协议。

CSMA/CD 主要是为解决如何争用一个广播型的共享传输信道而设计的，首先它能够决定应该由谁占用信道，其次如果多个站点同时获得信道控制权，这时多站点发送的数据将会产生冲突，造成数据传输失败。如何发现和解决冲突，也是 CSMA/CD 要解决的问题。

CSMA/CD 的工作流程如图 2.6 所示，基本步骤如下。

1）准备发送站监听信道。

2）信道空闲进入第 4）步，开始发送数据，并监听有无冲突信号。

3）信道忙，就返回到第 1）步。

4）传输数据并监听信道，如果无冲突就完成传输，检测到冲突则进入第 5）步。

5）发送阻塞信号，然后按二进制指数退避算法等待，再返回第 1）步，准备重新发送。

（4）CSMA/CD 系统中的帧长

包括 IEEE 802.3 局域网在内的采用 CSMA/CD 技术的网络有一个很重要的技术要求：传输节点必须在传输信息发生冲突后，尽早发现冲突并停止发送，以便下一次竞争信道的开始，这就是 CSMA/CD 技术中的"边听边发"。另外，此种网络还有一个重要的原则，就是数据帧必须足够长，以便保证冲突能够在数据帧发送完成前被检测到。那么数据帧应该至少有多长才能达到这一要求？按照最坏的一种情况，如果在一个信道两端的工作节点出现信息冲突，此时节点发现数据出现冲突的时间应为从信道的一端到另一端的传播延迟的两

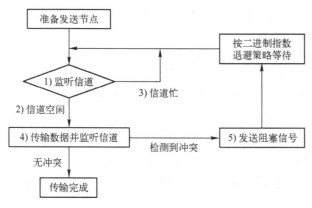

图 2.6　CSMA/CD 的工作流程

倍。因此在 IEEE 802.3 标准中规定：信道的最大长度应保证数据在信道上的最大来回时间是 51.2 μs。在 10 Mbit/s 速率下，51.2 μs 传输的数据是 512 bit。这也就是前面所说的 IEEE 802.3 的数据帧至少要 64 B 的原因，因为只有这样，才能保证节点在完成发送一个数据帧前发现是否有数据冲突。

2.1.4　实时控制网络

计算机通信网络通常被划分为信息网络和控制网络。信息网络和控制网络都应用于信息交换，但信息网络的特征是数据包大，一般没有严格的时间传输限制。控制网络则具有频繁传输小数据包的特征，具有严格的时间传输要求和临界时间的限制。把信息网络和控制网络区分开来的关键因素在于是否支持实时应用的能力。控制网络的实时性要求要比信息网络高得多，当然这样一个关键因素只是一个模糊的区分，随着时间的推移和技术的进步，也许将很难严格地认定哪种网络是控制网络，哪种网络是信息网络。

根据网络时延特征，工业自动化系统中采用的控制网络一般分为随机网络、有界网络和常值网络三类。在随机网络上传输的信息延迟时间是随机的，有界网络中的延迟时间有确定的上界，而常值网络上的时间延迟应保持一定。EtherNet、ControlNet 和 DeviceNet（或 CAN）可分别看作是上述三种网络的代表。

根据控制网络系统中 MAC 子层协议，控制网络主要有三种类型，即 CSMA 方式、TokenBus 方式和主从 Polling 方式，每种类型都产生了许多具有代表性的控制网络协议。EtherNet、CAN、DeviceNet 和 LON 等都是基于 CSMA 方式；Profibus、P-Net 及 ControlNet 等则是基于 TokenBus 方式；主从 Polling 方式具有代表性的控制网络协议为 FIP 以及某些专用主从式 RS-422/485 网络。

一般来说，TokenBus 方式和主从 Polling 方式属于有界网络。CSMA 方式中有随机网络，以 EtherNet（CSMA/CD）为代表；有常值网络，以 CAN（载波监听多路访问/信息优先级仲裁协议 Carrier Sence Multiple Access/Arbitration on Message Priority，CSMA/AMP）为代表。

在工业控制系统中，实时可定义为系统对某事件响应时间的可预测性，也就是说，在一个事件发生后，系统必须在一个可以准确预见的时间范围内做出反应。至于反应时间需多快，由被控制的过程来决定。在化工行业中，热化过程控制有秒级别的反应时间就够了，而对基于网络动态控制的传动系统，如直流调速系统、随动系统等，为了使计算机控制系统的控制周期能够在被控对象的上升时间内控制 2~4 次，系统反应时间必须达到微秒级，以至对网络的实时性有更高的要求。

一般来说，控制网络与一般的信息网络比较，有以下不同点。

1）控制网络中最基本的要求是数据传输的及时性和系统响应的实时性。一般响应实时性要好，为 10 ms~0.1 s 级；信息网络的响应时间要求不强烈，在信息网络的大部分使用中实时性是可以忽略的，这与控制网络有本质不同。

2）控制网络强调在恶劣环境下数据传输的完整性、可靠性。控制网络应具有在高温、潮湿、振动、腐蚀，特别是较强电磁干扰等工业环境中长时间、连续、可靠、完整地传输数据的能力，并能抵抗工业电网的浪涌、跌落和尖峰干扰。在可燃和易爆的场合，控制网络应初步具有本质安全性能。

3）在大多数企业自动化系统中，由于分散的单一用户要借助控制网络进入某个系统，通信方式多使用广播或组播方式。而在信息网络中某个自主系统与另一个自主系统一般都建立一对一通信方式。

4）控制网络涉及多种总线标准和多家公司的产品在同一网络中相互兼容，即互操作性的问题。而信息网络标准单一，产品一般可以实现互操作。

控制网络系统在技术上具有以下特点。

1）系统的开放性。开放是指对相关标准的一致性、公开性，强调对标准的共识与遵从。一个开放系统，是指它可以与世界上任何地方遵守相同标准的其他设备或系统连接。通信协议一经公开，各不同厂家的设备之间可实现信息交换。控制网络开发者就是要致力于建立统一的工厂底层网络的开放系统，用户可按自己的需要和考虑，把来自不同供货商的产品组成随意大小的系统，通过控制网络构筑自动化领域的开放互联系统。

2）互可操作性与互用性。互可操作性是指实现互联设备间、系统间的信息传送与沟通，而互用性则意味着不同生产厂家的性能类似的设备可实现相互替换。现场设备的智能化与功能自治性，将传感测量、补偿计算、工程量处理与控制等功能分散到现场设备中完成，仅靠现场设备即可完成自动控制的基本功能，并可随时诊断设备的运行状态。

3）系统结构的高度分散性。控制网络已构成一种新的全分散性控制系统的体系结构，从根本上改变了现有 DCS 集中与分散相结合的集散控制系统体系，简化了系统结构，提高了可靠性。

4）对现场环境的适应性。工作在生产现场前端，作为工厂网络底层的控制网络，是专为现场环境而设计的，可支持双绞线、同轴电缆、光缆、射频、红外线和电力线等，具有较强的抗干扰能力，能采用两线制实现供电与通信，并可满足本质安全防爆要求等。

5）一对 N 结构。一对传输线、N 台仪表、双向传输多个信号，这种一对 N 结构使得系统接线简单、工程周期短、安装费用低、维护方便。如果增加现场仪表或现场设备，只需并行挂接到电缆上，无须架设新的电缆。

6）可控状态。操作员在控制室即可以了解现场设备或现场仪表的工作状况，也能对其进行参数调整，还可以预测和寻找事故，始终处于操作员的远程监视与可控状态，提高了系统的可靠性、可控性和可维护性。

7）互换性。用户可以自由选择不同制造商所提供的性能价格比最优的现场设备或现场仪表，并将不同品牌的仪表进行互换。即使某台仪表发生故障，换上其他品牌的同类仪表，系统仍能照常工作,实现即接即用。

8)综合功能。现场仪表既有检测、变换和补偿功能,也有控制和运算功能,实现了一表多用,不仅方便了用户,也节省了成本。

9)统一组态。由于现场设备或现场仪表都引入了功能块的概念,所有制造商都使用相同的功能块,并统一组态方法。这样就使组态非常简单,用户不需要因为现场设备或现场仪表的不同而采用不同的组态方法。

2.2 控制网络的动态服务性能

控制网络的服务性能(QoS)是指网络控制系统中采用不同的控制网络协议,在网络结构和通信性能上表现出来的特性或特点。

当前控制网络协议形式和类型有多种,常见的有主从式 RS-422/485、FF、CAN、LON、Profibus、HART、以太网、FDDI 等。各种网络协议的结构模型、技术细节都有所不同。但是其服务性能都可以分为两大类,即静态和动态网络服务性能。控制网络静态服务性能主要包括网络规模、传输速率、拓扑结构、传输媒质种类、网络扩展性和开发平台支持等。静态网络服务性能不直接影响网络控制系统的控制性能(QoP),但是在网络控制系统开发过程中,它们对其应用范围、开发难易程度和系统成本具有重要影响。控制网络动态服务性能包括网络传输时延、丢包率、网络利用率、吞吐量和时延扰动等。这些性能指标随着网络负载变化而动态地变化。它们可以直接影响网络控制系统的控制性能,甚至还可能破坏控制系统的稳定性。因此,针对控制网络动态服务性能进行分析是十分必要的。

2.2.1 信息传递的时序过程与时延构成

在网络控制系统中,采样、计算和执行等控制操作可能在不同网络节点中完成,因而,其信息采集、传递和处理的时序过程将不同于传统集中控制系统。在集中式控制系统中,系统时延主要和设备接口硬件和处理器的运算能力有关。在网络控制系统中,时延不仅同接口硬件和处理器运算能力有关,而且更大程度上是受到控制网络协议的影响。通过分析网络控制系统中节点间信息传递的时序过程和时延构成,可以明确对控制网络协议动态服务性能指标产生重要影响的环节,从而有利于针对性地进一步量化分析和进行协议性能的改进。

下面简述控制网络中由源节点到目的节点信息产生、发送、传输、接收与处理的全过程,分析其时序和时延的构成情况。源-目的节点对可以是传感-控制节点对、控制-执行节点对、传感-监控节点对等。

信息从源节点发送至目的节点的时序过程大体可以分为三个部分:源节点内时序、网络传输时序和目的节点内时序。源节点内时序又由两部分时延构成:处理器处理时延和节点内通信等待时延。源节点内处理器处理时延包括硬件接口处理时延、控制应用计算时延和协议报构成时延等。源节点内通信等待时延包括信息队列等待时延和网络堵塞时延。网络传输时序也由两部分构成:数据帧发送时间和线路信号时延。数据帧发送时间的大小同网络速率、数据帧长度等静态服务性能指标相关。电信号在线路中传播终归需要一定时间,即线路信号时延。目的节点内时序过程同样由两部分时延构成:目的节点内通信等待时延和处理器处理时延。目的节点内通信等待时延只包含信息队列等待时延;处理器处理时延则包括协议报分拆时延、控制应用计算时延和硬件接口处理时延等。节点间信息传递的整个时序过程如图 2.7 所示。

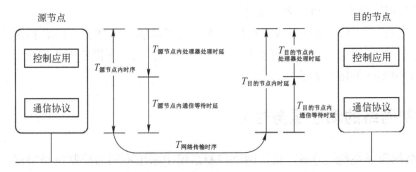

图 2.7　网络控制系统中节点间信息传递的时序过程图

由上述分析可知，节点间信息传递时延构成的表达式为

$$T_{节点间通信总时延} = T_{源节点内时序} + T_{网络传输时序} + T_{目的节点内时序} = \left(T_{源节点内处理器处理时延} + T_{源节点内通信等待时延} \right) +$$
$$\left(T_{数据帧发送时间} + T_{线路信号时延} \right) + \left(T_{目的节点内通信等待时延} + T_{目的节点内处理器处理时延} \right) = \left[\left(T_{硬件接口处理时延}^{(源节点)} + \right. \right.$$
$$\left. T_{控制应用计算时延}^{(源节点)} + T_{协议报分构成时延}^{(源节点)} \right) + \left(T_{队列等待时延}^{(源节点)} + T_{网络堵塞时延}^{(源节点)} \right) \right] + \left(T_{数据帧发送时间} + T_{线路信号时延} \right) + \left[\left(T_{队列等待时延}^{(目的节点)} \right) \right.$$
$$\left. + \left(T_{协议报分拆时延}^{(目的节点)} + T_{控制应用计算时延}^{(目的节点)} + T_{硬件接口处理时延}^{(目的节点)} \right) \right]$$

节点间信息传递时延的详细构成如图 2.8 所示。图中，硬件接口处理时延指模入/模出、开入/开出、传感器、执行机构等电气或机械硬件接口设备导致的时延。在网络控制系统中，其值在几十至几百微秒，一般不会超过毫秒级。在传感类型节点中，控制应用计算时延主要指软件滤波等算法导致的处理器运算时间；在控制类型节点中，控制应用计算时延主要是如 PID、模糊等控制算法占用的计算时间；在执行节点中，它则为互动联锁等逻辑检验处理时间，其值与所采用算法、控制规模有一定关系，但底层控制网络中它一般也不超过几十毫秒。任何网络协议数据帧的构成和分拆都需要一定处理器时间，其时延与协议类型和处理器运算速度有关。在底层控制网络中，通常它也在毫秒级以内。在目的节点中，以上三部分时

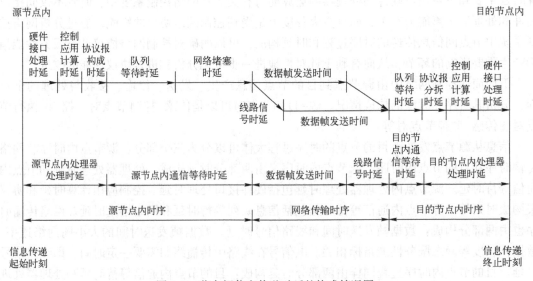

图 2.8　节点间信息传递时延的构成情况图

延与源节点中对应项具有相同性质和数量级。

可见，当控制节点处理器类型、硬件接口和控制算法确定后，通过相关硬件参数与所需处理器运算指令数，网络控制系统的硬件接口处理时延、控制应用计算时延、协议处理时延等也可基本确定下来。它们大小的估计和求取，在传统计算机控制系统设计中已有相应方法。

在源节点中，待发送数据帧将先进入发送缓冲区进行发送队列排序，从而导致信息队列等待时延。其值大小与发送缓冲区大小、发送排序方式有关。例如，在 LON 总线控制网络中，神经元芯片节点就有两个优先级发送缓冲区和两个普通发送缓冲区。处于发送队列最前端的消息是否能够发送，还将取决于网络线路当前是否可用。根据 MAC 子层协议的不同，信息队列等待时延和网络堵塞时延将有很大不同。在网络控制系统分析与设计中，MAC 子层协议导致的堵塞和等待时延不仅数量级比较大，而且同整个时延构成的其他部分相比，其时延不确定性也更强。例如，对于 10 M 以太网 CSMA/CD 协议，在数据帧平均长度为 500 B，连续冲突次数达到 10 次时，其网络传输时延将可达到 108.6 ms；对于 TokenBus 类型控制网络协议 P-Net 而言，若单个令牌平均数据长度为 200 位，网络传输速率为 78.6 kbit/s，子网节点数目是 8 个时，其令牌传递周期也将达到 25.7 ms。再者，考虑时延变化量的大小：P-Net 网络协议仍处在前述情况下，网络仅一个令牌有数据传输同所有令牌均有数据传输两者之间时延相差 5.3 倍；以太网 CSMA/CD 协议中，1 次碰撞和 10 次碰撞的退避时延最大能够相差 1023 倍，此外它还可能由于多次碰撞丢失数据帧。

通过上述时序过程、时延构成的定性和定量分析可以看出，由于网络控制系统具有局域性，各种控制网络 MAC 子层协议对于其信息传递时延与可靠性的差异具有相当重要的影响。

2.2.2　动态服务性能的解析分析

控制网络系统中 MAC 子层协议主要有三种类型，即 CSMA 方式、TokenBus 方式和主从 Polling 方式。由于网络控制系统中信息传递时延和可靠性很大程度上取决于其 MAC 子层协议，因此，针对此三种典型 MAC 子层协议类型，下面分别以 Ethernet（CSMA）、P-Net（TokenBus）和 FIP（Polling）三种具有代表性的控制网络协议来进行动态服务性能的解析分析。

动态服务性能指标主要包括网络传输时延和丢包率。网络传输时延表征了网络控制系统中信息传递实时性的强弱程度；丢包率则是信息传递可靠性的量化标志。这两项指标对于系统整体控制性能的影响至关重要，具体定义如下。

网络传输时延：所有成功发送的数据帧从发送队列中产生到它们被目的节点接收时刻的间隔。它主要由队列等待时延、网络堵塞时延和数据帧发送时间三部分构成。

丢包率：由于堵塞而丢失的数据帧与网络生成总数据帧数目之比。

下面的理论解析分析主要针对网络传输时延进行；而丢包率则一般可以通过网络协议仿真进行分析。

1. 以太网传输时延分析

以太网中传输冲突执行 BEB 退避算法，其时延具有不确定性，利用随机概率模型来分析与描述其时延。令 T_{delay} 为以太网传输时延，则有

$$T_{\text{delay}} = n_{\text{buffer}}(T_{\text{block}} + T_{\text{trans}}) \tag{2.1}$$

式中，T_{block} 为网络堵塞时延；T_{trans} 为以太网中数据帧传输时间；n_{buffer} 为节点发送缓冲区中数据帧的数目。设在某一时隙，具有 n 个节点的以太网中，n_r 个节点拥有重发的冲突数据帧，n_a 个节点具有新发数据帧（$n_a \leqslant n - n_r$），集合 N、N_r、N_a 分别是 n、n_r、n_a 个节点组成的集合；又令具有新发数据帧节点的发送概率是 p_a。易知，具有冲突数据帧的节点其重发概率为 $p_r = 2^{-i}$，i 是该节点已冲突次数。那么对于任意节点 j，具有新发数据帧且成功发送的概率为

$$Q_a^{(j)} = p_a \Big[\prod_{N_a \backslash \{j\}} (1 - p_a) \Big] \Big[\prod_{N_r} (1 - p_r) \Big] \tag{2.2}$$

节点 j 具有重发数据帧且成功发送的概率为

$$Q_r^{(j)} = p_r \Big[\prod_{N_a} (1 - p_a) \Big] \Big[\prod_{N_r \backslash \{j\}} (1 - p_r) \Big] \tag{2.3}$$

整个网段没有任何节点发送数据的概率为

$$Q_0 = \Big[\prod_{N_a} (1 - p_a) \Big] \Big[\prod_{N_r} (1 - p_r) \Big] \tag{2.4}$$

从而发生冲突的概率为

$$Q_C = 1 - Q_0 - \sum_{N_a} Q_a^{(j)} - \sum_{N_r} Q_r^{(j)} \tag{2.5}$$

设 $\bar{t}_i$ 为第 i 次冲突的退避时间期望值，可得

$$\bar{t}_i = \Big(0 + \frac{1}{2^i} + \frac{2}{2^i} + \cdots + \frac{2^i - 1}{2^i} \Big) T_{\text{slot}} = \Big(\frac{2^i - 1}{2} \Big) T_{\text{slot}} \tag{2.6}$$

式中，T_{slot} 为 CSMA/CD 协议的时隙，对 10M 以太网而言，$T_{\text{slot}} = 52.2\ \mu s$。由退避算法可知，当 $10 \leqslant i \leqslant 16$ 时式（2.6）为

$$\bar{t}_i = \bar{t}_{10} = \Big(\frac{2^{10} - 1}{2} \Big) T_{\text{slot}} \tag{2.7}$$

第 i 次冲突后总退避时间的期望值为

$$\bar{g}_i = \bar{g}_{i-1} + T_{\text{slot}} + \bar{t}_i, \quad \bar{g}_0 = 0 \tag{2.8}$$

于是，可以得到网络堵塞时延的期望值为

$$\bar{T}_{\text{block}} = \sum_{k=0}^{16} \bar{T}_k, \quad \bar{T}_k = \begin{cases} 0, & k = 0 \\ \bar{g}_k Q_C^k Q_r, & k = 1, \cdots, 15 \\ \bar{g}_k Q_C^k, & k = 16 \end{cases} \tag{2.9}$$

最终，得到以太网网络传输时延的期望值 $\bar{T}_{\text{delay}}$ 为

$$\bar{T}_{\text{delay}} = n_{\text{buffer}} \Big(\sum_{k=0}^{16} \bar{T}_k + \frac{B_{\text{frame}}}{S} \Big) \tag{2.10}$$

式中，B_{frame} 为数据帧位数；S 为以太网传输速率。

2. P-Net 网络传输时延分析

TokenBus 方式和主从 Polling 方式都属于确定性协议，因此，P-Net 和 FIP 网络传输时延可以用确定的数学解析模型来描述与分析。P-Net 是基于虚拟令牌总线的控制网络协议，在 P-Net 网络中，只有主节点类型能够获得令牌，这一点同 Profibus 协议相似。通过分析可

得 P–Net 网络最大传输时延为

$$T_{\text{delay}} = n_{\text{buffer}} \sum_{i=1}^{n_{\text{m}}} \left(\frac{7}{S} + \max(C_i) + \frac{40}{S} \right) \tag{2.11}$$

式中，n_{buffe} 为主节点发送缓冲区中数据帧数目；n_{m} 为网络中主节点数目；C_i 为第 i 个主节点网络通信的占用时间；S 为 P–Net 网络传输速率。式（2.11）中包含了令牌传递时间 40 bit，主节点拥有令牌后反应时间为 7 bit。

3. FIP 网络传输时延分析

FIP 控制网络采用了基于主从 Polling 方式的 Producer/Consumer 通信模式，通过 BA（Bus Arbitrator）轮询来控制各个 Producer 节点的数据发送。其最大网络传输时延为

$$T_{\text{delay}} = n_{\text{buffer}} (T_{\text{c\_v}} + T_{\text{ac\_v}} + T_{\text{m\_ack}} + T_{\text{m\_nak}}) \tag{2.12}$$

式中，n_{buffer} 为 Producer 节点发送缓冲区中数据帧的数目；$T_{\text{c\_v}}$、$T_{\text{ac\_v}}$、$T_{\text{m\_ack}}$、$T_{\text{m\_nak}}$ 分别为单个轮询期中周期性变量、非周期性变量、确认消息和非确认消息的时延分量。若采用 FIP 压缩消息编码方式，可以进一步将式（2.12）表达为

$$\begin{aligned}
T_{\text{delay}} = n_{\text{buffer}} & \left[\left(T_{\text{R}} + \frac{61}{S} \right) (2N_{\text{c\_v}} + 4N_{\text{ac\_v}} + 4N_{\text{m\_ack}} + 3N_{\text{m\_nak}}) \right. \\
& \left. + \frac{8}{S} \left(\sum_{i=1}^{N_{\text{c\_v}}} L_{\text{c\_v}_i} + \sum_{j=1}^{N_{\text{ac\_v}}} L_{\text{ac\_v}_j} + \sum_{k=1}^{N_{\text{m\_ack}}} L_{\text{m\_ack}_k} + \sum_{p=1}^{N_{\text{m\_nak}}} L_{\text{m\_nak}_p} \right) \right]
\end{aligned} \tag{2.13}$$

式中，T_{R} 为 FIP 网络中连续发送数据帧之间隔；$N_{\text{c\_v}}$、$N_{\text{ac\_v}}$、$N_{\text{m\_ack}}$、$N_{\text{m\_nak}}$ 分别为单个轮询期中周期性变量、非周期性变量、确认消息和非确认消息的数目；$L_{\text{c\_v}}$、$L_{\text{ac\_v}}$、$L_{\text{m\_ack}}$、$L_{\text{m\_nak}}$ 则分别为它们数据帧的字节长度；S 为 FIP 网络传输速率。

2.3　网络控制系统采样周期的选择

网络控制系统中存在大量周期性任务，它们常常是系统处理的主要任务，占用了较多网络通信带宽。分析网络控制系统的控制性能，主要是分析网络控制系统的周期性控制任务。周期性控制任务性能的好坏成为影响系统控制性能的关键因素之一。

网络控制系统本质是一种分布式计算机控制系统，同任何数字控制系统一样，分析其控制性能首先需要确定系统的采样周期。由于网络控制系统结构上的不同，其采样周期的确定不能等同于普通连续或数字控制系统。本节讨论在具有网络传输时延和通信共享的情况下，网络控制系统采样周期的一般确定方法。

2.3.1　采样周期与控制性能的分析

首先定性地分析网络控制系统中采样周期与控制性能之间的关系，用于指导控制性能指标的定量分析和控制算法的优化。

通常情况下，对于一般的离散系统而言，采样率越快，系统的性能越好。采样率的提高使得一般非连续系统更接近于连续系统。然而，对于网络控制系统而言，太快的采样率会加大网络的负荷，负荷的增加又会进一步加大信号的时延，严重时将会引起时序错乱或数据包的丢失，从而影响网络控制系统的控制性能。图 2.9 进一步给出了连续控制系统、数字控制

系统和网络控制系统中，控制性能与采样周期对应关系曲线的对比情况。其中，横坐标是系统采样周期；纵坐标是系统控制性能指标。控制性能指标可以体现为超调量、相位裕量或控制误差等某一项。由对系统控制性能的要求，可以在图中标明控制性能可以接受和不可接受两个区域。

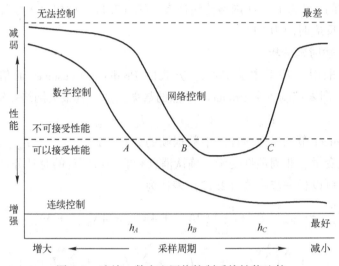

图 2.9　连续、数字和网络控制系统性能比较

从图 2.9 中可以看出，数字控制系统的性能随着采样时间的减小逐渐提高；而对于网络控制系统而言，随着采样时间的减小则是在一定的采样时间（B 点以前）内，性能逐渐提高，在 B 和 C 之间，达到较为理想的性能，但随着采样周期的继续减小，控制性能并未像数字控制系统一样继续提高，而是呈现下降的趋势。这主要是由于网络控制系统带宽的限制作用。因为网络控制系统的性能不仅受到采样周期的影响，而且受到网络运行性能的限制。随着采样周期的减小，网络负荷虽然增大但网络运行性能不变，故系统性能逐渐提高，但是当采样周期减小到一定程度后，更多更频繁的数据传输将导致网络 QoS 的降低，即网络负荷超过了网络有限的承载能力，使网络时延增大，甚至引起抖动、丢包等问题。此时不但不能保证原有的系统性能，反而会导致系统性能的下降（C 点）和恶化，从而影响了控制的效果。

因此，网络控制系统中各节点上的传感器在制定采样周期时，既受控制对象稳定性的约束，也要受网络可调度性约束。解决这个矛盾的方法是在一定约束条件下取得总体性能的折中。

2.3.2　采样周期的选取方法

控制系统的采样周期过大或过小都会影响网络控制系统的性能，为了保证系统的稳定性并且满足一定的控制性能要求，需要对 NCS 采样周期进行正确的选择。在数字控制系统中，采样周期的选择主要根据控制系统的带宽与相位滞后来确定。

相位滞后由离散滞后 $\Delta\varphi_s$ 和时间滞后 $\Delta\varphi_d$ 造成：

$$\Delta\varphi_s = \frac{\omega h_i}{2}$$

（2.14）

$$\Delta\varphi_d = \omega\tau_i \tag{2.15}$$

式中，ω 为系统频率；h_i 为采样周期；τ_i 为网络时延。

根据相关研究成果，在数字控制系统中，为了保证控制系统的性能，选择采样周期时，理想的采样倍数（ω_i/ω_{bw}）是

$$20 \leqslant \frac{\omega_i}{\omega_{bw}} \leqslant 40，\text{即 } 20 \leqslant \frac{h_{bw}}{h_i} \leqslant 40 \tag{2.16}$$

式中，ω_{bw} 为控制系统的带宽；ω_i 为采样频率；h_{bw} 是由 ω_{bw} 得到的。

由式（2.14）和式（2.15）可知，不带时间滞后的控制系统的相位滞后 $\Delta\varphi$ 为

$$\Delta\varphi = \Delta\varphi_s = \frac{\omega h_i}{2} \tag{2.17}$$

对于带有网络时延的网络控制系统，其相位滞后 $\Delta\varphi'$ 为

$$\Delta\varphi' = \Delta\varphi_s' + \Delta\varphi_d = \frac{\omega h_i'}{2} + \omega\tau_i \tag{2.18}$$

式中，h_i' 为网络控制系统的采样周期。

若要将带有时间滞后的网络控制系统转换为不带有时间滞后的数字控制系统，可设它们具有相同的相位滞后，即 $\Delta\varphi = \Delta\varphi'$，所以可以得到

$$\frac{\omega h_i}{2} = \frac{\omega h_i'}{2} + \omega\tau_i \tag{2.19}$$

于是有

$$h_i = h_i' + 2\tau_i \tag{2.20}$$

由式（2.16）可知，理想的采样周期满足：$\dfrac{h_{bw}}{40} \leqslant h_i \leqslant \dfrac{h_{bw}}{20}$，所以，将式（2.20）代入，得到带有时延的网络控制系统采样周期的选取范围为

$$\frac{h_{bw}}{40} - 2\tau_i \leqslant h_i' \leqslant \frac{h_{bw}}{20} - 2\tau_i \tag{2.21}$$

2.4　习题

2.1　什么是计算机网络？简述其特点和功能。

2.2　计算机网络有哪些类型？简述各自特点。

2.3　计算机网络有哪些拓扑结构？简述其各自特点。

2.4　简述 OSI 参考模型，各层的作用是什么。

2.5　TCP/IP 与 OSI 模型的对应关系是什么？简述 TCP/IP 的内容。

2.6　什么是局域网？其标准是什么？

2.7　简述以太网的特点。

2.8　什么是实时控制网络？有哪些类型和特点？

2.9　网络的服务性能指哪些内容？

2.10　网络的传输时延由哪些因素引起的？与网络控制系统性能是什么关系？

2.11　CSMA/CD 技术是指什么？其工作过程是怎样的？

2.12　简述退避算法原理。

2.13　什么是零阶保持器？在计算机控制系统的作用是什么？

2.14　推导零阶保持器的传递函数模型，分析其幅频特性和相频特性。

2.15　什么是控制系统的带宽？与控制系统性能是什么关系？

2.16　给出一种网络控制的应用实例。

2.17*　建立网络控制系统的丢包概率模型，分析网络丢包对控制系统稳定性的影响。

2.18*　当网络的传输时延大于采样周期时，会对控制系统产生什么影响？

2.19*　试描述工业以太网的概念。

2.20*　试描述 5G 通信技术，并给出其应用领域。

第3章 网络控制系统控制器设计

本章研究通过网络进行控制（Control through Network）的问题，即针对网络的不确定特性，通过设计先进的控制算法来提高整个网络控制系统的质量。由于网络控制系统中存在着网络诱导时延、数据包丢失等特性，并且随着时延的增大，数据包丢失率的增加，闭环系统性能会下降，甚至会造成系统不稳定，因此在应用常规控制方法进行网络控制系统控制器的设计时，需要根据网络的特性对常规控制方法进行适当的修改，以满足网络控制系统的性能要求。由于在常规控制方法中，PID 控制方法应用得最为普遍，而 Smith 预估控制则是处理具有时滞对象的典型方法，因此本章重点介绍基于 PID 和 Smith 预估的网络控制系统控制器的设计方法，以便于了解常规控制方法应用于网络控制环境下进行改进的策略和具体措施。

3.1　网络服务质量对常规控制系统的影响

网络控制系统的性能不仅取决于所使用的控制算法，也取决于网络环境。例如，网络的带宽、终端对终端时延、数据包丢失率都是影响网络控制系统的重要因素。如果能够保证网络环境的服务质量，则全部的控制性能都会得到改善。然而由于网络通信本身的特性或网络环境中扰动的影响，网络提供的服务质量可能会发生变化，因此将对控制系统产生影响，降低网络控制系统的性能。本节以直流电动机网络控制系统为对象，研究网络服务质量（QoS）对控制系统性能的影响。

直流电动机网络控制系统如图 3.1 所示，分为三部分：远程系统和远程控制器、中央控制器、数据网络。

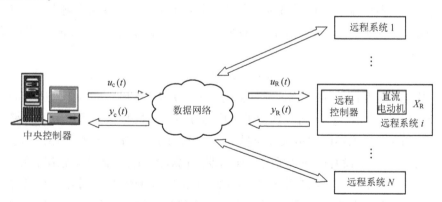

图 3.1　直流电动机网络控制系统结构图

（1）远程系统和远程控制器

每个分布式远程控制器都具有较强的计算能力，可以进行相对简单的程序控制，如将网络传递来的中央控制器控制信号转换成脉宽调制（PWM）信号驱动电动机；同时每个远程控制器能把局部的检测信号经由网络发送给中央控制器。

远程过程为一台直流电动机驱动负载，负载可以是机器人手臂或者是无人操作的电器工具。直流电动机的传递函数模型如下：

$$G(s) = \frac{2029.826}{(s+26.29)(s+2.296)} \tag{3.1}$$

（2）中央控制器

中央控制器监视远程网络连接的网络服务质量，为远程系统提供合适的控制信号。此例中，中央控制器使用 PI 控制算法计算远程系统阶跃跟踪的控制信号，取 $K_P = 1$，$K_I = 0.7$。系统输出 $y(t)(y(t) = \omega)$ 为电动机转速，控制器输出 $u(t)$ 为电动机输入电压的控制量。

（3）数据网络

定义端到端（从中央控制器到特殊远程系统）用户情况的网络服务质量有多种方法，常用的两种如下。

1）QoS_1 表示点到点（从中央控制器到远程控制器）网络吞吐量，用来表示信号的采样速率和网络传输数据包速率。

2）QoS_2 表示点到点最大数据包的最大时延，用来表述数据包从中央控制器传递到远程控制器的时间。

采样周期满足：

$$h > \tau_{sc} + \tau_{PC} + \tau_{ca} + \tau_{PR} \tag{3.2}$$

式中 τ_{PC}、τ_{PR} 分别为中央控制器和远程控制器的数据计算处理时延；τ_{ca} 为信号从中央控制器传送到远程控制器的时延；τ_{sc} 为信号从远程控制器传送到中央控制器的时延。

此规则用于确保数据包在中央控制器和远程控制器之间的传输能否在一个采样周期内完成。QoS_1 和 QoS_2 是决定 h 的关键因素，根据给定的 QoS_1 和 QoS_2，τ_{sc} 和 τ_{ca} 能够通过计算进行估计。若不满足条件，中央控制器就没有测量信号进行处理。

在给定的控制器增益下，对不同的网络服务质量情况，闭环系统的响应会不同。为证明这点，假设 $QoS_2 = $ Maximal packet size (bits)/QoS_1，τ_{PC} 和 τ_{PR} 总和估计为 0.1 ms。应用式（3.2），采样时间估计为

$$h > 2QoS_2 + 0.1 \text{ ms} \tag{3.3}$$

最大的数据包长度设为 6 B，$QoS_1 = \{4800, 9600, 19200, 38400\}$ bit/s，则适当的采样时间可设定为 $\{24, 12, 6, 3\}$ ms。设网络时延为满足均匀分布的随机量，其取值范围为最大时延的 90% ~ 100%。图 3.2 表示不同网络服务质量下，采样时间和网络时延对闭环控制系统性能的影响情况，图 3.2a 表示没有网络时延时采样周期变化对控制性能的影响情况；图 3.2b 表示存在网络时延的情况下，控制器参数和采样周期与图 3.2a 的情况相同时，网络时延对控制系统性能的影响情况。图 3.2b 表明，对于阶跃响应信号，网络时延造成网络控制系统超调量增加，调节时间变长，甚至使系统不稳定（$h = 12$ ms 和 $h = 24$ ms）。

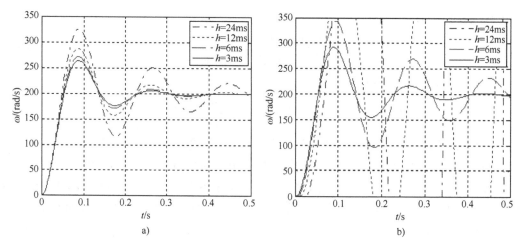

图 3.2　网络服务质量对控制系统性能的影响
a）没有网络时延　b）有网络时延

3.2　常规 PID 控制器及其参数修正方法

3.2.1　PID 控制原理

在工业过程控制系统中，标准的 PID（Proportional-Integral-Derivative）控制仍是应用得最为广泛的控制方法。根据对连续系统的设计，将求得的连续 PID 控制器进行离散化，即可求得近似等效的 PID 控制器，并由计算机来加以实现。计算机实现的 PID 控制器，不仅是将 PID 控制规律数字化，而且进一步利用计算机逻辑判断功能，开发出多种不同性质的 PID 控制算法，如积分分离 PID、微分先行 PID 和带死区 PID 等控制算法，使得 PID 的控制功能更强，更适合工业过程的各种需求。

理想模拟 PID 控制器的传递函数为

$$D(s) = \frac{U(s)}{E(s)} = K_P + \frac{K_I}{s} + K_D s \tag{3.4}$$

式中，K_P 为比例系数；K_I 为积分系数；K_D 为微分系数。比例控制的作用是通过加大 K_P 来增加系统的动态响应速度；积分控制的作用是消除系统稳态误差；微分控制的作用是改善系统的动态性能。采用双线性变换法，将式（3.4）离散化，得到

$$D(z) = D(s) \big|_{s = \frac{2}{h}\frac{1-z^{-1}}{1+z^{-1}}} = \frac{U(z)}{E(z)} = K_P + \frac{K_I h}{2}\frac{1+z^{-1}}{1-z^{-1}} + \frac{2K_D}{h}\frac{1-z^{-1}}{1+z^{-1}} \tag{3.5}$$

式中，h 为采样周期。

由式（3.5），得到

$$u(k) = \left(K_P + \frac{K_I h}{2}\frac{1+z^{-1}}{1-z^{-1}} + \frac{2K_D}{h}\frac{1-z^{-1}}{1+z^{-1}} \right) e(k) \tag{3.6}$$

由式（3.6）计算出的 $u(k)$ 是控制量的绝对大小，如果控制量是阀门，则它反映了阀门的开度，因此称为位置式 PID 控制器。

由式（3.6），有

$$u(k-1) = \left(K_{\mathrm{P}} + \frac{K_{\mathrm{I}}h}{2}\frac{1+z^{-1}}{1-z^{-1}} + \frac{2K_{\mathrm{D}}}{h}\frac{1-z^{-1}}{1+z^{-1}} \right) z^{-1}e(k) \tag{3.7}$$

式（3.6）与式（3.7）相减得

$$\Delta u(k) = \left(K_{\mathrm{P}}(1-z^{-1}) + \frac{K_{\mathrm{I}}h}{2}(1+z^{-1}) + \frac{2K_{\mathrm{D}}}{h}\frac{1-2z^{-1}+z^{-2}}{1+z^{-1}} \right) e(k) \tag{3.8}$$

由式（3.8）计算得到的是控制量的增量，因此称为增量式或速度式 PID 控制器。

PID 控制器参数的整定对于系统的性能指标有很大的影响，工程上常用的方法有过渡过程响应法、临界稳定测量法和归一参数整定法等。其基本思想都是根据先验的工程经验或系统的典型输入响应数据（如阶跃响应），通过确定一些工程上的相关参数，进而确定 PID 控制器的参数 K_{P}、K_{I} 和 K_{D}。

3.2.2 网络控制系统 PID 参数修正方法

常规 PID 控制器应用于网络控制系统的环境，由于网络特性的影响，PID 控制器所控制的广义对象（包括网络与控制对象）实际上相当于一个时变系统，因此需要对 PID 的参数 K_{P}、K_{I} 和 K_{D} 进行在线修正，以适应于网络控制系统的要求。3.1 节中已经说明了网络服务质量的变化对常规 PID 控制的影响，即网络时延的变化使控制系统的动态性能变差。

为简化计算，选控制器类型为如下 PI 控制器：

$$u_{\mathrm{PI}}(k) = u_{\mathrm{PI}}(k-1) + \left(K_{\mathrm{P}} + \frac{K_{\mathrm{I}}h}{2} \right) e(k) + \left(-K_{\mathrm{P}} + \frac{K_{\mathrm{I}}h}{2} \right) e(k-1) \tag{3.9}$$

根据选定的目标函数，对控制参数 K_{P} 和 K_{I} 进行在线修正，此种方法称为直接参数修正法（Direct Parameters Tuning）。在线修正的目标函数可以取为极小化瞬时目标函数或移动窗口目标函数。

（1）在线修正：瞬时目标函数

此方法中，跟随参数的修正是基于极小化瞬时性能指标 $J(k)$：

$$J(k) = e^2(k) \tag{3.10}$$

$J(k)$ 起到对反应时间和收敛速度的瞬时惩罚作用。控制参数 K_{P} 和 K_{I} 的调整用最速下降算法，推导过程如下。

根据最速下降算法可知

$$K_{\mathrm{P}}(k+1) = K_{\mathrm{P}}(k) - \eta \nabla J(K_{\mathrm{P}}) \tag{3.11}$$

$$K_{\mathrm{I}}(k+1) = K_{\mathrm{I}}(k) - \eta \nabla J(K_{\mathrm{I}}) \tag{3.12}$$

式中，η 为下降速率。

$$\nabla J(K_{\mathrm{P}}) = \frac{\partial J(k)}{\partial e(k)}\frac{\partial e(k)}{\partial u_{\mathrm{PI}}(k)}\frac{\partial u_{\mathrm{PI}}(k)}{\partial K_{\mathrm{P}}(k)} \tag{3.13}$$

$$\nabla J(K_{\mathrm{I}}) = \frac{\partial J(k)}{\partial e(k)}\frac{\partial e(k)}{\partial u_{\mathrm{PI}}(k)}\frac{\partial u_{\mathrm{PI}}(k)}{\partial K_{\mathrm{I}}(k)} \tag{3.14}$$

由式（3.9）、式（3.10）得到

$$\frac{\partial J(k)}{\partial e(k)} = 2e(k) \tag{3.15}$$

$$\frac{\partial e(k)}{\partial u_{PI}(k)} = \frac{1}{K_P(k) + \dfrac{K_I(k)h}{2}} \tag{3.16}$$

$$\frac{\partial u_{PI}(k)}{\partial K_P(k)} = e(k) - e(k-1) \tag{3.17}$$

$$\frac{\partial u_{PI}(k)}{\partial K_I(k)} = \frac{h}{2}(e(k) + e(k-1)) \tag{3.18}$$

综上整理得到

$$K_P(k+1) = K_P(k) - 4\eta \frac{e^2(k) - e(k)e(k-1)}{2K_P(k) + K_I(k)h} \tag{3.19}$$

$$K_I(k+1) = K_I(k) - 2h\eta \frac{e^2(k) + e(k)e(k-1)}{2K_P(k) + K_I(k)h} \tag{3.20}$$

（2）在线调整：移动窗口目标函数

此方法是基于极小化带有移动窗口的目标函数。目标函数定义如下：

$$J(k) = \sum_{i=k-m}^{k} e^2(i) \tag{3.21}$$

式中，m 为窗口尺寸。应用最速下降算法（同上）调整控制参数 K_P 和 K_I，可得

$$K_P(k+1) = K_P(k) - 4\eta \sum_{i=k-m}^{k} \frac{e^2(i) - e(i)e(i-1)}{2K_P(i) + K_I(i)h} \tag{3.22}$$

$$K_I(k+1) = K_I(k) - 2h\eta \sum_{i=k-m}^{k} \frac{e^2(i) + e(i)e(i-1)}{2K_P(i) + K_I(i)h} \tag{3.23}$$

对于 3.1 节的直流电动机网络控制系统，采用上述的直接参数修正的 PI 控制器，针对图 3.2 有网络时延的情况进行控制，取初始 $K_P = 1$，$K_I = 0.7$。仿真结果如图 3.3 所示，其中图 3.3a 中采用瞬时目标函数进行参数修正，图 3.3b 中采用移动窗口目标函数进行参数修正

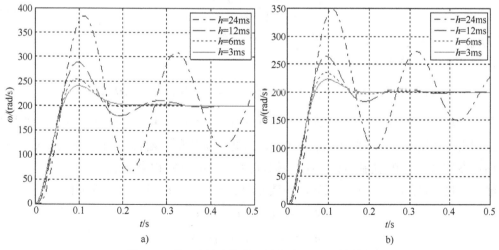

图 3.3　基于直接参数修正的电动机 PI 网络控制

a）瞬时目标函数参数修正　b）移动窗口目标函数参数修正

（$m=10$）。从图 3.3 可以看出，采用直接参数修正方法对常规 PI 控制器进行在线参数修正后，直流电动机网络控制系统可以得到较好的控制效果。

3.3　网络控制系统模糊自适应 PI 控制器

3.3.1　模糊自适应 PI 网络控制器结构

将传统的 PI 控制和模糊控制技术相结合，根据参考信号与系统输出信号的偏差，通过调整模糊调节器的跟随参数 β 来修正 PI 控制器的输出，补偿网络诱导时延的影响。此种设计方法的主要优点是在网络服务质量 QoS 发生变化的情况下，无须改变控制器设计。模糊自适应 PI 控制方案如图 3.4 所示。

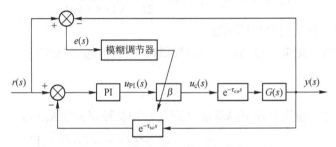

图 3.4　模糊自适应 PI 控制结构图

图 3.4 中，PI 控制器的设计是在不考虑网络时延的情况下设计的，从而使得控制器的设计得以简化，其中 τ_{sc}、τ_{ca} 分别为从传感器到控制器的时延和从控制器到执行器的时延。模糊控制器采用一维模糊结构，其中输入是系统输入和对象输出的偏差 e，输出是 β，控制规则选用 Takagi-Sugeno 模糊规则，解模糊采用加权平均法，即

$$\beta=\frac{\beta_1\mu_{\mathrm{Small}}(e)+\beta_2\mu_{\mathrm{Large}}(e)}{\mu_{\mathrm{Small}}(e)+\mu_{\mathrm{Large}}(e)} \tag{3.24}$$

式中，$\mu_{\mathrm{Small}}(e)$、$\mu_{\mathrm{Large}}(e)$ 为输入变量 e 的隶属度函数。

模糊 PI 控制器输出为

$$u_{\mathrm{c}}(t)=\beta u_{\mathrm{PI}}(t)=\beta\left[K_{\mathrm{P}}e(t)+K_{\mathrm{I}}\int e(t)\,\mathrm{d}t\right]=\beta K_{\mathrm{P}}e(t)+\beta K_{\mathrm{I}}\int e(t)\,\mathrm{d}t \tag{3.25}$$

式中，K_{P}、K_{I} 分别为传统 PI 控制器的比例增益和积分增益。由式（3.25）可知，加入模糊调节器相当于使用了一个新的 PI 控制器，其比例增益和积分增益分别为 βK_{P}、βK_{I}。这样，具有固定参数的传统 PI 控制器就变成了具有可变参数的新型 PI 控制器。

输入变量 e 和输出变量 β 的隶属度函数如图 3.5 所示。模糊控制规则如下：

$$\text{if } e \text{ is Small, then } \beta=\beta_1$$

$$\text{if } e \text{ is Large, then } \beta=\beta_2$$

式中，$0<\beta_1<\beta_2<1$，β_i（$i=1,2$）是和 β 对应的跟随参数。

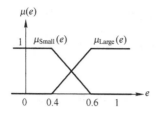 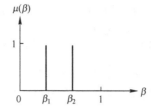

图 3.5　输入变量 e 和输出变量 β 的隶属度函数

3.3.2　局部模糊自适应 PI 控制器

采用一维模糊控制器是为了减少模糊调节器的计算时间，简化调节过程，满足网络控制系统实时性的要求，同时也减少了调节参数，与二维的相比，仅有两个调节参数 β_1、β_2。

对跟随参数 β_1、β_2 的模糊自适应调整 AFM（Adaptive Fuzzy Modulation），构成了局部模糊自适应（AFM Partial Adaptation）PI 控制器，可以应用在线调整方法，也可以采用离线调整方法。在线调整方法中，跟随参数的调整可以分别基于极小化瞬时目标函数或移动窗口目标函数进行；离线调整方法可以基于在给定的网络服务质量下，寻找最优的（K_P、K_I）对，使得预先定义的目标函数值达到极小。这里只介绍在线调整方法。

（1）在线修正：瞬时目标函数

此方法中，跟随参数的修正是基于极小化瞬时性能指标 $J(k)$：

$$J(k) = e^2(k) \tag{3.26}$$

根据最速下降算法可知

$$\beta_1(k+1) = \beta_1(k) - \eta \, \nabla J(\beta_1) \tag{3.27}$$

$$\beta_2(k+1) = \beta_2(k) - \eta \, \nabla J(\beta_2) \tag{3.28}$$

其中

$$\nabla J(\beta_1) = \frac{\partial J(k)}{\partial e(k)} \frac{\partial e(k)}{\partial u_{\mathrm{PI}}(k)} \frac{\partial u_{\mathrm{PI}}(k)}{\partial \beta(k)} \frac{\partial \beta(k)}{\partial \beta_1(k)} \tag{3.29}$$

$$\nabla J(\beta_2) = \frac{\partial J(k)}{\partial e(k)} \frac{\partial e(k)}{\partial u_{\mathrm{PI}}(k)} \frac{\partial u_{\mathrm{PI}}(k)}{\partial \beta(k)} \frac{\partial \beta(k)}{\partial \beta_2(k)} \tag{3.30}$$

由式（3.9）、式（3.24）~式（3.26）得到

$$\frac{\partial J(k)}{\partial e(k)} = 2e(k) \tag{3.31}$$

$$\frac{\partial e(k)}{\partial u_{\mathrm{PI}}(k)} = \frac{1}{K_P(k) + \dfrac{K_I(k)h}{2}} \tag{3.32}$$

$$\frac{\partial u_{\mathrm{PI}}(k)}{\partial \beta(k)} = -\frac{u_c(k)}{\beta^2(k)} = -\frac{u_{\mathrm{PI}}(k)}{\beta(k)} \tag{3.33}$$

$$\frac{\partial \beta(k)}{\partial \beta_1(k)} = \frac{\mu_{\mathrm{Small}}(e(k))}{\mu_{\mathrm{Small}}(e(k)) + \mu_{\mathrm{Large}}(e(k))} \tag{3.34}$$

$$\frac{\partial \beta(k)}{\partial \beta_2(k)} = \frac{\mu_{\mathrm{Large}}(e(k))}{\mu_{\mathrm{Small}}(e(k)) + \mu_{\mathrm{Large}}(e(k))} \tag{3.35}$$

综上整理得到

$$\beta_1(k+1) = \beta_1(k) + 2\eta e(k) \mu_{\mathrm{Small}}(e(k)) u_{\mathrm{PI}}(k) / A(k) \tag{3.36}$$

$$\beta_2(k+1)=\beta_2(k)+2\eta e(k)\mu_{\mathrm{Large}}(e(k))u_{\mathrm{PI}}(k)/A(k) \tag{3.37}$$

式中，$A(k)=\left(K_{\mathrm{P}}(k)+\dfrac{K_{\mathrm{I}}(k)h}{2}\right)\big[\beta_1(k)\mu_{\mathrm{Small}}(e(k))+\beta_2(k)\mu_{\mathrm{Large}}(e(k))\big]$。

（2）在线调整：移动窗口目标函数

此方法是基于极小化带有移动窗口的目标函数。目标函数定义如下：

$$J(k)=\sum_{i=k-m}^{k}e^2(i) \tag{3.38}$$

式中，m 为窗口尺寸。应用最速下降算法（同上）调整跟随参数，可得

$$\beta_1(k+1)=\beta_1(k)+2\eta\sum_{i=k-m}^{k}e(i)\mu_{\mathrm{Small}}(e(i))u_{\mathrm{PI}}(i)/A(i) \tag{3.39}$$

$$\beta_2(k+1)=\beta_2(k)+2\eta\sum_{i=k-m}^{k}e(i)\mu_{\mathrm{Large}}(e(i))u_{\mathrm{PI}}(i)/A(i) \tag{3.40}$$

例 3.1 基于网络控制的直流电动机动态模型如下：

$$G(s)=\frac{2029.826}{(s+26.29)(s+2.296)}$$

控制系统结构如图 3.4 所示。网络时延 τ_{ca} 和 τ_{sc} 都为 0.1~0.5 s，使用 MATLAB /Simulink 进行仿真，以说明局部模糊自适应控制算法的有效性。

在 PI 控制中，取 $K_{\mathrm{P}}=0.1$，$K_{\mathrm{I}}=0.25$，阶跃指令信号取 50 rad/s，采样周期 $h=1$ s，采用瞬时目标函数，仿真结果如图 3.6 所示。

图中为分别使用两种控制器，即基于直接参数修正的 PI 控制器和本节提出的局部模糊自适应 PI 控制器的仿真结果。通过比较可知，使用局部模糊自适应 PI 控制器控制系统，大大改善了系统的动态特性，如系统的超调量和调节时间明显减小、振荡次数减少等。

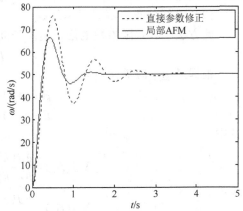

图 3.6 基于局部 AFM PI 控制器的
直流电动机阶跃响应

3.3.3 全局模糊自适应 PI 控制器

3.3.2 节介绍的局部模糊自适应 PI 控制中，只修正模糊规则中的跟随参数，而隶属度函数参数和 PI 控制器的参数是固定的。本节介绍一种 NCS 的全局模糊自适应 PI 控制方案，即同时调整跟随参数和隶属度函数参数，从而补偿网络诱导时延的影响。

隶属度函数参数 $\mu_{\mathrm{Small}}(e)$、$\mu_{\mathrm{Large}}(e)$ 定义如下：

$$\mu_{\mathrm{Small}}(e)=\begin{cases}1, & \dfrac{e}{r}\leqslant\gamma_{11} \\[2mm] \dfrac{\gamma_{12}-\dfrac{e}{r}}{\gamma_{12}-\gamma_{11}}, & \gamma_{11}<\dfrac{e}{r}\leqslant\gamma_{12} \\[2mm] 0, & \dfrac{e}{r}>\gamma_{12}\end{cases} \tag{3.41}$$

$$\mu_{\text{Large}}(e) = \begin{cases} 0, & \dfrac{e}{r} \leqslant \gamma_{21} \\[2mm] \dfrac{\dfrac{e}{r} - \gamma_{21}}{\gamma_{22} - \gamma_{21}}, & \gamma_{21} < \dfrac{e}{r} \leqslant \gamma_{22} \\[2mm] 1, & \dfrac{e}{r} > \gamma_{22} \end{cases} \tag{3.42}$$

式中，e 为误差信号；r 为参考输入信号。输入变量 e 和输出变量 β 的隶属度函数如图 3.7 所示，其中取

$$0 < \gamma_{21} < \gamma_{11} < \gamma_{22} < \gamma_{12} < 1, \quad 0 < \beta_1 < \beta_2 < 1 \tag{3.43}$$

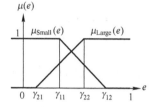 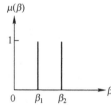

图 3.7　输入变量 e 和输出变量 β 的隶属度函数

同 3.3.2 节，全局模糊自适应 PI 控制中参数的调整有以下两种方式。

（1）在线调整：瞬时目标函数

$$J(k) = e^2(k) \tag{3.44}$$

为使 $J(k)$ 达到极小，使用最速下降算法进行参数调整，即

$$\gamma_{11}(k+1) = \gamma_{11}(k) + 2\eta \prod\left(\frac{e(k)}{r(k)}, \gamma_{11}(k), \gamma_{12}(k) \right) \cdot$$

$$\frac{e(k)\mu_{\text{Large}}(e(k))u_{\text{PI}}(k)[\beta_1(k) - \beta_2(k)]\left(\gamma_{12}(k) - \dfrac{e(k)}{r(k)}\right)}{\left(K_{\text{P}}(k) + \dfrac{K_{\text{I}}(k)h}{2}\right)[\beta_1(k)\mu_{\text{Small}}(e(k)) + \beta_2(k)\mu_{\text{Large}}(e(k))][\mu_{\text{Small}}(e(k)) + \mu_{\text{Large}}(e(k))][\gamma_{12}(k) - \gamma_{11}(k)]^2} \tag{3.45}$$

$$\gamma_{12}(k+1) = \gamma_{12}(k) + 2\eta \prod\left(\frac{e(k)}{r(k)}, \gamma_{11}(k), \gamma_{12}(k) \right) \cdot$$

$$\frac{e(k)\mu_{\text{Large}}(e(k))u_{\text{PI}}(k)[\beta_1(k) - \beta_2(k)]\left(\dfrac{e(k)}{r(k)} - \gamma_{11}(k)\right)}{\left(K_{\text{P}}(k) + \dfrac{K_{\text{I}}(k)h}{2}\right)[\beta_1(k)\mu_{\text{Small}}(e(k)) + \beta_2(k)\mu_{\text{Large}}(e(k))][\mu_{\text{Small}}(e(k)) + \mu_{\text{Large}}(e(k))][\gamma_{12}(k) - \gamma_{11}(k)]^2} \tag{3.46}$$

$$\gamma_{21}(k+1) = \gamma_{21}(k) + 2\eta \prod\left(\frac{e(k)}{r(k)}, \gamma_{21}(k), \gamma_{22}(k) \right) \cdot$$

$$\frac{e(k)\mu_{\text{Small}}(e(k))u_{\text{PI}}(k)[\beta_2(k) - \beta_1(k)]\left(\dfrac{e(k)}{r(k)} - \gamma_{22}(k)\right)}{\left(K_{\text{P}}(k) + \dfrac{K_{\text{I}}(k)h}{2}\right)[\beta_1(k)\mu_{\text{Small}}(e(k)) + \beta_2(k)\mu_{\text{Large}}(e(k))][\mu_{\text{Small}}(e(k)) + \mu_{\text{Large}}(e(k))][\gamma_{22}(k) - \gamma_{21}(k)]^2} \tag{3.47}$$

$$\gamma_{22}(k+1)=\gamma_{22}(k)+2\eta\prod\left(\frac{e(k)}{r(k)},\gamma_{21}(k),\gamma_{22}(k)\right)\cdot$$

$$\frac{e(k)\mu_{\text{Small}}(e(k))u_{\text{PI}}(k)\left[\beta_2(k)-\beta_1(k)\right]\left(\gamma_{21}(k)-\dfrac{e(k)}{r(k)}\right)}{\left(K_{\text{P}}(k)+\dfrac{K_{\text{I}}(k)h}{2}\right)\left[\beta_1(k)\mu_{\text{Small}}(e(k))+\beta_2(k)\mu_{\text{Large}}(e(k))\right]\left[\mu_{\text{Small}}(e(k))+\mu_{\text{Large}}(e(k))\right]\left[\gamma_{22}(k)-\gamma_{21}(k)\right]^2}$$

$$\tag{3.48}$$

$$\beta_1(k+1)=\beta_1(k)+2\eta e(k)\mu_{\text{Small}}(e(k))u_{\text{PI}}(k)/A(k) \tag{3.49}$$

$$\beta_2(k+1)=\beta_2(k)+2\eta e(k)\mu_{\text{Large}}(e(k))u_{\text{PI}}(k)/A(k) \tag{3.50}$$

式中，η 为下降速率；h 为采样周期；且

$$\prod(x,x_1,x_2)=\begin{cases}1,&x_1\leqslant x\leqslant x_2\\0,&\text{其他}\end{cases} \tag{3.51}$$

$$A(k)=\left(K_{\text{P}}(k)+\frac{K_{\text{I}}(k)h}{2}\right)\left[\beta_1(k)\mu_{\text{Small}}(e(k))+\beta_2(k)\mu_{\text{Large}}(e(k))\right] \tag{3.52}$$

（2）在线调整：移动窗口目标函数

此方法是基于极小化带有移动窗口的目标函数。目标函数定义如下：

$$J(k)=\sum_{i=k-m}^{k}e^2(i) \tag{3.53}$$

式中，m 为窗口尺寸。应用梯度下降极小化算法调整跟随参数，可得

$$\gamma_{11}(k+1)=\gamma_{11}(k)+2\eta\sum_{i=k-m}^{k}\prod\left(\frac{e(i)}{r(i)},\gamma_{11}(i),\gamma_{12}(i)\right)\cdot$$

$$\frac{e(k)\mu_{\text{Large}}(e(i))u_{\text{PI}}(i)\left[\beta_1(i)-\beta_2(i)\right]\left(\gamma_{12}(i)-\dfrac{e(i)}{r(i)}\right)}{\left(K_{\text{P}}(i)+\dfrac{K_{\text{I}}(i)h}{2}\right)\left[\beta_1(i)\mu_{\text{Small}}(e(i))+\beta_2(i)\mu_{\text{Large}}(e(i))\right]\left[\mu_{\text{Small}}(e(i))+\mu_{\text{Large}}(e(i))\right]\left[\gamma_{12}(i)-\gamma_{11}(i)\right]^2}$$

$$\tag{3.54}$$

$$\gamma_{12}(k+1)=\gamma_{12}(k)+2\eta\sum_{i=k-m}^{k}\prod\left(\frac{e(i)}{r(i)},\gamma_{11}(i),\gamma_{12}(i)\right)\cdot$$

$$\frac{e(k)\mu_{\text{Large}}(e(i))u_{\text{PI}}(i)\left[\beta_1(i)-\beta_2(i)\right]\left(\dfrac{e(i)}{r(i)}-\gamma_{11}(i)\right)}{\left(K_{\text{P}}(i)+\dfrac{K_{\text{I}}(i)h}{2}\right)\left[\beta_1(i)\mu_{\text{Small}}(e(i))+\beta_2(i)\mu_{\text{Large}}(e(i))\right]\left[\mu_{\text{Small}}(e(i))+\mu_{\text{Large}}(e(i))\right]\left[\gamma_{12}(i)-\gamma_{11}(i)\right]^2}$$

$$\tag{3.55}$$

$$\gamma_{21}(k+1)=\gamma_{21}(k)+2\eta\sum_{i=k-m}^{k}\prod\left(\frac{e(i)}{r(i)},\gamma_{21}(i),\gamma_{22}(i)\right)\cdot$$

$$\frac{e(k)\mu_{\text{Small}}(e(i))u_{\text{PI}}(i)\left[\beta_2(i)-\beta_1(i)\right]\left(\dfrac{e(i)}{r(i)}-\gamma_{22}(i)\right)}{\left(K_{\text{P}}(i)+\dfrac{K_{\text{I}}(i)h}{2}\right)\left[\beta_1(i)\mu_{\text{Small}}(e(i))+\beta_2(i)\mu_{\text{Large}}(e(i))\right]\left[\mu_{\text{Small}}(e(i))+\mu_{\text{Large}}(e(i))\right]\left[\gamma_{22}(i)-\gamma_{21}(i)\right]^2}$$

$$\tag{3.56}$$

$$\gamma_{22}(k+1) = \gamma_{22}(k) + 2\eta \sum_{i=k-m}^{k} \prod \left(\frac{e(i)}{r(i)}, \gamma_{21}(i), \gamma_{22}(i) \right) \cdot$$

$$\frac{e(k)\mu_{\text{Small}}(e(i))u_{\text{PI}}(i)[\beta_2(i) - \beta_1(i)]\left(\gamma_{21}(i) - \dfrac{e(i)}{r(i)}\right)}{\left(K_{\text{P}}(i) + \dfrac{K_{\text{I}}(i)h}{2}\right)[\beta_1(i)\mu_{\text{Small}}(e(i)) + \beta_2(i)\mu_{\text{Large}}(e(i))][\mu_{\text{Small}}(e(i)) + \mu_{\text{Large}}(e(i))][\gamma_{22}(i) - \gamma_{21}(i)]^2}$$

$$(3.57)$$

$$\beta_1(k+1) = \beta_1(k) + 2\eta \sum_{i=k-m}^{k} e(i)\mu_{\text{Small}}(e(i))u_{\text{PI}}(i)/A(i) \tag{3.58}$$

$$\beta_2(k+1) = \beta_2(k) + 2\eta \sum_{i=k-m}^{k} e(i)\mu_{\text{Large}}(e(i))u_{\text{PI}}(i)/A(i) \tag{3.59}$$

因此，全局模糊自适应调节（AMF Full Adaptation）意味着既要调整跟随参数(β_1, β_2)，又要调整模糊规则中隶属度函数参数$(\gamma_{11}, \gamma_{12}, \gamma_{21}, \gamma_{22})$。

例 3.2　本例仍使用 3.1 节的直流电动机模型和 PI 控制器进行数字仿真，采用瞬时目标函数，仿真结果如图 3.8 所示。仿真结果表明，使用全局模糊自适应 PI 控制器控制网络系统，能取得更好的控制效果。

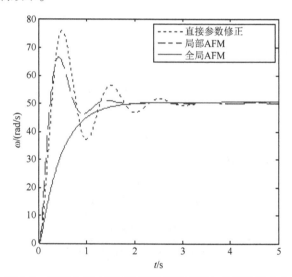

图 3.8　基于全局 AFM PI 控制器的直流电动机阶跃响应

3.4　网络控制系统 Smith 预估控制

Smith 预估控制是得到广泛应用的对纯滞后对象进行补偿的控制方法，实际应用中，表现为给 PID 控制器并联一个补偿环节，该补偿环节称为 Smith 预估器。

3.4.1　Smith 预估控制器原理

Smith 预估补偿控制是在系统的反馈回路中引入补偿装置，将控制通道传递函数中的纯滞后部分与其他部分分离。其特点是预先估计出系统在给定信号下的动态特性，然后由预估器进行补偿，力图使被延迟了的被调量超前反映到调节器，使调节器提前动作，从而减少超调量并加速调节过程。如果预估模型准确，该方法能够获得较好的控制效果，从而消除纯滞后对系统的不利影响，使系统品质与被控过程无纯滞后时相同。

为了考查 Smith 预估补偿系统的工作原理，先从一般的反馈控制系统开始讨论。图 3.9 为针对时滞对象的单位反馈控制系统。该系统的闭环传递函数为

$$H_b(s) = \frac{D(s)G_p(s)e^{-\tau s}}{1 + D(s)G_p(s)e^{-\tau s}} \tag{3.60}$$

式中，$D(s)$ 为普通调节器的传递函数；$G_p(s)e^{-\tau s}$ 为被控对象的传递函数；$G_p(s)$ 为被控对象传递函数不含时滞环节的部分；$e^{-\tau s}$ 为被控对象传递函数时滞环节。

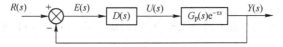

图 3.9　具有时滞环节对象的单位反馈控制系统

由式（3.60）可知，系统闭环传递函数的分母中包含时滞环节 $e^{-\tau s}$，这会使系统的稳定性降低。如果 τ 足够大，系统将不稳定。为了提高这类大时滞系统的稳定性，可在被控对象的两端并联一个反馈补偿环节 Smith 预估器，其传递函数为 $G_m(s)$。补偿后的系统框图如图 3.10 所示。

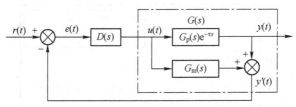

图 3.10　采用 Smith 补偿的时滞系统控制框图

由图可得补偿后的系统闭环传递函数为

$$H(s) = \frac{D(s)G_p(s)e^{-\tau s}}{1 + D(s)G_m(s) + D(s)G_p(s)e^{-\tau s}}$$

$$= \frac{D(s)G_p(s)e^{-\tau s}}{1 + D(s)[G_m(s) + G_p(s)e^{-\tau s}]} \tag{3.61}$$

若令

$$G_m(s) = G_p(s)(1 - e^{-\tau s}) \tag{3.62}$$

则式（3.61）变为

$$H_{bp}(s) = \frac{D(s)G_p(s)e^{-\tau s}}{1 + D(s)G_p(s)} \tag{3.63}$$

由式（3.63）可知，经过这样的反馈补偿后，系统闭环传递函数的分母中不再包含时滞环节，从而消除了被控对象滞后时间对系统稳定性的不利影响。式（3.62）就是 Smith 预估器的传递函数表达式。

针对不带滞后的对象 $G_p(s)$，应用连续系统的设计方法，设计控制器 $D(s)$。实际上，Smith 预估器并不是并联在被控对象上，而是反向并联在控制器 $D(s)$ 上，等效为带 Smith 预估器的控制器 $D'(s)$，如图 3.11 所示。

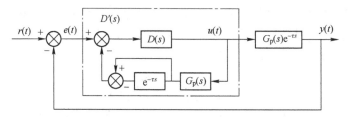

图 3.11　滞后补偿控制系统等效框图

图 3.11 中点画线框为带滞后补偿的调节器，其传递函数为

$$D'(s) = \frac{D(s)}{1 + D(s) G_p(s) - D(s) G_p(s) e^{-\tau s}}$$
$$= \frac{D(s)}{1 + D(s) G_p(s) (1 - e^{-\tau s})} = \frac{1}{1 + G_{kp}(s) (1 - e^{-\tau s})} D(s) \tag{3.64}$$

其中 $G_{kp}(s) = D(s) G_p(s)$。

由图 3.11 可得滞后补偿控制系统的闭环传递函数为

$$H(s) = \frac{Y(s)}{R(s)} = \frac{D(s) G_p(s) e^{-\tau s}}{1 + D(s) G_p(s)} = \left[\frac{D(s) G_p(s)}{1 + D(s) G_p(s)} \right] e^{-\tau s} \tag{3.65}$$

与式（3.63）相同。

由式（3.65）可知，经滞后补偿后，已消除了时滞部分对控制系统的影响，因为 $e^{-\tau s}$ 在闭环控制回路之外，不影响系统的稳定性。由拉氏变换的平移定理可以证明，它仅仅使控制过程在时间坐标上推移了时间 τ，其过渡过程的曲线及性能指标均与等效特性为 $G_p(s)$（不存在时滞部分）时完全相同。因此，对任何滞后时间 τ，系统都是稳定的。

3.4.2　网络控制系统基本 Smith 预估控制

现将 Smith 预估控制器引入网络控制系统中，具有 Smith 预估控制器的网络控制系统的框图如图 3.12 所示。

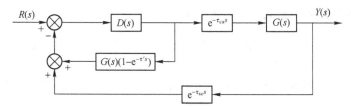

图 3.12　带有 Smith 预估控制器的网络控制系统框图

图 3.12 所示的系统中，$D(s)$ 为控制器的传递函数，$G(s)$ 为被控对象的传递函数，τ_{sc} 为传感器-控制器的时延，τ_{ca} 为控制器-执行器的时延。由图 3.12 可知，其闭环传递函数为

$$H(s) = \frac{Y(s)}{R(s)} = \frac{D(s) G(s) e^{-\tau_{ca} s}}{1 + D(s) G(s) (1 - e^{-\tau' s}) + D(s) G(s) e^{-(\tau_{ca} + \tau_{sc}) s}} \tag{3.66}$$

式中，令 $\tau' = \tau_{ca} + \tau_{sc}$，则

$$H(s) = \frac{Y(s)}{R(s)} = \frac{D(s) G(s)}{1 + D(s) G(s)} e^{-\tau_{ca} s} \tag{3.67}$$

可见，经过 Smith 预估补偿后，系统的特征方程为 $1+D(s)G(s)=0$，不再包含时延环节，与无网络控制系统时相比，只是将控制过程推迟了时间 τ_{ca}。

例 3.3 被控对象为二阶系统，传递函数为

$$G(s)=\frac{2029.826}{(s+26.29)(s+2.296)}$$

采用 Smith 控制方法和传统的 PID 控制方法仿真，在 PI 控制中，取 $K_P=0.025$，$K_I=0.01$，阶跃指令信号取 $100\,\text{rad/s}$。阶跃响应如图 3.13 和图 3.14 所示。

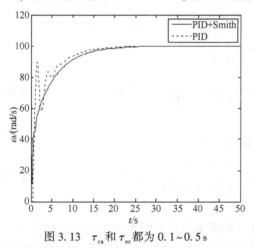
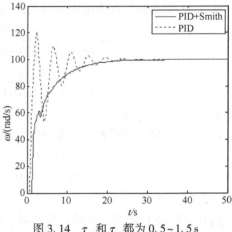

图 3.13 τ_{ca} 和 τ_{sc} 都为 $0.1\sim0.5\,\text{s}$　　图 3.14 τ_{ca} 和 τ_{sc} 都为 $0.5\sim1.5\,\text{s}$

仿真结果表明，在 NCS 中 Smith 预估控制方法具有比传统的 PID 控制方法更好的控制结果，但随着时延的增大，系统的稳定性变差，调节时间变长。

Smith 预估器的作用是将有时滞的系统转化为无时滞的系统来进行控制，但是由于其对模型的精确性要求高，对模型误差太敏感，当网络时延较大时，控制效果不好，超调大且调节时间长。所以针对网络时延的时变性，为克服模型误差带来的影响，需要对 NCS 的基本 Smith 预估控制进行改进。

3.4.3 基本 Smith 预估控制——改进 I

在改进的补偿算法中，首先在控制器和执行器节点端分别设立接收缓冲区，缓冲区的长度要大于各自的（传感器到控制器、控制器到执行器）最大时延周期数。各个节点实行同步采样，这样就把随机的时变时延转化成固定时延，再结合上文提到的 Smith 预估控制，结构框图如 3.15 所示。

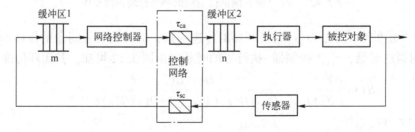

图 3.15 带有缓冲区的 NCS 基本 Smith 预估控制

例 3.4 设被控对象为

$$G(s) = \frac{2029.826}{(s+26.29)(s+2.296)}$$

采用带有缓冲区的 Smith 预估控制方法和基本的 Smith 预估控制方法进行仿真，在 PI 控制中，取 $K_P = 0.025$，$K_I = 0.01$，阶跃指令信号取 100 rad/s。阶跃响应如图 3.16 和图 3.17 所示，图中包含了常规 PID、PID+Smith 和 PID+Smith+缓冲区三种控制策略的情况。

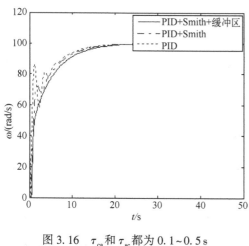

图 3.16 τ_{ca} 和 τ_{sc} 都为 0.1~0.5 s　　　　图 3.17 τ_{ca} 和 τ_{sc} 都为 0.5~1.5 s

仿真结果表明，在 NCS 中带有缓冲区的 Smith 预估控制方法比 Smith 预估控制方法具有更好的控制结果。

这种方法的优点是可以利用已有的确定性系统设计和分析方法，对闭环网络控制系统进行设计和分析，不受延迟特性变化的影响；此外，该方法不仅可以解决时延小于一个周期的情形，而且可以解决大时延问题。

3.4.4　基本 Smith 预估控制——改进 II

虽然上述方法可以利用现有的确定性系统设计和分析方法对闭环网络控制系统进行设计和分析，但缺点也是显而易见的：缓冲区人为地将不定时延都扩大成了最大时延，牺牲了系统的灵敏度来换取控制器对时延变化的鲁棒性。为此本节给出一种基于 NCS 的自适应 Smith 预估控制。

设计的基本思想：在对象的时滞时间常数变化引起对象输出和模型输出不相等时，系统能自适应地调节模型的输出，使得模型和对象的输出之差在有限的时间内逼近零。如图 3.18 所示，这里用一个乘法器代替了 Smith 预估器中的纯滞后环节，对象和模型输出之差 $E'(s)$ 经积分器后接入乘法器，引入积分环节是为了防止 $E'(s) = 0$ 时，出现 $Y'(s) = 0$ 的情况，避免系统振荡。

由图 3.18 得下列各式：

$$Y(s) = U(s)G_p(s)e^{-\tau_{ca}s} \tag{3.68}$$

$$Y_m(s) = U(s)G_m(s) \tag{3.69}$$

$$E'(s) = Y(s)e^{-\tau_{sc}s} - Y'(s) \tag{3.70}$$

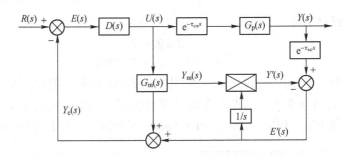

图 3.18　自适应 Smith NCS 控制框图

$$Y'(s) = Y_m(s)E'(s)/s \tag{3.71}$$

$$Y_e(s) = E'(s) + Y_m(s) \tag{3.72}$$

由式（3.70）、式（3.71）得

$$E'(s) = \frac{Y(s)}{1 + Y_m(s)/s}e^{-\tau_{sc}s} \tag{3.73}$$

由式（3.68）、式（3.69）和式（3.73）可知，当 $s \to 0$ 时，$E'(s) \to 0$，此时，等效对象的传递函数为

$$G_e(s) = \frac{Y_e(s)}{U(s)} \approx G_m(s) \tag{3.74}$$

这表明，经过足够长的时间之后，等效对象中不再含有滞后环节，这样就可以通过合理设计控制器，得到满意的控制效果。

由图 3.18 可知

$$E(s) = R(s) - Y_e(s) \tag{3.75}$$

$$U(s) = E(s)D(s) \tag{3.76}$$

由式（3.74）~式（3.76）可得

$$U(s) = \frac{R(s)D(s)}{1 + G_m(s)D(s)} \tag{3.77}$$

将式（3.77）代入式（3.68）可得系统闭环传递函数为

$$H(s) = \frac{Y(s)}{R(s)} = \frac{D(s)G_p(s)}{1 + D(s)G_m(s)}e^{-\tau_{ca}s} \tag{3.78}$$

式（3.78）的分母中已经不再含有滞后环节，应用中取 $G_m = G_p(s)$。

例 3.5　采用例 3.4 所用的电动机模型，传递函数为

$$G(s) = \frac{2029.826}{(s+26.29)(s+2.296)}$$

采用自适应 Smith 预估控制方法和带有缓冲区的 Smith 预估控制方法进行仿真，在 PI 控制中，取 $K_P = 0.1$，$K_I = 0.25$，阶跃指令信号取 100 rad/s。阶跃响应如图 3.19 ~ 图 3.22 所示，图中包括了基本 Smith、缓冲区 Smith 和自适应 Smith 三种控制策略。

通过仿真结果比较可知，在 NCS 中自适应 Smith 预估控制方法比带有缓冲区的 Smith 预估控制方法具有更好的控制结果，大大缩短了系统的调节时间，而基本 Smith 控制效果最差。

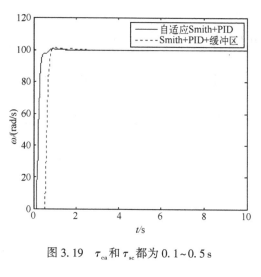

图 3.19　τ_{ca} 和 τ_{sc} 都为 $0.1 \sim 0.5\,\mathrm{s}$

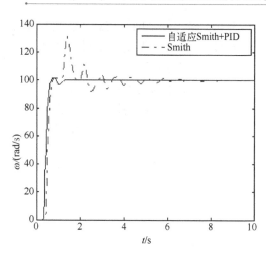

图 3.20　τ_{ca} 和 τ_{sc} 都为 $0.1 \sim 0.5\,\mathrm{s}$

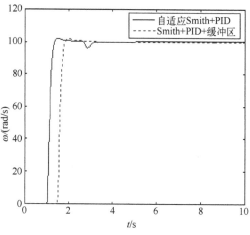

图 3.21　τ_{ca} 和 τ_{sc} 都为 $0.5 \sim 1.5\,\mathrm{s}$

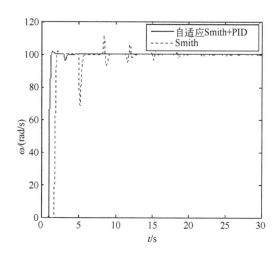

图 3.22　τ_{ca} 和 τ_{sc} 都为 $0.5 \sim 1.5\,\mathrm{s}$

3.5　习题

3.1　写出连续 PID 控制器模型，并用后向差分法进行离散化处理。

3.2　简述 PID 控制器各个环节的作用，并给出其控制器参数整定方法。

3.3　什么是直接参数修改法？目标函数取瞬时目标函数或移动窗口目标函数，两者有何区别？

3.4　简述模糊控制原理。

3.5　对于大滞后系统，常用的控制器设计方法有哪些？

3.6　简述 Smith 预估控制原理。

3.7　网络控制系统中的 Smith 预估控制，为何要进行修正？有哪些修正方法？

3.8　分析 PID 控制器在工业界得以广泛应用的原因。

3.9　从理论上分析 Smith 预估控制适用于大滞后系统的原因。

3.10　给出一个网络控制系统的控制器设计实例。

3.11*　什么是无模型控制？给出无模型控制的典型设计方法。

3.12*　简述自适应控制原理。

3.13*　如果采用大林算法进行网络控制系统的控制器设计，需要如何对其进行修正？

3.14*　试设计网络控制系统的神经网络自适应控制器。

3.15*　基于闭环系统稳定性原则，考虑网络的传输时延，如何设计网络控制系统的控制器模型？

第4章 网络控制系统设计实例

网络控制系统的设计实例选用一个基于校园网络的网络控制实验系统。该实验系统选择直流电动机调速系统作为对象，开发网络接口设备，并利用校园网络组成网络控制系统的硬件平台，设计功能齐全强大、界面友好、性能稳定的软件系统。其基本功能包括以下几点。

1）提供给研究人员具有真实网络环境和实际控制对象的网络控制系统。

2）方便地实现和调用各种网络控制算法，并进行相应控制性能的研究。

3）具有时延分析统计以及网络特性分析等功能，能为研究网络传输特性提供必要的数据，方便网络控制算法的设计。

4）可人为地实现数据包在网络中的时延和按照一定比率丢失，方便分析这些事件对于整个网络控制系统的影响。

5）提供不同协议下的通信连接，便于研究多种网络环境下的网络控制系统。

本章通过该网络控制实验系统的介绍，便于读者了解和掌握构建实际网络控制系统的硬件与软件开发的核心技术，为今后开发实用化的网络控制系统奠定基础。

4.1 实验系统总体结构

整个实验系统包括磁粉制动器、直流电动机、光电编码器、输出控制模块、嵌入式以太网接口模块和远端网络控制计算机，如图 4.1 所示。磁粉制动器用来模拟直流电动机的负载，光电编码器用于测量直流电动机的转速，输出控制模块主要完成对直流电动机转速的调节控制，嵌入式以太网接口模块负责直流电动机调速系统的运动状态数据的采集、传送和远程控制信息的接收，远程网络控制计算机用于远程监控及控制律的计算。

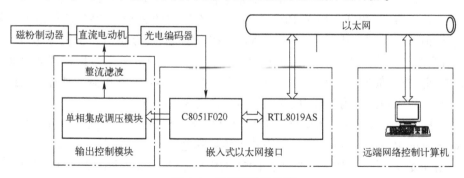

图 4.1 系统硬件结构图

4.2 实验系统硬件组成

4.2.1 嵌入式网络接口模块设计

嵌入式网络接口主要包括两部分：微控制器 C8051F020 和以太网控制器 RTL8019AS。

1. 微控制器 C8051F020

微控制器（Microcontroller Unit，MCU）作为嵌入式以太网接口的核心控制单元，它直接关系到系统的整体性能。MCU 除了完成测控等任务外，最重要的是运行 TCP/IP 协议栈，完成以太网通信的功能。但 TCP/IP 协议栈是一个复杂的工作系统，它最后编译生成的目标执行代码比较庞大，需要大量的系统资源支持，因此为了确保整个嵌入式系统的可靠运行，首先必须有大容量的 ROM 和 RAM 资源，其次运行速度要足够快。在 PC 中的 TCP/IP 协议栈有操作系统的支持，被划分成多个任务和进程来运行，而在本系统中没有采用操作系统，仍然是单任务、单进程，所以只有加快速度才能弥补 TCP/IP 协议栈执行起来的不足。根据上述要求，MCU 微控制器选用 C8051F020。

C8051F020 是一种新型的 SOC（System On Chip），由美国 Cygnal 公司研制生产，它是一种高性能的片上系统微控制器，其片内除了与 8051 兼容的内核 CIP-51 外，还集成了多种模拟数字部件，是模拟数字混合信号系统级芯片，只要在外围加上放大、滤波等信号调理模块，可基本上利用一个芯片实现数据的采集处理和控制任务。100 引脚的 TQFP 封装减小了电路板的面积，降低了系统成本；3 V 的工作电压也降低了系统功耗。由于片内集成了多种器件功能，这在一定程度上也增强了其对外界的抗干扰性，因此，C8051F020 是一款性价比非常高的微控制器，具有以下特点。

1）指令系统。C8051F020 采用 Cygnal 公司的与 MCS-51 兼容的 CIP-51 微控制器内核，CIP-51 采用先进的指令流水线结构，与同类的 51 内核的单片机相比，指令执行速度大大提高，在 25 MHz 时，峰值速度达到 25 MIPS。并且，系统时钟可以编程，以满足各种系统不同速度的要求。由于其内核与 51 内核兼容，因此指令系统可以采用 51 指令集，为编程带来极大的方便。并且，它的开发工具与 Keil C51 完全兼容，可以使用 C 语言编程。

2）片内存储器。C8051F020 的 CIP-51 内核具有标准的 8051 程序和数据地址配置，还具有位于外部数据存储器空间的 4 KB 的 RAM 块和一个可用于访问外部数据存储器的外部存储器接口（EMIF）。这个片内的 4 KB RAM 块可以在整个 64 KB 外部数据存储器地址空间中被寻址，外部数据存储器地址空间可以只映射到片内存储器、只映射到片外存储器或者两者的组合，EMIF 可以被配置为地址/数据线复用方式或非复用方式。

MCU 的程序存储器包含 64 KB 的 Flash。该存储器以 512B 为一个扇区，可以在线系统编程（Inline System Program，ISP），且不需特别的编程电压。

3）中断和复位系统。CIP-51 改进了 8051 的中断系统，提供多达 22 个中断源，允许大量的模拟和数字外设中断微控制器。

另外，系统还提供了 7 个复位源：看门狗定时器、时钟丢失检测器、片内电压监视器、软件强制复位、由比较器 0 提供的电压检测器、CNVSTR 引脚和 RST 引脚。这些复位源可以有效确保系统稳定地运行。

4）可编程数字 I/O 口和交叉开关。C8051F020 有 4 个附加的端口 P4、P5、P6、P7，因此共有 64 个通用 I/O 口，每个端口 I/O 引脚都可以被编程配置为推挽输出或漏极开路输出。但最大的改进是引入了数字交叉开关。这是一个大的数字开关网络，允许将内部数字系统资源映射到 P0、P1、P2、P3 端口的 I/O 引脚。可通过设置交叉开关寄存器 XBR0、XBR1、XBR2 将片内的计数器/定时器、串行总线、硬件中断、ADC 转换启动输入、比较器输出以及微控制器内部的其他一些数字系统资源，配置到端口 I/O 引脚。

5）A/D 和 D/A 资源。C8051F020 片内集成有一个 12 位 SAR ADC、一个 9 通道输入多路选择开关 MUX 和可编程增益放大器 PGA。该 ADC 工作在 100 Ksps 的最大采样速率时，可以提供 12 位的转换精度。

C8051F020 除了含有 A/D 之外，还配置有两个功能强大的 12 位电压方式数/模转换器 DAC0 和 DAC1。将要转换的数据写入特殊功能寄存器 DAC0H、DAC0L 和 DAC1H、DAC1L 就可以得到输出电压值。每个 DAC 的输出幅度均为 0 V 到 （VREF～1LSB），通过编程设置控制寄存器 DAC0CN 和 DAC1CN，可以允许或禁止 D/A、配置 D/A 转换的启动方式、数据格式。其中（VREF～1LSB）的含义为（基准电压～最低有效位 1）。

6）片内其他资源。C8051F020 除了上述功能外，还具有多种接口。内部有两个全双工的增强型 UART、SPI 总线和 SMBUS/I²C 总线。每种串行总线都用硬件实现，都能向 CIP-51 产生中断，因此需要很少的 CPU 干预。这些串行总线不共享定时器、中断或端口 I/O 等资源，可以通过数字交叉开关配置任意一个或全部功能。具有 4 个 16 位的可编程计数器/定时器。以上的功能可满足绝大部分系统设计的需要。

7）JTAG 调试和边界扫描。用流行的 ISP（在线系统可编程）编程方式，具有片内 JTAG 边界扫描和调试电路，通过 4 引脚 JTAG 接口并使用安装在最终应用系统中的产品器件，就可以进行非侵入式、全速的在线系统调试。该 JTAG 接口完全符合 IEEE 1149.1 规范，对于开发和调试嵌入式应用来说，该系统的调试功能比采用标准 MCU 仿真器要优越得多。标准的 MCU 仿真器要使用在板仿真芯片和目标电缆，还需要在应用板上有 MCU 的插座。Cygnal 的调试环境既便于使用又能保证精确模拟外设的性能。

2. 以太网控制器 RTL8019AS

嵌入式以太网接口的另一个重要部分就是以太网接口芯片的选择，这是数据发送和接收的中枢。Realtek 公司生产的以太网控制芯片 RTL8019AS 具有功能强大、成本低、应用广泛的优点，是一款性价比较高的网卡控制芯片。

RTL8019AS 可提供 100 引脚的 TQFP 封装，可分为电源及时钟引脚、网络介质接口引脚、自举 ROM 及初始化 EEPROM 接口引脚、主处理器接口引脚、输出指示及工作方式配置引脚，部分引脚功能表见表 4.1。由于主要讨论非 PC 环境下的以太网接口，该接口不必具有即插即用功能（PNP）和远程自举加载功能，因此不介绍 RTL8019AS 与自举 ROM、初始化 EEPROM 接口的引脚。

表 4.1　RTL8019AS 部分引脚功能表

与网络介质接口引脚		
AUI	输入	用于外部 MAU 检测
CD+，CD-	输入	AUI 冲突，接收来自 MAU 的冲突
RX+，RX-	输入	AUI 接收，接收 MAU 的输入信号

（续）

与网络介质接口引脚		
TX+，TX-	输出	AUI 发送，发送 MAU 的输出信号
TPRX+，TPRX-	输入	从双绞线接收的差分信号
TPTX+，TPTX-	输出	发往双绞线的差分输出信号
与主处理器接口的引脚		
AEN	输入	I/O 端口操作允许
INT7-0	输出	中断输出
/IOCS16	输出	16 位 I/O 方式
/IOR，/IOW	输入	端口读写控制
IOCHRDY	输出	I/O 通道准备好
/SMEMR，/SMEMW	输入	存储器读写控制
RSRDRV	输入	复位
SA19-0	输入	20 位地址总线
SD15-0	I/O	16 位数据总线
发光二极管输出引脚		
LEDBNC	输出	介质类型指示
LED0-2	输出	指示控制器的工作状态
工作方式配置引脚		
JP	输入	跳线和非跳线模式选择
PNP	输入	PNP 模式选择
IOS3-0	输入	I/O 口基地址选择
PL1-0	输入	介质类型选择
IRQS2-0	输入	中断输出

RTL8019AS 与主机的接口模式有三种，即跳线模式、PNP 模式和 RT 模式。

系统中选用的是第一种方式，即跳线方式。在原理图中只需要把 65 引脚 JP 接至+5 V 即可。第 65 引脚 JP 是输入引脚，当 65 引脚为低电平时，8019 工作在第二种或第三种方式，具体由 93C46 里的内容决定。由于现有的 RTL8019AS 网卡的第 65 引脚一般为悬空的，RTL8019AS 悬空时，引脚的输入状态为低电平（其他引脚也是这样，悬空的输入引脚的电平为低电平，里面有一个 100 kΩ 的下拉电阻），网卡工作在第二、三种工作方式，需要使用 93C46 芯片。如果把 65 引脚接高电平（VCC），那么网卡的 I/O 和中断就不是由 93C46 的内容决定，这时可以不接 93C46，需要用到 64、65、78、79、80、81、82、84、85 等引脚。

芯片的 I/O 地址由引脚 85、84、82、81（IOS3～IOS0）决定。系统选中的基地址是 300H，即把上述的四个引脚（IOS3～IOS0）悬空。芯片的中断线由引脚 80、79、78（IRQ2～IRQ0）决定，设计中使用的是查询方式。

3. 嵌入式网络接口原理

嵌入式网络接口实物如图 4.2 所示，其原理图如图 4.3 所示。由原理图可知，单片机和以太网控制芯片的连接主要是三总线的连接，这里有几点需要说明。

图 4.2　以太网接口实物图

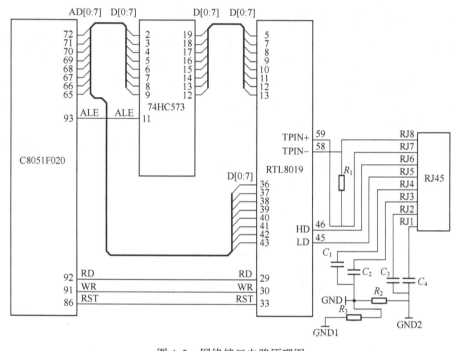

图 4.3　网络接口电路原理图

1）由于 C8051F020 单片机为 8 位数据总线结构，在与 RTL8019AS 连接时必须将 8019 的 96 引脚 IOCS16 接地，一般通过一个 27 kΩ 的电阻连接。

2）8019 的复位引脚与 C8051F020 的 P52 连接。

3）8019 的 20 根地址总线主要是为了读写自举 ROM，对单片机来说只要使用 16 根地址总线就够了；RTL8019AS 的 31、32 引脚接 VCC，这样可以屏蔽远程自举加载功能；AEN 接 GND，使能 I/O 操作。

4）单片机工作在地址复用的方式（ALE 有效）。

5）由于 8019 的基地址为 300H，设计中采用的是表 4.2 的连接方式。

表 4.2　8019 连接方式

8019	A0	A1	A2	A3	A4	A5	A6	A7	A8	A9	A10~A19
V/G										VCC	GND
F020	A0	A1	A2	A3	A4	A5	A6	A7	A15		

表中 V 表示 VCC，G 表示 GND。当 A15 为高电平时将选中 RTL8019AS 的基地址，即当单片机片外地址为 8000H 时将对应 RTL8019AS 的基地址 300H。

6）本网络接口主要应用于以太网，应用的接口主要是 RJ45，采用 10BASE-T 布线标准，通过 UTP 非屏蔽双绞线与以太网通信，而 8019 内置了 10BASE-T 收发器，所以网络接口的电路比较简单。芯片的外部 I/O 引脚 TPIN±(接收线)、TPOUT±(发送线)通过耦合隔离变压器 HR901170A 接入 RJ45，与 RX±、TX±相连，实现以太网的物理连接。

4.2.2　数据采集模块设计

1. 光电编码器及其接口电路设计

光电编码器是一种数字式转速传感器，是把旋转轴的转速直接变成数字量的一种装置。光电编码盘是一种增量码盘式转速传感器，结构简单、价格低，而且精度容易保证，是一种应用较为广泛的转速传感器。只要测出单位时间内的脉冲数，便可以计算出电动机的转速。

采用增量式码盘的测速单片机系统，通常定时时间及计数均由定时器/计数器来完成。单片机每隔单位时间采样一次，并读取计数器数值。光电编码器技术指标如下：

每转标准脉冲数为 2000；输入电压为 5 V；输出形式：在正交输出中，当转轴顺时针转动时，A 通道的方波领先于 B 通道 90°；当转轴逆时针转动时，A 通道的方波落后于 B 通道 90°，电压输出；频率响应为 0~100 kHz。

光电编码器的接口电路如图 4.4 所示。

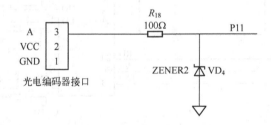

图 4.4　光电编码器接口电路

将定时器/计数器 4 配置为计数器模式，通过配置交叉开关将 T4EX 分配到 P11，当 TR4 = 1 时，光电编码器每送入一个脉冲，计数器的值加 1。

读取光电编码器信号软件流程如下：置 TR4 = 1；延时 10 ms；置 TR4 = 0；读取 T4；T4 清零；返回。

2. 数据采样及其 D/A 变换

信号的采样方法主要有常规采样、间歇采样、变频采样和下采样等。本系统采样频率较高，单片机系统资源有限，常规采样方法显然不能满足要求；系统信号频率较为稳定，没有必要采用变频采样；系统信号频带较宽，也不适合用下采样。综合以上的因素，间歇采样是比较适合的采样方法。间歇采样是间歇进行的，信息的丢失量对速度测量和测量结果将会产生直接的影响，信息量较大时，将会影响数据处理的精度。间歇采样是以丢失信号的部分信息为代价来解决数据存储空间不足的问题。

单片机每查询一次，采样一次，通过每次采样单位时间内光电编码器的输入脉冲数，进而计算电动机转速，间歇采样的频率由电动机的转速决定。实验验证，这种采样方法采集的数据完全能够反映信号的信息。

为了提高转速测量的精确性，一般在进行数据处理之前，先要对采样数据进行数字滤波。所谓的"数字滤波"，就是通过特定的计算机程序处理，减少干扰信号在有用信号中所占的比例，故实质上是一种程序滤波。

系统中采用了算术平均值法来消除由于脉冲干扰而引起的采样偏差，即

$$Y=(x_1+x_2+x_3+\cdots+x_8)/8 \qquad (4.1)$$

式中，$x_1,\cdots,x_8$ 为采样数值；Y 为滤波后的数值。

数/模转换器是一种器件，它将采集到的数字信号转换成与此数值成正比的模拟量并输出。因此在将数字量转换成模拟量的过程中，数/模转换器是一核心器件，简称为 D/A 或 DAC（Digital to Analog Converter）。

每个 C8051F020 器件都有两个片内 12 位电压方式 DAC，每个 DAC 的输出摆幅均为 0 V 到（VREF~1LSB），对应的输入码范围是 0x000~0xFFF。可以用对应的控制寄存器 DAC0CN 和 DAC1CN 允许/禁止 DAC0 和 DAC1。在被禁止时 DAC 的输出保持在高阻状态，DAC 的供电电流降到 1 μA 或更小。每个 DAC 的电压基准由 VREFD 或 VREF 引脚提供。如果使用内部电压基准，为了使 DAC 输出有效，该基准必须被使能。

4.2.3　输出控制模块设计

1. 直流电动机调速原理

直流电动机的转速 n 和其他参量的关系可以表示为

$$n=\frac{U_a-I_aR_a}{C_E\Phi} \qquad (4.2)$$

式中，U_a 为电枢供电电压（V）；I_a 为电枢电流（A）；R_a 为电枢回路总电阻（Ω）；Φ 为励磁磁通（Wb）；C_E 为电动势系数。

从式（4.2）可以看出，U_a、R_a、Φ 三个参量都可以成为变量，只要改变其中一个参量就可以改变直流电动机的转速。本系统采取改变电动机电枢电压达到调速的目的。

根据经验，直流电动机调速系统的模型为一阶滞后环节，即

$$G(s)=\frac{Ke^{-\tau s}}{1+Ts} \qquad (4.3)$$

K、τ 和 T 可由阶跃输入响应曲线得到。其中 K 为直流电动机调速系统的放大系数，τ 为直流电动机调速系统的滞后时间，T 为直流电动机调速系统的时间常数。

调速系统的直流电动机为 110ZYT 型，额定功率 $P=125\,\text{W}$，额定电压 $U=110\,\text{V}$，额定电流 $I=1.3\,\text{A}$，额定转速 $n_N=1500\,\text{r/min}$。

通常采用 Ziegler-Nichols 法确定 K、τ 及 T。为了得到较准确的模型参数，可以在开环

状态下测量多组数据进行计算。

2. 单相集成移相调压模块 EUV-25A-II

EUV-25A-II 实物图如图 4.5 所示。该模块具有输入端与输出端光隔离，以利于实现弱电对强电的控制。由于输入端电压的高低实现对输出端负载功率的控制，输入阻抗高，可直接通过数/模转换器进行连接，实现数字程控电路接口，不必再外配电源同步电路，十分方便地实现了对输出端负载电压功率的无级调节。移相控制调压是通过改变晶闸管每周导通的起始点，从而调节其输出电压和功率。

单相集成移相调压模块具有直流控制端施加信号，交流输出端便立即导通的性能，因此，当控制信号为与交流电网同步的可移相的脉冲信号时，负载端便可以实现从 0°~180°范围内电压的平稳调节。可以采用下述的脉宽调速或触发延迟角调速设计产生调压模块的控制信号。

图 4.5　单相集成移相调压模块

技术参数如下。

工作电压：AC 220 V；有效值电流：25 A；偏置电压：DC 12 V；偏置电流：<30 mA；输入控制信号：DC 1~5 V；输出电压范围：AC 0~220 V。

3. 脉宽调速电路设计

脉宽（PWM）调速是利用单片机产生的 PWM 信号配合外围器件来驱动大功率半导体器件的导通与关断，从而把直流电压变成电压脉冲序列，并通过控制电压脉冲宽度或周期以达到变压的目的，其电路如图 4.6 所示。

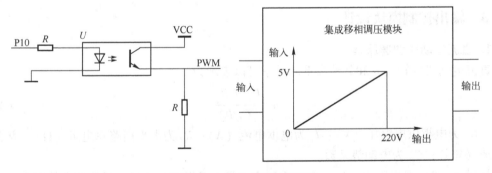

图 4.6　PWM 调速电路图

光耦 U 实现输入和输出的光隔离，输出 PWM 信号作为单相集成移相调压模块控制端电压，控制调压模块的输出电压（其整流滤波后为直流电动机的输入），从而达到调节直流电动机转速的目的。

4. 触发延迟角调速电路设计

触发延迟角调速是通过改变晶闸管的触发延迟角来控制整流器的输出电压，从而控制直流电动机的转速。利用单相集成移相触发调压模块就能实现触发延迟角调速，其电路如图 4.7 所示。这里使用 LM324 的输出端电压作为单相集成移相调压模块控制端电压，控制触发调压模块的输出电压（其整流滤波后为直流电机的输入），从而达到调节直流电动机转速的目的。

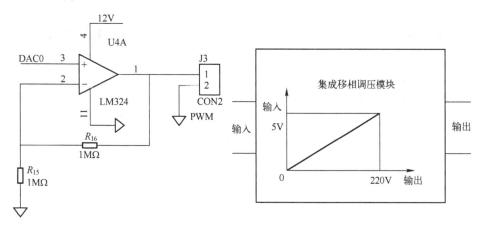

图 4.7　触发延迟角调速电路图

5. 整流滤波电路设计

单相集成移相调压模块的输出为交流电压，用于直流电动机调速必须整流滤波为稳定直流电压，整流滤波电路如图 4.8 所示。

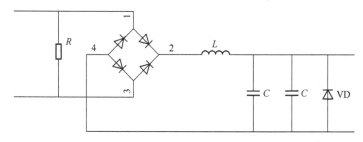

图 4.8　整流滤波电路

整流电路是 AC/DC 转换器，市场上这样的 AC/DC 转换器很多，可以找到价格相对廉价，但转换质量好的合适的转换器，输出的直流电压比较平稳，但仍然有锯齿波。滤波电路是由容感电路组成的，目的是削去高次谐波，比如三次、五次或者更高次的谐波波纹，让整体的波纹趋于平滑，滤波完成以后，可以得到比较平稳的直流电压。

图 4.8 中 R 为压敏电阻，用以保护单相移相触发调压模块；VD 为绞流二极管，由于直流电动机为感性元件，在断电的瞬间会产生很大的感应电压，可能会损坏电路中的其他元件，为此需要在其线圈两端并接一个二极管加以保护，在直流电动机断电瞬间，线圈两端产生的感应电压，与原先所加电源电压方向相反，它使二极管导通，从而消除了对外电路的影响，起到了抑制瞬时高压的作用。

6. 磁粉制动器

磁粉制动器是一种性能优越的自动控制元件，它以磁粉为工作介质，以励磁电流为控制手段，达到控制制动或传递转矩的目的。其输出转矩与励磁电流呈良好的线性关系而与转速或转差无关，并具有响应速度快、结构简单等优点。磁粉制动器用直流电作励磁电源，不支持使用径向承受主传动力的安装方式，支持使用连轴节式安装方式。系统中磁粉制动器主要用来模拟直流电动机的负载，其基本特性如下。

（1）励磁电流-转矩特性

励磁电流与转矩基本成线性关系，通过调节励磁电流可以控制转矩的大小，其特性如图 4.9 所示。

（2）转速-转矩特性

转矩与转速无关，保持定值。静转矩和动转矩没有差别，其特性如图 4.10 所示。调速系统选用的磁粉制动器为 B-S24-F02-10 型，额定功率 $P = 10\,\text{W}$，静转矩 $T = 2.65\,\text{N} \cdot \text{m}$，额定电压 $U = 24\,\text{V}$，额定电流 $I = 0.42\,\text{A}$，最高转速 $n_{\text{m}} = 10000\,\text{r/min}$。

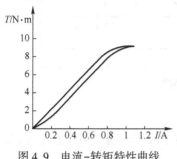
图 4.9 电流-转矩特性曲线

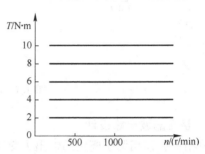
图 4.10 转速-转矩特性曲线

4.3 实验系统软件

4.3.1 下位机软件系统

嵌入式以太网接口软件设计主要包括 TCP/IP 的实现和网卡驱动程序设计，其功能是完成直流电动机的运动状态监控与网络互联，使之成为网络控制直流电动机。

1. 主程序设计

主程序主要是完成系统参数的初始化和实时调用任务。在 main() 中主要完成了单片机寄存器和端口初始化、内存空间的合理分配、网络参数初始化以及由一个 while 循环而进行的任务调度，主程序流程图如图 4.11 所示。

图 4.11 中，当收到报文的标志有效后，应立即清除标志位，等待下次标志有效。每次任务的调度都执行相关的模块，当网卡收到数据包标志有效时，执行以太网模块；当 ARP 缓冲更新标志或者 ARP 重传标志有效时，执行 ARP 模块；当 TCP 重传标志有效时执行 TCP 模块。

其中标志位用 C 语言设置如下。

```
#define EVENT_ETH_ARRIVED      0x0001        //网卡收到数据包标志
#define EVENT_AGE_ARP_CACHE    0x0002        //ARP 缓冲更新标志
#define EVENT_TCP_RETRANSMIT   0x0004        //TCP 重传标志
#define EVENT_ARP_RETRANSMIT   0x0010        //ARP 重传标志
```

2. RTL8019AS 驱动程序

RTL8019AS 芯片在前文已有详细的说明，这里就软件编程方面的问题进行探讨。对

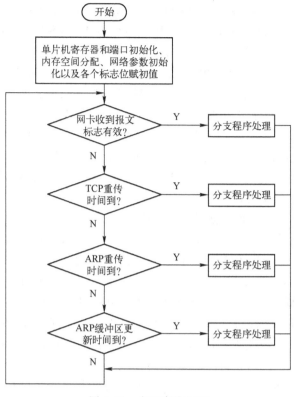

图 4.11　主程序流程图

RTL8019AS 进行操作，需要对其内部结构十分了解，首先介绍一下其存储器结构，然后给出软件设计的流程图。

（1）RTL8019AS 网卡 DMA 和内部 RAM

RTL8019AS 网卡内部有两块 RAM 区，一块为 16 KB，地址为 0x4000~0x7FFF；另外一块为 32B，地址为 0x0000~0x001F。RAM 按照页来存储，每 256B 为一页，一般将 RAM 的前 12 页作为发送缓冲区（即 0x4000~0x4BFF），后 52 页（即 0x4C00~0x7FF）存储区作为接收缓冲区，第 0 页叫 PROM，只有 32B，地址为 0x0000~0x001F，用于存储以太网的物理地址。

RTL8019AS 内部可分为远程 DMA 和本地 DMA、MAC 逻辑、数据编码解码逻辑和其他端口。MAC 逻辑主要完成以下功能：当单片机向网上发送数据时，先将一帧数据通过远程 DMA 通道发送到 RTL8019AS 的发送缓冲区内，然后发出命令；当 RTL8019AS 完成了上一帧数据发送后，再开始此帧的发送。RTL8019AS 接收到的数据通过 MAC 比较、CRC 校验后，通过 FIFO 存储到接收缓冲区；当收满一帧时，以中断或者寄存器标志的方式通知主处理器，FIFO 逻辑对收发数据作 16 字节的缓冲，以减少对本地 DMA 请求的频率。

要接收或发送数据必须通过 DMA 读写 RTL8019AS 内部的 16 KB 的 RAM，它实际上是双端口的 RAM，有两套总线连接到此 RAM，一套为本地 DMA，另外一套为远程 DMA。

设计中使用 0x40~0x4B 为网卡的发送缓冲区，共 12 页，刚好可以存储两个最大的以太网包。使用 0x4C~0x7F 为网卡的接收缓冲区，共 52 页。设置接收缓冲区页码由两个寄存器决定：PSTART（Page Start Register）和 PSTOP（Page Stop Register）。这两个寄存器都是 16 位 RAM 地址的高 8 位，也就是页码，因此 PSTART = 0x4C，PSTOP = 0x80（0x80 为停止页，也就是一直到 0x7F 都是接收缓冲区，但不包括 0x80）。

同理设置发送寄存器 TPSR = 0x40，表示发送缓冲区从页 0x40 开始，0x40 ~ 0x4B 共 12 页作为发送缓冲区。一个最大的数据包需要 1514B + 4B 的校验，刚好需要 6 页（256×6 = 1536B），因此 12 页正好能存储两个最大的以太网包。设置两个发送缓冲区是有目的的，这里假设前一个 6 页的发送缓冲区为 SEND1，后一个为 SEND2。用户在使用过程中，将数据包放在 SEND1，然后启动发送。发送过程中，如果用户还有数据要发送，那么就可以把要发送的数据包放在 SEND2 中，等到 SEND1 的数据发送完毕后，就可以马上发送 SEND2 的数据，这样就实现了连续发送数据包的目的。

设置了接收缓冲区后，如何确定接收到的第一个数据包放在哪里，这由寄存器 CURR 决定。控制接收缓冲区有两个寄存器 CURR 和 BNRY，CURR 是网卡写内存的指针，它指向当前正在写的页的下一页。BNRY 是读指针，指向用户已经读走的页，那么初始化就应该指向 0x4C + 1 = 0x4D。网卡写完接收缓冲区一页，就将这个页地址加 1，CURR = CURR + 1，这是网卡自动加的。当加到最后的空页（0x80，PSTOP）时，将 CURR 置为接收缓冲区的第一页（这里是 0x4C，PSTART），也是网卡自动完成的。当 CURR = BNRY 时，表示缓冲区全部被存满，数据没有被用户读走，这时网卡将停止往内存写数据，新收到的数据包将被丢弃，而不覆盖旧的数据，此时实际上出现了内存溢出。而 BNRY 要由用户来操作，用户从网卡读走一页数据，就要将 BNRY 加 1 指向已经读走的页，然后再写到 BNRY 寄存器。当 BNRY 加到最后的空页（0x80，PSTOP）时，同样要将 BNRY 变成第一个接收页 PSTART，BNRY = 0x4C；CURR 和 BNRY 主要用来控制缓冲区的存取过程，保证能顺次写入和读出。当 CURR = BNRY + 1（或当 BNRY = 0x7F，CURR = 0x4C）时，网卡的接收缓冲区里没有数据，表示没有收到数据包，用户通过此条件可以判断此时没有包可以读。当上述条件不成立时，表示接收到新的数据包。然后用户应该读取数据包，直到上述条件成立时，表示数据包已经读完，此时停止读取数据包。

对于单片机来说，要操作网卡必须通过远程 DMA。远程 DMA 操作如下：RSAR0 和 RSAR1 这两个寄存器是远端 DMA 发送首地址，RBCR0 和 RBCR1 这两个寄存器是远端 DMA 发送数据的字节长度。CRDA0 和 CRDA1 是指向远端 DMA 的地址，指向当前正在读写的数据。主机设置好远端 DMA 开始地址和远端 DMA 数据字节数，并在命令寄存器 CR 中设置读/写（reg00 = 0x0A/reg00 = 0x12）命令，就可以从远端 DAM 寄存器中读出或者写入芯片里的 RAM。简单地说，就如同前文说的是两套总线，但是操作的地址是一样的。远程 DMA 是在主控制器参与下完成的，即主机给出起始地址和数据长度就可以对芯片的内部 RAM 进行读写操作。

（2）RTL8019AS 控制程序设计

RTL8019AS 控制程序的目的有两个，分别是发送和接收 IP 包、发送和接收 ARP 包。程序实现很简单，只要把待发送的数据包按指定的格式写入芯片的 FIFO，并启动发送命令，那么 RTL8019AS 会自动地把数据包转换为以太网物理帧格式进行发送。反之 RTL8019AS 收到数据包以后，它会把数据包还原成数据，按指定的格式放到 FIFO 中。本模块主要包括 RTL8019AS 的初始化、发包和收包子程序。

1）网卡的上电复位。RSTDRV 为 RTL8019AS 的复位信号，高电平有效并且至少需要 800 ns 的宽度。给该引脚施加一个 1 μs 以上的高电平就可以复位。施加一个高电平之后，然后施加一个低电平。复位的过程将执行一些操作，将内部寄存器初始化等，这些至少需要 2 ms 的时间。因此为了确保完全复位，要等待 200 ms 之后再对网卡操作。

2）网卡初始化。完成复位之后，要对网卡的工作参数进行设置，以使网卡开始工作。网卡初始化有以下三个步骤。

① 分配发送缓冲区和接收缓冲区，配置寄存器。本系统中，16 KB 的 RAM 被分为两部分，一部分用来存放接收的数据包，另一部分用来存储待发的数据包。接收缓冲区为 0x40 ~ 0x4B，共 12 页，刚好可以存储两个最大的以太网包。发送缓冲区的起始页地址由 TPSR 寄存器设置，初始化为 0x40。网卡的接收缓冲区为 0x4C ~ 0x7F，共 52 页。PSTART 和 PSTOP 两个寄存器限定了接收缓冲区的开始和结束页，设置 PSTART 为 0x4C，PSTOP 为 0x80。设置数据配置寄存器 DCR 为 0xC8，发送配置寄存器 TCR 为 0xE0。设置接收配置寄存器 RCR 为 0xCC；设置 BNRY 为 0x4C；设置当前页面寄存器 CURR 为 PSTART+1，即 0x4D；设置中断屏蔽寄存器 IMR 为 0x00，屏蔽所有的中断。由于设计的嵌入式 TCP/IP 协议栈目前并不考虑对多播协议的支持，所以网卡的多地址寄存器（MAR0 ~ MAR7）都设置为 0，禁止接收多地址的数据帧。

② 读取和设置网卡地址。完成上面的过程之后，网卡还不能正确接收数据包，因为还没有对网卡的物理地址（网卡地址，48 位的地址）进行设置，网卡还不知道它应该接收什么地址的数据包。要对网卡的物理地址进行设置，就必须知道网卡的物理地址是多少。

③ 启动以太网接口，准备发送和接收数据。

3）收包子程序。收包子程序完成数据帧的接收，主要是指从以太网上接收数据帧，存于网卡接收缓冲区内，然后进行类型和地址判断，分别加以处理。整个过程分为三个阶段：首先帧接收，由网卡通过本地 DMA 从网络上接收帧，并存入接收缓冲区；帧读入，通过远程 DMA，将数据从接收缓冲区内的数据读到单片机内；最后按照不同帧格式识别不同的协议，分别进行处理。RTL8019AS 接收包帧结构见表 4.3，具体接收过程如下。

表 4.3　RTL8019AS 接收包帧结构

字段	接收状态	下一页指针	以太网帧长度	目的 MAC 地址	源 MAC 地址	类型（长度）	数据域/B	填充	校验
位	8	8	16	48	48	16	<1500	选	32

① 帧接收。这个过程是由网卡通过本地 DMA 自动完成的，并不是开发程序所能控制的，因此只要在初始化时对与接收帧有关的寄存器进行适当的操作就可以了。

② 帧读入。它是由远程 DMA 读操作和单片机读数据操作配合完成的。为了使远程 DMA 进行读操作，必须初始化相应的寄存器，然后启动远程 DMA 读操作和单片机读数据操作，就可以完成帧读入的工作。

③ 帧处理。这个过程比较简单，单片机将得到的数据进行分析，如果是 IP 包则送往 IP 模块进行处理；如果是 ARP 包则送往 ARP 模块进行处理。

收包子程序流程图如图 4.12 所示。

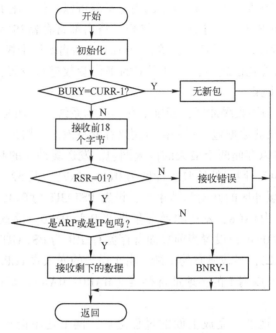

图 4.12　以太网接收模块流程图

4）发包子程序。发包子程序主要完成发送数据包的程序。发送数据的过程先将待发送的数据包存入芯片 RAM，给出发送缓冲区首地址和数据包长度（写入 TPSR、TBCR0，1），启动发送命令（CR＝0x3E）即可实现 RTL8019AS 发送功能。RTL8019AS 会自动按以太网协议完成发送并将结果写入状态寄存器。RTL8019AS 发送包帧结构见表 4.4。

表 4.4　RTL8019AS 发送包帧结构

字段	目的 MAC 地址	源 MAC 地址	类型 TYPE（长度 LEN）	数据域 DATA/B	填充 PAD
位	48	48	16	≤1500	可选

发送一个数据包，长度最小为 60B，不足则需要填充，最大为 1514B，发送的过程分为以下几步。

① 首先是装帧，就是按照 TCP/IP 的格式将数据封装。这个过程很简单，就是把 IP 帧加上 IP 头文件，然后按照以太网的帧格式进行封装；同样 ARP 报文也按照以太网帧格式进行封装。

② 将帧送入网卡的发送缓冲区，即远程 DMA 操作。启动远程 DMA 写操作，远程 DMA 就从数据 I/O 端口直接取走数据，这个过程是由 RTL8019AS 自动完成的。远程 DMA 最多发送 6 次。执行完远程 DMA 操作后，就可以使用本地 DMA 发送数据了。

③ 启动本地 DMA，把数据发送到以太网。

发包子程序流程图如图 4.13 所示。

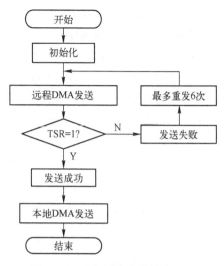

图 4.13　以太网发送模块流程图

4.3.2　上位机监控软件系统

远端的网络控制计算机软件是整个平台中最重要的部分之一，涉及上、下位机软件间的信息通信，软件设计的好坏直接关系到整个平台的性能和功用。远端网络控制计算机的软件运行环境及其基本功能如下。

【运行环境】Windows XP 操作系统。

【开发环境】Visual Basic 6.0。

【功能简介】远程网络连接，时延分析统计，网络控制算法设计，网络控制算法添加，系统参数设定，动态控制信息及性能显示、存储、复现，固定时延、丢包设置和选择，采样信息等缓存设计，并具有友好的界面设计。

按照功能不同，整个软件细分为 5 个主模块，图 4.14 为远端网络控制计算机的软件模块结构图。

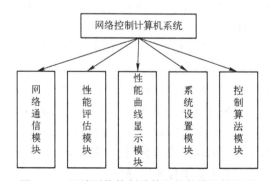

图 4.14　远端网络控制计算机软件模块结构图

1. 网络通信模块

网络通信模块主要负责与下位机的数据通信。从下位机获得电动机运动状态信息，并发送回控制量信息。电动机运动状态以及控制量信息的传递则分别提供了 TCP 和 UDP 两种传输协议，方便实验者进行不同网络协议下控制性能的优缺点比较。

该模块的具体实现采用 Visual Basic 6.0 的 Winsock 控件。Winsock 控件提供了访问 TCP 和 UDP 网络服务的方便途径，在编写应用程序时，不必了解 TCP 的细节，就可以利用 Winsock 控件。通过设置控件的属性并调用其方法就可以与远程计算机建立连接，并通过使用用户数据报协议（UDP）或者传输控制协议（TCP）来进行数据交换。

（1）Winsock 控件介绍

Winsock 控件的属性见表 4.5。当选用 Winsock 控件做相关动作时，必须经常地读取 State 属性，以了解当前控件的动作过程。

表 4.5　Winsock 控件的属性

属　　性	描　　述
Remote Host	传回设置控件要接收或传送的远程 IP
RemoteHost IP	传回远程计算机的 IP 地址
Remote Port	传回或设置要连接的远程端口号
Protocol	Winsock 所使用的通信协议
State	传回控件的状态
Byte Receive	传回接收到的数据字数（只读）

（2）Winsock 控件的事件

ConnectionRequest：当远程计算机向服务器请求连接时，将引发服务器端计算机事件，激活事件之后 RemoteHost IP 和 Remote Port 属性会存储有关客户端的信息。

Close：当远程计算机关闭连接时会触发该事件。

DataArrival：当有新数据到达时，触发该事件。

（3）Winsock 控件的使用方法

Listen：用来建立套接字并将其设置为聆听模式，仅适用于 TCP 连接，当有新连接时将会触发 ConnectionRequest 事件。

SendData：将数据传送给远程计算机，一般传送字符串数据时，只要将字符串当成自变量传送即可，如果是二进制数据，传输数据就必须以字节数组的方式存储。

GetData：截取目前的数据块，将其存储在参数所定的变量中。

Accept：仅适用于 TCP 服务器程序，在处理 Connection Request 事件时用这个方法接受新的连接，执行此方法后，两者的连接才算成功，才能传输数据。

Close：将终止双方的连接，而且对方也会引发 Close 事件。

（4）使用 Winsock 控件实现上、下位机间通信

Winsock 控件所使用的协议可以是 TCP 或 UDP，只要设置 Winsock 的 Protocol 属性就可指定协议类型，如 winsock. protocol = 0（0 为 TCP，1 为 UDP）。TCP 是面向连接的传输协议，在两端传输数据之前要先建立连接，因此在服务器端要用 Listen 方法进入侦听，等待客户端的连接请求；客户端用 Connect 方法向服务器发出连接请求。而 UDP 提供一种基于无连

接的数据包传输方式，设置好源端和目的端的地址和端口后就可以发送数据了，两端通信的端口号范围是 0~65535；0~1023 的端口通常是为已知的通信协议预留的端口号，因此在程序中的端口号都设置为 1024 以后的端口号。

Winsock 控件通过 SendData 方法来发送数据，当有数据到达时会产生 DataArrival 事件，在此事件中使用 GetData 方法就可获取发送过来的数据了。

2. 性能评估模块

性能评估模块主要对控制系统的动态性能进行评估，给出网络的相关状况。远端网络控制计算机接收到的数据包含直流电动机速度信息以及对应的时间戳。软件采用了将一次实验所接收到的所有数据存放在固定的存储区的方法，方便动态性能的统计。本模块在一次实验完成后对接收到的数据进行分析处理，得到了网络的时延、丢包率等性能参数。

系统中采用了如下方法得到网络时延：首先由上位机端向下位机端发送数据并记录当前时间，下位机接收到数据，立即回发一个应答信号，当上位机接收到下位机的应答信号时记录当前的时间，两者之差就是到当前网络的往返时延时间。对一次实验的全部数据统计处理，就可以得到当前网络的最大时延时间、最小时延时间以及平均时延时间。

为了实现高精度的定时，在程序中采用了高精度性能频率计数器，通过调用 Win32 API 函数 QueryPerformanceFrequency( ) 和 QueryPerformanceCounter( ) 分别记录数据发出和接收时刻。在进行定时之前，先调用 QueryPerformanceFrequency( ) 函数获得机器内部定时器的时钟频率，然后在需要严格定时的事件发生之前和发生之后分别调用 QueryPerformanceCounter( ) 函数，利用两次获得的计数之差及时钟频率，计算出事件经历的精确时间。

3. 性能曲线显示模块

性能曲线显示模块能够实现电动机转速曲线的实时显示，使实验者可以实时地了解控制情况。主要由以下两个函数实现：

```
Public FunctionDrawzuobiao( )              //创建坐标系
Private SubWinsockclient_DataArrival( )  // DataArrival 事件发生时,实时绘制电动机转速曲线
```

4. 系统设置模块

系统设置模块负责关于网络控制系统实验的一些参数设定，如传输协议、采样周期、控制算法选择等。传输协议提供了 TCP、UDP 的选择，采样周期提供了 5 ms、10 ms、20 ms 等。

5. 控制算法模块

实验平台中，源程序中编制了一个简单的 PID 控制算法和一个通用调用 DLL 接口标准。用户只需要把自己的算法做成动态链接库，就可以在运行程序时，在不改动源程序的前提下，调用自己的网络控制算法来检验算法的实际效果。在这个动态链接库的接口函数中，提供了实验平台的信息，包括采样周期、通信协议及直流电动机的运动状态等。

4.4　实验分析

利用网络控制系统实验平台，进行了一系列的相关调试和实验工作，下面是运用该实验平台所做的实验实例。

4.4.1 不同连接方式的实验

上、下位机分别选择经过交叉线、交换机和网关连接，采用 TCP，控制算法为 PI 算法，采样周期为 20 ms，K_P（比例系数）为 2，K_I（积分系数）为 0.1，跟踪周期为 6.28 s 的正弦曲线，控制效果如图 4.15~图 4.17 所示。

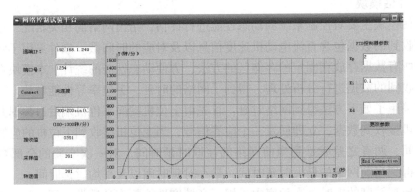

图 4.15　上、下位机通过交叉线连接时的控制效果图

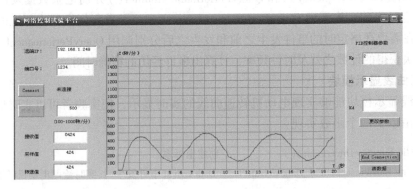

图 4.16　上、下位机通过交换机连接时的控制效果图

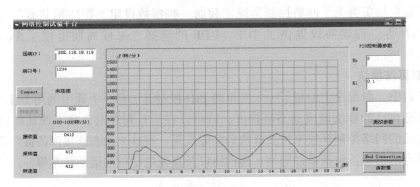

图 4.17　上、下位机通过网关连接时的控制效果图

从图可以看出通过交叉线连接时的控制曲线比通过交换机、网关连接时的控制曲线平滑，调用网络控制计算机系统的性能评估模块，可以看出这主要是通过交叉线连接时

网络时延较小的原因。图 4.15 的平均网络时延约为 6 ms，图 4.16 的平均网络时延约为 12 ms，图 4.17 的平均网络时延约为 20 ms。

4.4.2　不同网络协议的实验

上、下位机选择经过交换机连接分别采用 TCP、UDP，控制算法为 PI 算法，采样周期为 20 ms，K_P（比例系数）为 2，K_I（积分系数）为 0.1，跟踪阶跃曲线的控制效果如图 4.18 和图 4.19 所示。

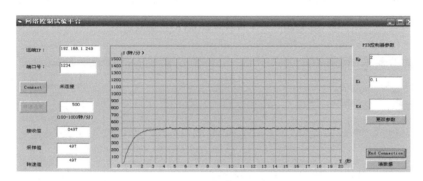

图 4.18　采用 TCP 的控制效果图

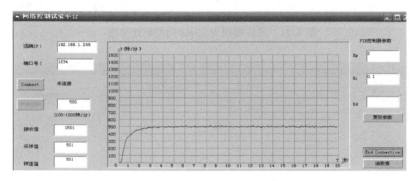

图 4.19　采用 UDP 的控制效果图

通过比较可以看出在简单的局域网内，采用 TCP、UDP 的控制曲线差别不大，调用网络控制计算机系统的性能评估模块，可以看出平均网络时延、丢包率大致相同。

4.4.3　不同采样频率的实验

上、下位机选择经过交换机连接，采用 TCP，控制算法为 PI 算法，采样周期分别为 20 ms、30 ms、100 ms，K_P（比例系数）为 2，K_I（积分系数）为 0.1，跟踪阶跃曲线的控制效果如图 4.20~图 4.22 所示。

通过比较可以看出在网络协议相同时，跟踪阶跃输入，采用不同的采样频率，采样周期较小时，控制曲线上升较快，控制效果较好。

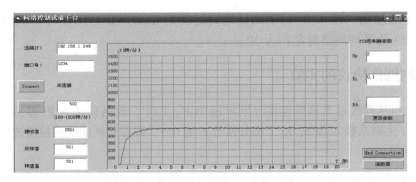

图 4.20　采样周期为 20 ms 的控制效果图

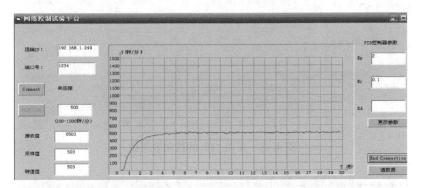

图 4.21　采样周期为 30 ms 的控制效果图

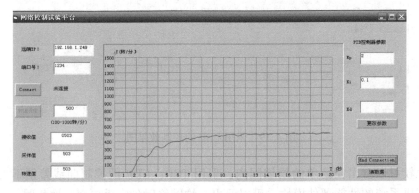

图 4.22　采样周期为 100 ms 的控制效果图

4.5　习题

4.1　建立直流电动机数学模型。

4.2　磁粉制动器的作用是什么？简述其原理。

4.3　简述光电编码器的作用，并分析其原理。

4.4　分析整流滤波方法。

4.5　分析单相集成调压模块原理。

4.6　简述 C8051F020 芯片的特点。

4.7　简述 RTL8019AS 芯片的特点。

4.8*　分析 TCP/IP 协议，试编写该协议程序。

4.9*　试自行设计一个网络控制硬件系统。

4.10*　试建立网络控制系统性能评估模型。

第5章 云计算基础

在 IT 领域，任何新事物都需要业务和技术的推动。业务需求方面，在互联网大数据时代，大数据促进了云计算的迅猛发展。大数据的信息丰富多彩，如果没有强大的云计算处理能力，不能分析和挖掘出有价值的信息，就不能为企业或社会提供各种科学决策的依据，终究没有任何价值。在对大数据的存储和运算中，传统的 IT 架构（客户端/服务器模式）已经难以解决突发性的高流量、高密度的业务访问，以及处理业务高峰过后的资源闲置问题。另外，企业由于需要在经济效应中不断追求利益最大化，在业务量不断增加的背景下，需要降低各种生产、运维和人力等成本，并时常面临着 IT 平均资源利用率及能耗效率低下、业务维护成本居高不下等问题，这都需要新的技术和方案才能解决上述问题。

技术方面，随着分布式存储、并行计算、虚拟化、互联网技术的不断发展与成熟，基于互联网提供弹性的 IT 基础设施、大数据挖掘和云安全服务成为可能。在这种力量的推动下，谷歌在 2006 年的搜索引擎大会上提出了"云计算"的概念及体系架构，并快速得到了业界的认可。

云计算已经从新兴技术发展成为当今的热门技术。从谷歌公司公开发布的核心文件到亚马逊 EC2（弹性计算云）的商业化应用，再到美国电信巨头 AT&T（美国电话电报公司）推出的 Synaptic Hosting（动态托管）服务，云计算从节约成本的工具到盈利的推动器，从 ISP（互联网服务提供商）到电信企业，已然成功地从内置的 IT 系统演变成公共的服务。云计算时代的来临，已经势不可挡。

1984 年，SUN 公司提出"网络就是计算机"这一具有云计算特征的论点；2006 年，谷歌公司提出云计算概念；2008 年，云计算概念全面进入中国，阿里云等开始起步；2009 年，中国首届云计算大会召开，此后云计算技术和产品迅速发展起来。

本章首先讲述云计算的基本概念，包括云计算的定义、特点、部署模型和服务模式；然后介绍组建云计算平台的开发工具，也可称之为组件，包括虚拟化、云资源管理和交付系统组件三个部分；最后介绍构成云计算平台的中间件，主要是大数据处理平台 Hadoop，其中重点介绍该平台的分布式文件系统、分布式数据库和分布式计算模型。通过本章内容，读者可以对云计算和大数据处理平台有一个基本的了解。

5.1 云计算基本概念

5.1.1 云计算定义与特点

由美国国家标准与技术研究院提出的云计算的概念如下：云计算是一种按使用量付费的模式，这种模式提供可用的、便捷的、按需的网络访问，进入可配置的计算资源共享池（资源包括网络、服务器、存储、应用软件和服务），这些资源能够被快速提供，只需投入很少的管理工作，或与服务供应商进行很少的交互。

维基百科也对云计算的概念做出了定义：云计算是一种基于互联网的计算方式，通过这种方式，共享的软、硬件资源和信息可以按照需求提供给计算机和其他设备。云计算依赖资源的共享以实现规模经济，类似基础设施。

简而言之，云计算是一种通过互联网以服务的方式提供动态可伸缩的虚拟化资源的计算模式。云计算是基于互联网的相关服务的使用和交付模式，通过互联网来提供动态伸缩的虚拟化资源共享。云是一种比喻，云计算分为狭义云计算和广义云计算：狭义云计算是指 IT 基础设施的交付和使用模式，指通过网络以按需、易扩展的方式获得所需资源；广义云计算是指服务的交付和使用模式，指通过网络以按需、易扩展的方式获得所需服务，这种服务包括大数据服务、云计算安全服务、弹性计算服务、应用开发的接口服务、互联网应用服务和数据存储备份服务等。广义云计算意味着计算能力也可作为一种商品通过互联网进行流通。

云计算的基本特点如下。

1）自助服务。消费者不需要或很少需要云服务提供商的协助，就可以单方面按需获取云端的计算资源。

2）广泛的网络访问。消费者可以随时随地使用任何云终端设备接入网络并使用云端的计算资源。常见的云终端设备包括手机、平板计算机、笔记本计算机、PDA 和台式机等。

3）资源池化。云端计算资源需要被池化，以便通过多租户形式共享给多个消费者，也只有池化才能根据消费者的需求，动态分配或再分配各种物理的和虚拟的资源。消费者通常不知道自己正在使用的计算资源的确切位置，但是在自助申请时允许指定大概的区域范围（比如在哪个国家、哪个省或者哪个数据中心）。

4）快速弹性。消费者能方便、快捷地按需获取和释放计算资源，也就是说，需要时能快速获取资源从而扩展计算能力，不需要时能迅速释放资源以便降低计算能力，从而减少资源的使用费用。对于消费者来说，云端的计算资源是无限的，可以随时申请并获取任何数量的计算资源。但是一定要消除一个误解，那就是一个实际的云计算系统不一定是投资巨大的工程，不一定要购买成千上万台计算机，也不一定具备超大规模的运算能力。其实一台计算机就可以组建一个最小的云端，云端建设方案务必采用可伸缩性策略，刚开始时采用几台计算机，然后根据用户数量规模来增减计算资源。

5）计费服务。消费者使用云端计算资源是要付费的，付费的计量方法有很多，比如根据某类资源（如存储、CPU、内存、网络带宽等）的使用量和时间长短计费，也可以按照每使用一次来计费。但不管如何计费，对消费者来说，价码要清楚，计量方法要明确，而云服务提供商需要监视和控制资源的使用情况，并及时输出各种资源的使用报表，做到供需双方费用结算清清楚楚、明明白白。

云计算的硬件资源是以分布式系统为底层架构，上层通过虚拟化技术进行业务的弹性伸缩，以互联网的形式提供具有等级协议的服务。该协议是云服务供应商和客户之间的一份商业保障合同，而非一般的服务承诺。终端用户不需要了解"云"中基础设施的细节，不必具有相应的专业知识，也无须直接进行控制，只关注自己真正需要的资源以及如何通过网络来得到相应的服务。

云计算的关键技术包括虚拟化、分布式存储、分布式计算和多租户等。虚拟化技术是云计算基础架构的基石，是指将一台计算机虚拟为多台逻辑计算机，在一台计算机上同时运行多个逻辑计算机，每个逻辑计算机可运行不同的操作系统，并且应用程序都可以在相互独立的空间内运行而互不影响，从而显著提高计算机的工作效率。虚拟化的资源可以是硬件（如服务器、磁盘和网络），也可以是软件。Hyper-V、VMware、KVM、Virtualbox、Xen 和 Qemu 等都是非常典型的虚拟化技术。

分布式存储是将数据分散存储在多台独立的设备上。传统的网络存储系统采用集中的存储服务器存放所有数据，存储服务器成为系统性能的瓶颈，也是可靠性和安全性的焦点，不能满足大规模存储应用的需要。分布式网络存储系统采用可扩展的系统结构，利用多台存储服务器分担存储负荷，利用位置服务器定位存储信息，它不但提高了系统的可靠性、可用性和存取效率，还易于扩展。如谷歌公司推出的分布式文件系统 GFS（Google File System），可以满足大型、分布式、对大量数据进行访问的应用需求，其开源版本为 HDFS（Hadoop Distributed File System）。

分布式计算是一种计算方法，和集中式计算是相对的。随着计算技术的发展，有些应用需要非常巨大的计算能力才能完成，如果采用集中式计算，需要耗费相当长的时间来完成。分布式计算将该应用分解成许多小的部分，分配给多台计算机进行处理。这样可以节约整体计算时间，大大提高计算效率。如谷歌公司提出的并行编程模型 MapReduce，让任何人都可以在短时间内迅速获得海量计算能力，它允许开发者在不具备并行开发经验的前提下也能够开发出分布式的并行程序，并让其同时运行在数百台机器上，在短时间内完成海量数据的计算。

多租户技术的目的在于使大量用户能够共享同一堆栈的软硬件资源，每个用户按需使用资源，能够对软件服务进行客户化配置，而不影响其他用户的使用。多租户技术的核心包括数据隔离、客户化配置、架构扩展和性能定制。

5.1.2　云计算部署模型

云计算有四种部署模型，分别是私有云、社区云、公共云和混合云，这是根据云计算服务的消费者来源划分的，即：

1）如果一个云端的所有消费者只来自一个特定的单位组织，那么就是私有云。

2）如果一个云端的所有消费者来自两个或两个以上特定的单位组织，那么就是社区云。

3）如果一个云端的所有消费者来自社会公众，那么就是公共云。

4）如果一个云端的资源来自两个或两个以上不同类型的云，那么就是混合云。目前绝大多数混合云由企事业单位主导，以私有云为主体，并融合部分公共云资源，也就是说，混合云的消费者主要来自一个或几个特定的单位组织。

1. 私有云

私有云的核心特征是云端资源只供一个企事业单位内的员工使用，其他的人和机构都无权租赁并使用云端计算资源。至于云端部署何处、所有权归谁、由谁负责日常管理，并没有严格的规则。

私有云的部署一般有两种方式：一是部署在单位内部（如机房），称为本地私有云；二是托管在别处（如阿里云端），称为托管私有云。由于本地私有云的云端部署在企业内部，私有云的安全及网络安全边界定义都由企业自己实现并管理，一切由企业管控，所以本地私有云适合运行企业中关键的应用。

　　托管私有云是把云端托管在第三方机房或者其他云端，计算设备可以自己购买，也可以租用第三方云端的计算资源，消费者所在的企业一般通过专线与托管的云端建立连接，或者利用叠加网络技术在因特网上建立安全通道（VPN），以便降低专线费用。托管私有云由于云端托管在公司之外，企业自身不能完全控制其安全性，所以要与信誉好、资金雄厚的托管方合作，这样的托管方抵御天灾人祸的能力更强。

　　一个云端的日常管理包括管理、运维和操作。管理是指制定规章制度、合规性监督、定期安全检查、灾难演练、数据恢复演练等，侧重于制度和人员层面。运维指日常运行维护，具体包括机器性能监控、应用监控、性能调优、故障发现与处理、建立问题库、问题热线坐席、定期输出运维报告、产能扩容与收缩、应用转产与退出等，侧重于设备层面。云端的操作不是指云服务消费者的操作，而是指云端的例行日常工作，包括数据备份、服务热线坐席、日常卫生、与消费者的一些操作互动等。云端的日常管理可以完全由自己承担，也可以完全外包出去或者部分外包出去。

　　私有云的规模可大可小，小的可能只有几个或者十几个用户，大的会有数万个甚至十几万个用户。但是过小的私有云不具备成本优势且计算资源配置的灵活性体现不出来，比如家庭和小微型企业，直接采用虚拟化即可，技术简单、管理方便。就像智能照明系统不适合三口之家的小居室一样，因为只有几盏灯、几个开关，手动操作简单、方便，成本也低。

　　企业私有办公云现在被很多大中型单位组织采用，用云终端替换传统的办公计算机，程序和数据全部放在云端，并为每个员工创建一个登录云端的账号，账号和员工一一对应。相比传统的计算机办公有如下好处：员工可在任何云终端登录并办公，可实现移动办公；有利于保护公司文档资料；维护方便，终端是纯硬件，不用维护，只要维护好云端即可；降低成本，购买费用低，使用成本低，终端使用寿命长，软件许可证费用降低；稳定性高，对云端集中监控和布防，更容易监控病毒、流氓软件和黑客入侵。

2. 社区云

　　社区云的核心特征是云端资源只给两个或者两个以上的特定单位组织内的员工使用，除此之外的人和机构都无权租赁和使用云端计算资源。参与社区云的单位组织具有共同的要求，如云服务模式、安全级别等。具备业务相关性或者隶属关系的单位组织建设社区云的可能性更大一些，因为一方面能降低各自的费用，另一方面能共享信息。比如，某地区的酒店联盟组建酒店社区云，以满足数字化客房建设和酒店结算的需要；又比如，由一家大型企业牵头，与其提供商共同组建社区云；再比如，由卫生部牵头，联合各家医院组建区域医疗社区云，各家医院通过社区云共享病例和各种检测化验数据，这能极大地降低患者的就医费用。

　　与私有云类似，社区云的云端也有两种部署方法，即本地部署和托管部署。由于存在多个单位组织，所以本地部署存在三种情况：一是只部署在一个单位组织内部；二是部署在部分单位组织内部；三是部署在全部单位组织内部。如果云端部署在多个单位组织内部，那么每个单位组织内部只部署云端的一部分，或者做容灾备份。

　　当云端分散在多个单位组织时，社区云的访问策略就变得很复杂。如果社区云有 N 个单位组织，那么对于一个部署了云端的单位组织来说，就存在 $N-1$ 个其他单位组织如何共享本地云资源的问题。换而言之，就是如何控制资源的访问权限问题，常用的解决方法有用户通过注入可扩展访问控制标记语言（eXtensible Access Control Markup Language，XACML）标准自主访问控制、遵循诸如"基于角色的访问控制"安全模型、基于属性访问控制等。除此之外，还必须统一用户身份管理，解决用户能否登录云端的问题。其实，以上两个问题就是常见的权限控制和身份验证问题，是大多数应用系统都会面临的问题。

类似于托管私有云，托管社区云也是把云端部署到第三方，只不过用户来自多个单位组织，所以托管方还必须制定切实可行的共享策略。

3. 公共云

公共云的核心特征是云端资源面向社会大众开放，符合条件的任何个人或者单位组织都可以租赁并使用云端资源。公共云的管理比私有云的管理要复杂得多，尤其是安全防范，要求更高。

公共云的一些例子：超算中心、亚马逊、微软的 Azure、阿里云等。

4. 混合云

混合云是由两个或者两个以上不同类型的云（私有云、社区云、公共云）组成的，它其实不是一种特定类型的单一云，其对外呈现出来的计算资源来自两个或两个以上的云，只不过增加了一个混合云管理层。云服务消费者通过管理层租赁和使用资源，感觉就像在使用同一个云端的资源，其实内部被混合云管理层路由到真实的云端了。

假如用户在混合云上租赁了一台虚拟机（IaaS 型资源）及开发工具（PaaS 型资源），其中 IaaS 和 PaaS 为云服务的两种模式。那么用户每次都是连接混合云端，并使用其中的资源。用户并不知道自己的虚拟机实际上位于另一个 IaaS 私有云端，而开发工具又在另一个公共云上。

混合云属于多云这个大类，是多云大类中最重要的形式，而公/私混合云又是混合云中最主要的形式，因为它同时具备了公共云的资源规模和私有云的安全特征。

公/私混合云的优势如下。

1）架构更灵活。可以根据负载的重要性灵活分配最合适的资源，例如，将内部重要数据保存在本地云端，而把非机密功能移动到公共云区域。

2）技术方面更容易掌控。

3）更安全。混合云具备私有云的保密性，同时具有公共云的抗灾性。

4）更容易满足合规性要求。云计算审计员对多租户的审查比较严格，他们往往要求云计算服务提供商必须为云端的某些（或者全部）基础设施提供专门的解决方案。而这种混合云由于融合了专门的硬件设备，提高了网络安全性，更容易通过审计员的合规性检查。

5）更低的费用。租用第三方资源来平抑短时间内的季节性资源需求峰值，相比自己配置最大化资源以满足需求峰值的成本，这种短暂租赁的费用要低得多。

5.1.3 云计算与大数据和物联网

1. 大数据

维基百科对大数据（Big Data）的定义：大数据是指利用常用软件工具捕获、管理和处理数据所耗时间超过可容忍时间的数据集。就是说大数据是一个体量特别大，数据类别特别多的数据集，并且这样的数据集无法用传统数据库工具对其内容进行抓取、管理和处理。

大数据具有四个特点，即"4 V"特性，包括规模性（Volume）、多样性（Variety）、高速性（Velocity）和价值性（Value）。规模性是指随着信息化技术的高速发展，数据开始爆发性增长。大数据中的数据不再以几 GB 或几 TB 为单位来衡量，而是以 PB（1 千 T）、EB（1 百万 T）或 ZB（10 亿 T）为计量单位。

多样性则主要体现在数据来源多、数据类型多和数据之间关联性强这三个方面。大数据的数据来源众多，企业所面对的传统数据主要是交易数据，而互联网和物联网的发展，带来了诸如社交网站、传感器等多种来源的数据；由于数据来源于不同的应用系统和不同的设备，决定了大数据形式的多样性，大体可以分为三类：一是结构化数据，如财务系统数据、信息管理系统数据、医疗系统数据等，其特点是数据间因果关系强；二是非结构化数据，如视频、图片、音频等，其特点是数据间没有因果关系；三是半结构化数据，如 HTML 文档、邮件、网页等，其特点是数据间的因果关系弱。大数据的数据类型丰富，并且以非结构化数据为主。传统的企业中，数据都是以表格的形式保存，而大数据中有 70%~85%的数据是如图片、音频、视频、网络日志、链接信息等非结构化和半结构化的数据，存储在非关系型数据库（Not Only SQL，NoSQL）中。数据之间关联性强，频繁交互，如游客在旅游途中上传的照片和日志，就与游客的位置、行程等信息有很强的关联性。

高速性是大数据区分于传统数据挖掘最显著的特征。大数据与海量数据的重要区别在两个方面：一方面，大数据的数据规模更大；另一方面，大数据对处理数据的响应速度有更严格的要求。实时分析而非批量分析，数据输入、处理与丢弃立刻见效，几乎无延迟。数据的增长速度和处理速度是大数据高速性的重要体现。

价值性是指尽管企业拥有大量数据，且大数据背后潜藏的价值巨大，但是发挥价值的仅是其中非常小的部分。由于大数据中有价值的数据所占比例很小，因此大数据真正的价值体现在从大量不相关的各种类型的数据中，挖掘出对未来趋势与模式预测分析有价值的数据，并通过机器学习方法、人工智能方法或数据挖掘方法深度分析，运用于农业、金融、医疗等各个领域，以期创造更大的价值。

大数据技术是指伴随着大数据采集、存储、分析和应用的相关技术，是一系列使用非传统工具来对大量的结构化、半结构化和非结构化数据进行处理，从而获得分析和预测结果的一系列数据处理和分析技术，主要包括数据采集与预处理、数据存储和管理、数据处理与分析、数据安全和隐私保护等。

2. 物联网

物联网是物物相连的互联网，是互联网的延伸，它利用局部网络或互联网等通信技术把传感器、控制器、机器、人员和物等通过新的方式连在一起，形成人与物、物与物相连，实现信息化和远程管理控制。

从技术架构上来看，物联网由下到上可分为四层：感知层、网络层、处理层和应用层。感知层包含大量的各类传感器，用来采集物理世界的各种信息；网络层包含各种类型的网络，如互联网、移动互联网等，起到信息传输的作用；处理层用于信息的存储和处理，包括数据存储、管理和分析等；应用层直接面向用户，满足各种应用需求。

物联网是物与物相连的网络，通过为物体加装二维码、RFID 标签、传感器等，就可以实现物体身份唯一标识和各种信息的采集，再结合各种类型网络连接，就可以实现人和物、物和物之间的信息交换。因此，物联网中的关键技术包括识别和感知技术（二维码、RFID、传感器等）、网络与通信技术、数据挖掘与融合技术等。

3. 三者之间的关系

云计算、大数据和物联网代表了 IT 领域最新的技术发展趋势，三者既有区别又有联系。云计算最初主要包含了两类含义：一类是以谷歌的 GFS 和 MapReduce 为代表的大规模分布式并行计算技术；另一类是以亚马逊的虚拟机和对象存储为代表的"按需租用"的商业模式。但是，随着大数据概念的提出，云计算中的分布式计算技术开始更多地被列入大数据技术，而人们提到云计算时，更多指的是底层基础 IT 资源的整合优化以及以服务的方式提供 IT 资源的商业模式（如 IaaS、PaaS、SaaS）。从云计算和大数据概念的诞生到现在，两者之间的关系非常微妙，既密不可分，又千差万别。因此，不能把云计算和大数据割裂开来作为截然不同的两类技术来看待。此外，物联网也是和云计算、大数据相伴相生的技术，三者之间的区别和联系如下。

1）区别：大数据侧重于对海量数据的存储、处理与分析，从海量数据中发现价值，服务于生产和生活；云计算本质上旨在整合和优化各种 IT 资源，并通过网络以服务的方式廉价地提供给用户；物联网的发展目标是实现物物相连，应用创新是物联网发展的核心。

2）联系：从整体上看，大数据、云计算和物联网这三者是相辅相成的。大数据根植于云计算，大数据分析的很多技术都来自于云计算，云计算的分布式数据存储和管理系统（包括分布式文件系统和分布式数据库系统）提供了海量数据的存储和管理能力，分布式并行处理框架 MapReduce 提供了海量数据分析能力，没有这些云计算技术作为支撑，大数据分析就无从谈起。反之，大数据为云计算提供了"用武之地"，没有大数据这个"练兵场"，云计算技术再先进，也不能发挥它的应用价值。物联网的传感器源源不断产生的大量数据，构成了大数据的重要数据来源，没有物联网的飞速发展，就不会带来数据产生方式的变革，即由人工产生阶段转向自动产生阶段，大数据时代也不会这么快就到来。同时，物联网需要借助于云计算和大数据技术，实现物联网大数据的存储、分析和处理。

可以说，云计算、大数据和物联网三者已经彼此渗透、相互融合，在很多应用场合都可以同时看到三者的身影。在未来，三者会继续相互促进、相互影响，更好地服务于社会生产和生活的各个领域。

5.2 云计算服务模式及实现机制

云计算是一种新的计算资源使用模式，云端本身可以看作是一个九层的"竖井式"IT 系统，所以逻辑上可以划分为四层结构，自下至上依次是基础设施层、平台软件层、应用软件层和数据信息层，如图 5.1a 所示。云服务提供商出租计算资源有三种模式，满足云服务消费者的不同需求，分别是 IaaS、PaaS 和 SaaS，对应基础设施层（见图 5.1b）、平台软件层（见图 5.1c）和应用软件层（见图 5.1d），数据信息层为用户私有，不属于云服务计算资源。

需要注意的是，云服务提供商只负责出租层及以下各层的部署、运维和管理，而租户自己负责更上层次的部署和管理，两者负责的"逻辑层"加起来刚好就是一个完整的四层 IT 系统。比如有一家云服务提供商对外出租 IaaS 云计算业务，云服务提供商负责机房基础设施、计算机网络、磁盘柜和服务器/虚拟机的建设和管理，而云服务消费者自己完成操作系统、数据库、中间件 & 运行库以及应用软件的安装和维护。另外，还要管理数据信息（如

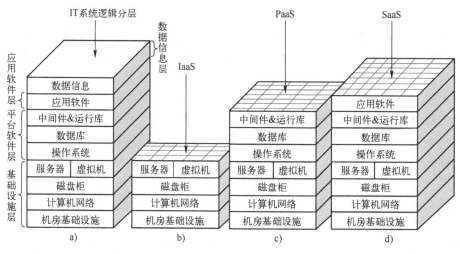

图 5.1 云计算的三种服务模式

初始化、数据备份、恢复等）。再比如，另一家云服务提供商出租 PaaS 业务，那么云服务提供商负责的层数就更多了，云服务消费者只需安装自己需要的应用软件并进行数据初始化即可。总之，云服务提供商和消费者各自管理的层数加起来就是标准的 IT 系统逻辑层次结构。

下面对这三种服务模式分别做进一步介绍。

5.2.1 IaaS

IaaS 是 Infrastructure as a Service 的首字母缩写，意思是基础设施即服务，即把 IT 系统的基础设施层作为服务出租出去。由云服务提供商把 IT 系统的基础设施建设好，并对计算设备进行池化，然后直接对外出租硬件服务器、虚拟主机、存储或网络设施（负载均衡器、防火墙、公网 IP 地址及诸如 DNS 等基础服务）等。云服务提供商负责管理机房基础设施、计算机网络、磁盘柜、服务器和虚拟机，租户自己安装和管理操作系统、数据库、中间件 &运行库、应用软件和数据信息，所以 IaaS 云服务的消费者一般是掌握一定技术的系统管理员，如图 5.1b 所示。

IaaS 云服务提供商计算租赁费用的因素包括 CPU、内存和存储的数量，一定时间内消耗的网络带宽，公网 IP 地址数量及一些其他需要的增值服务（如监控、自动伸缩等）。

IaaS 云端的基本架构模型由上到下逻辑上分为三层：第一层管理全局，第二层管理计算机集群（一个集群内的机器地理位置上可能相距很远），第三层负责运行虚拟机。第一层的云管理器与第二层的集群管理器之间一般通过高速网络连接，当增加数据中心为云端扩容时，就能体现网速的重要性。而集群内的计算机之间倾向于采用本地局域网（如 10Gbit/s 以太网）或者超高速广域网，如果采用局域网，则灾难容错差；如果跨广域网，则网络带宽会成为瓶颈。

每一层具体的任务介绍如下。

第一层（云管理器）：云管理器是云端对外的总入口，在这里验证用户身份、管理用户权限、向合法用户发放票据（然后用户持此票据使用计算资源）、分配资源并管理用户租赁的资源。

第二层（集群管理器）：每一个集群负责管理本集群内部的高速互联在一起的计算机，一个集群内的计算机可能会有成百上千台。集群管理器接收上层的资源查询请求，然后向下层的计算机管理器发送查询请求，最后汇总并判断是部分满足还是全部满足上层请求的资源，再反馈给上层。如果接下来收到上层分配资源的命令，那么集群管理器指导下层的计算机管理器进行资源分配并配置虚拟网络，以便能让用户后续访问。另外，本层存储了本集群内的全部虚拟机镜像文件，这样一台虚拟机就能在集群内任意一台计算机上运行，并轻松实现虚拟机热迁移。

第三层（计算机管理器）：每台计算机上都有一个计算机管理器，它一方面与上层的集群管理器打交道，另一方面与本机上的虚拟机软件打交道。它把本机的状态（如正在运行的虚拟机数、可用的资源数等）反馈给上层，当收到上层的命令时，计算机管理器就指导本机的虚拟机软件执行相应命令。这些命令包括启动、关闭、重启、挂起、迁移和重配置虚拟机，以及设置虚拟网络等。

租赁 IaaS 云服务，对租户而言，最大优点是其灵活性，由租户自己决定安装什么操作系统、需不需要数据库且安装什么数据库、安装什么应用软件、安装多少应用软件、要不要中间件、安装什么中间件等，这相当于购买了一台计算机，要不要使用、何时使用，以及如何使用全由自己决定。一些搞研发的计算机技术人员倾向于租赁 IaaS 主机。但是对于租户来说，IaaS 云主机除管理难度大外，还有一个明显的缺陷：计算资源浪费严重。因为操作系统、数据库和中间件本身要消耗大量的计算资源（CPU、内存和磁盘空间），但它们消耗的资源对租户来说是无用的。

5.2.2 PaaS

PaaS 是 Platform as a Service 的首字母缩写，意为平台即服务，即把 IT 系统的平台软件层作为服务出租，如图 5.1c 所示。

相比于 IaaS 云服务提供商，PaaS 云服务提供商要做的事情增加了，它们需要准备机房，布好网络，购买设备，安装操作系统、数据库和中间件，即把基础设施层和平台软件层都搭建好，然后在平台软件层上划分"小块"（也就是所谓的容器）并对外出租。PaaS 云服务提供商也可以从其他 IaaS 云服务提供商那里租赁计算资源，然后自己部署平台软件层。另外，为了让消费者能直接在云端开发调试程序，PaaS 云服务提供商还得安装各种开发调试工具。相反，租户要做的事情相比 IaaS 要少很多，租户只要开发和调试软件或者安装、配置和使用应用软件即可。PaaS 云服务的消费者主要包括程序开发人员、程序测试人员、软件部署人员、应用软件管理员和应用程序最终用户等。

由于使用的应用软件数不胜数，支撑它们的编程语言、数据库、中间件和运行库可能都不一样。PaaS 云服务提供商不可能安装全部的语言、数据库、中间件和运行库来支持所有的应用软件，因此目前普遍的做法是安装主流的编程语言、数据库、中间件和运行库，使得出租的 PaaS 容器支持有限的、使用量排名靠前的应用软件，以及支持最流行的编程语言，并在网站上发布公告。

前面讲过，平台软件层包括操作系统、数据库、中间件和运行库四部分，但并不是说在具体搭建平台软件层时一定要安装和配置这四部分软件。需要哪部分，以及安装什么种类的平台软件要根据应用软件来定。比如一家只针对 PHP 语言开发（应用软件用 PHP 编写）的 PaaS 云服务提供商，就没必要安装类似 Tomcat 的中间件了。根据平台软件层中安装的软件种类多少，PaaS 又分为两种类型。

1）半平台 PaaS：平台软件层中只安装了操作系统，其他的留给租户自己解决。目前最为流行的半平台 PaaS 应用是开启操作系统的多用户模式，它为每个租户创建一个系统账号，并对他们做权限控制和计算资源配额管制。半平台 PaaS 更关注租户的类型，如研发型、文秘型等，针对不同类型的租户做不同的权限和资源配置。Linux 操作系统的多用户模式和 Windows 操作系统的中断服务都属于半平台 PaaS，私有办公云多采用半平台 PaaS。

2）全平台 PaaS：全平台 PaaS 安装了应用软件依赖的全部平台软件（操作系统、数据库、中间件和运行库）。不同于半平台 PaaS，全平台 PaaS 是针对应用软件来做资源配额和权限控制的，尽管最终还需要通过账号实现。公共云多采用全平台 PaaS。

相对于 IaaS 云服务，PaaS 云服务消费者的灵活性降低了，租户不能自己安装平台软件，只能在有限的范围内选择。但优点也很明显，可以使租户从高深烦琐的 IT 技术中解放出来，从而更专注于自己的核心业务。

5.2.3　SaaS

SaaS 是 Software as a Service 的首字母缩写，意为软件即服务。简而言之，就是软件部署在云端，让用户通过网络来使用它，即云服务提供商把 IT 系统的应用软件层作为服务出租，而消费者可以使用任何云终端设备接入计算机网络，然后通过网页浏览器或者编程接口使用云端的软件。这进一步降低了租户的技术门槛，应用软件也无须自己安装，而是直接使用软件，如图 5.1d 所示。

这时 SaaS 云服务提供商有三种选择。

1）租用别人的 IaaS 云服务，自己再搭建和管理平台软件层和应用软件层。

2）租用别人的 PaaS 云服务，自己再部署和管理应用软件层。

3）自己搭建和管理基础设施层、平台软件层和应用软件层。

总之，从云服务消费者的角度来看，SaaS 云服务提供商负责 IT 系统的底三层（基础设施层、平台软件层和应用软件层），最后直接把应用软件出租。

云服务提供商选择若干种使用面广且有利可图的应用软件，如 ERP（企业资源计划）、CRM（客户关系管理）、BI（商业智能）等，并精心安装和运维，让租户用得放心、安心。适合做 SaaS 的应用软件有以下几个特点。

1）复杂。软件庞大、安装复杂、使用复杂、运维复杂，单独购买价格昂贵，如 ERP、CRM 系统及可靠性工程软件等。

2）主要面向企业用户。

3）模块化结构。按功能划分成模块，租户需要什么功能就租赁什么模块，也便于按模块计费，如 ERP 系统划分为订单、采购、库存、生产和财务等模块。

4）多租户。能适合多个企业中的多个用户同时操作，也就是说，使用同一个软件的租户之间互不干扰。租户一般指单位组织，一个租户包含多个用户。

5）多币种、多语言、多时区支持。这一点对于公共云尤其明显，因为其消费者来自五湖四海。

6）非强交互性软件。如果网络延迟过大，那么强交互性软件作为 SaaS 对外出租就不太合适，会大大降低用户的体验度。

适合云化并以 SaaS 模式交付给用户的软件一般包括企事业单位的业务处理类软件、协同工作类软件、办公类软件和软件工具类等。随着因特网进一步延伸到世界各地，带宽和网速进一步改善，以及云服务提供商通过近距离部署分支云端，网络延时进一步降低，可以预计，能够云化的软件种类将越来越多。

与传统的软件运行模式相比，SaaS 模式具有如下优点。

1）云终端少量安装或不用安装软件。直接通过浏览器访问云端 SaaS 软件，非常方便且具备很好的交互体验，消费者使用的终端设备上无须额外安装客户端软件。配置信息和业务数据没有存放在云终端里，所以不管用户何时何地使用何种终端操作云端的软件，都能看到一样的软件配置偏好和一致的业务数据。云终端成为无状态设备。

2）有效使用软件许可证。软件许可证费用能大幅度降低，因为用户只用一个许可证就可以在不同的时间登录不同的计算机；而在非 SaaS 模式下，必须为不同的计算机购买不同的许可证（即使计算机没被使用）。另外，也不必购买专门为保护软件产权而购置的证书管理服务器，因为在 SaaS 模式下，软件只运行在云端，软件开发公司只与云服务提供商打交道并进行软件买卖结算。

3）数据安全性得到提高。对于公共云和云端托管别处的其他云来说，意味着 SaaS 型软件操纵的数据信息存储在云端的服务器中，云服务提供商也许把数据打散并把多份数据副本存储在多个服务器中，以便提高数据的完整性，但是从消费者的视角看，数据被集中存放和管理。这样做有一个明显的好处，那就是云服务提供商能提供专家管理团队和专业级的管理技术和设备，如合规性检查、安全扫描、异地备份和灾难恢复，甚至是建立跨城市双活数据中心。当今大的云服务提供商能够使数据安全性和应用软件可用性达到 4 个"9"的级别。对于云端就在本地的私有云和社区云来说，好处类似于公共云，但是抗风险能力要差一点，除非对大的意外事件提前做好预案，如为应对天灾（地震、洪水等）、人祸（火灾等）建立异地灾备中心。另外，无处不在的网络接入，使人们再也不用复制数据并随身携带，从而避免数据介质丢失或者被盗。数据集中存放和管理还有利于人们分享数据信息。

4）有利于消费者摆脱 IT 运维的技术泥潭而专注于自己的核心业务。SaaS 云服务消费者只要租赁软件即可，而无须担心底层（基础设施层、平台软件层和应用软件层）的管理和运维。

5）消费者能节约大量前期投资。消费者不用装修机房，不用建设计算机网络，不用购买服务器，也不用购买和安装各种操作系统和应用软件，这样就能省大量的资金。

但是 SaaS 云服务也给人们带来了新的挑战，如完全依赖网络、跨因特网对安全防范措施要求更高、云端之间的数据移植性不够好、租户隔离和资源使用效率两者之间需要综合平衡考虑等。

5.2.4 实现机制

由于云计算分为 IaaS、PaaS 和 SaaS 三种类型，不同的厂家又提供了不同的解决方案，目前还缺乏统一的技术体系结构标准，这里给出一个综合不同厂家技术方案的云计算技术参考体系结构，如图 5.2 所示。该结构概括了不同解决方案的主要特征，每一种方案或许只实现了其中部分功能，或许也还有部分次要功能尚未概括进来。

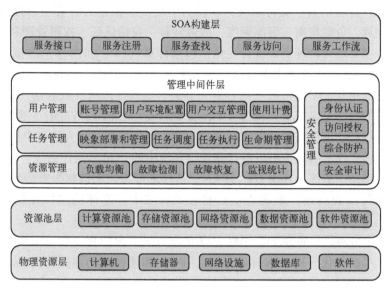

图 5.2　云计算技术体系结构

云计算技术体系结构分为四层：物理资源层、资源池层、管理中间件层和面向服务的体系结构（Service-Oriented Architecture，SOA）构建层。物理资源层包括计算机、存储器、网络设施、数据库和软件。资源池层是将大量相同类型的资源构成同构或接近同构的资源池，如计算资源池、存储资源池等，构成资源池更多的是物理资源的虚拟化工作。云计算的管理中间件层负责资源管理、任务管理、用户管理和安全管理等工作。资源管理负责均衡地使用云计算节点，检查节点的故障并试图恢复或屏蔽故障，并对资源的使用情况进行监视统计，使资源能够高效、安全地为应用提供服务；任务管理负责执行用户或应用提交的任务，包括完成用户任务映象（Image）部署和管理、任务调度、任务执行、生命期管理等；用户管理是实现云计算商业模式的一个必不可少的环节，包括提供账号管理、用户环境配置、用户交互管理、使用计费等；安全管理保障云计算设施的整体安全，包括身份认证、访问授权、综合防护和安全审计等。SOA 构建层将云计算能力封装成标准的 Web Service 服务，并纳入SOA 体系进行管理和使用，包括服务接口、服务注册、服务查找、服务访问和服务工作流等。管理中间件层和资源池层是云计算技术的最关键部分，SOA 构建层的功能更多依靠外部设施提供。

5.3　云开发组件

由图 5.2 可知，当完成云计算平台建设所需的物理资源，主要是计算机（或服务器）、存储器、网络设备的设计布局后，剩下的工作就是软件设计、部署和开发工作了。实际上，构建云的软件资源经过多年的积累已经非常丰富了，不必从头开始进行各种底层软件的设计和开发，应用现有的软件开发工具（也可称为组件）即可完成各种云部署模型的组建工作。

云计算平台的主要作用：运行和管理大量的虚拟资源（虚拟机、容器等）并让远方的用户自主地使用这些虚拟资源。结合图 5.2 的实现机制，构建云计算平台的组件一般可以概括为虚拟化平台、管理工具、交付系统，以及为了提高和保证云计算平台性能的各种中间件，如分布式计算、负载均衡、资源调度、故障转移、身份认证、权限管理和入侵检测等。

虚拟化平台主要是对物理资源进行池化，包括计算（CPU 和内存）虚拟化（也称为服务器虚拟化）、存储虚拟化和网络虚拟化。平台中的虚拟化软件安装在物理机或者操作系统上，然后通过它创建若干个虚拟机（或容器）并运行这些虚拟机（或容器）。

虚拟化软件的核心是虚拟机监视器（Virtual Machine Monitor，VMM），也称为 Hypervisor 层，它是一种运行在物理服务器和操作系统之间的中间软件层，可允许多个操作系统和应用共享一套基础物理硬件，因此也可以看作是虚拟环境中的"元"操作系统。运行 VMM 的操作系统被称为主机操作系统（Host OS，HOS），这样的虚拟化架构称为寄居架构；当然，某些虚拟机监控器可以脱离操作系统直接运行在硬件之上，这样的虚拟化结构称为裸金属（物理机）架构。

根据虚拟化平台对硬件资源的调用模式可以分为三类虚拟化，即全虚拟化（Full Virtualization，FV）、半虚拟化（Para-Virtualization，PV）和硬件辅助虚拟化（Hardware-assisted Virtual Machine，HVM）。

全虚拟化模式下客户机操作系统（Guest Operation System，GOS）和物理机器完全隔离，由 Hypervisor 层完成 GOS 各种指令的翻译转换并对物理硬件的调用，典型代表如 VMware Workstation、Oracle VirtualBox 等。由于 GOS 无须更改，因此兼容性强，移植性好，但是资源占用率高，运行效率受到一定影响。

半虚拟化是在 GOS 中加入部分虚拟化指令（主要是一些难以虚拟化的特权和敏感指令），直接调用硬件资源，不用 Hypervisor 层的翻译转换；但是 Hypervisor 同样为其他关键的 GOS 操作（如内存管理、中断处理、计时等）提供翻译转换并调用，典型代表是 Xen。由于 GOS 的修改，运行效率得到了提高，但是兼容性和移植性较差。

硬件辅助虚拟化是通过改变 CPU 指令集和处理器运行模式，完成 GOS 特权和敏感指令对硬件资源的直接调用，它是需要硬件支持的，Intel VT 核、AMD-V 都支持，但是对于非特权指令，Hypervisor 仍然发挥作用，典型代表是 VMware ESXi、KVM，以及微软的 Hyper-V 等。实际上，硬件辅助虚拟化本质上也属于全虚拟化，只是效率更高一些。由于受限于 CPU 的特殊指令集，因此兼容性和移植受到影响，编程的灵活性较差。

一个云计算平台可能包括很多台服务器，每台服务器上又有很多个虚拟机（或容器），如何管理这些虚拟资源就是云管理工具的任务了。云管理工具也可称为云操作系统，是对虚拟资源（虚拟机和容器）进行管理，包括创建、销毁、启动、关闭、资源分配、迁移、备份、克隆、快照及安全控制等操作。实际上，云操作系统中一般集成了多种虚拟化软件（如 KVM）、各种中间件（如分布式计算平台 Hadoop）和数据库（如 MySQL），如果不是为了单独实现某一云计算功能，如虚拟化、分布式计算等，直接安装云操作系统即可完成云计算平台主体的构建。

云计算平台构建完成后，用户如何使用云端的计算资源呢？这就是交付系统需要完成的任务。交付系统主要由三部分组成：一是通信协议，二是访问网关，三是客户端。通信协议就是规定终端与云端的通信规则，协议的好坏与终端用户的体验息息相关；访问网关相当于云端的大门，终端用户必须由此门进入云端；客户端是指安装在云终端中的软件，专门负责与云端的通信，即接收用户的输入并发到云端，然后接收云端的返回结果并显示在云终端屏幕上。

5.3.1 虚拟化组件

1. VMware

VMware 成立于 1998 年，2004 年被存储巨头 EMC 收购，2016 年戴尔公司收购 EMC。VMware 以虚拟机起家，后来不断发展和完善云计算的管理平台和交付部分，如今已经推出了全套的云计算商业化产品。

VMware 公司的虚拟化技术做得最早，目前应用也最广泛。虚拟化产品线丰富，覆盖计算虚拟化、网络虚拟化和存储虚拟化。其中，计算虚拟化产品包括桌面版和服务器版。桌面版有 Workstation、Fusion（苹果电脑）；服务器版有 EXSi。

VMware Workstation 是一款功能强大的全虚拟化桌面虚拟计算机软件，用户可在单一的桌面上同时运行不同的操作系统，是进行开发、测试、部署新的应用程序的最佳解决方案。VMware Workstation 可在一部实体机器上模拟完整的网络环境，以及可便于携带的虚拟机器，其更好的灵活性与先进的技术胜过了市面上其他的虚拟计算机软件。对于企业的 IT 开发人员和系统管理员而言，VMware 在虚拟网路、实时快照、拖拽共享文件夹、支持远程引导技术（Preboot eXecution Environment，PXE）等方面的特点使它成为必不可少的工具。

VMware Workstation 允许操作系统（OS）和应用程序（Application）在一台虚拟机内部运行。虚拟机是独立运行主机操作系统的离散环境。在 VMware Workstation 中，可以在一个窗口中加载一台虚拟机，它可以运行自己的操作系统和应用程序；可以在运行于桌面上的多台虚拟机之间切换，通过一个网络共享虚拟机（如一个公司局域网），挂起和恢复虚拟机以及退出虚拟机，这一切不会影响主机操作和任何操作系统或者其他正在运行的应用程序。

2. Xen

Xen 是最早开源的虚拟化软件，由剑桥大学开发，Xen 后来被思杰（Citrix）收购，开发出 Xen Server，并在 2013 年宣布免费。Xen 包含三个组件，分别是 Hypervisor、Domain0 和 DomainU，其中 Hypervisor 负责虚拟化硬件资源，DomainU 是客户机操作系统 GOS，而 Domain0 是负责管理 DomainU 的。

Xen 在初始化完成后会运行一个指定的虚拟机，这一般称为 Domain0，其他虚拟机统称为 DomainU。Domain0 一般运行 Linux Kernel，直接在 Xen Hypervisor 之上运行，可以访问物理 I/O 资源。其他 DomainU 通过与 Domain0 的交互访问硬件资源。Domain0 通过网络后端驱动（Network Backend Driver）和块设备后端驱动（Block Backend Driver）为其他 DomainU 提供网络和磁盘服务。

Xen 3.0 以前版本仅支持半虚拟化，即用 Hyper Call 替换 GOS 的特权指令。这种方式需要对 GOS 进行修改，虽然对应用程序是透明的，但限制了能够运行在其上的虚拟机的种类。新版本的 Xen 开始支持全虚拟化，这主要借助 x86 架构下的 VMX（INTEL）或者 SVM（AMD）技术实现的，现在 Windows 系统可以不加修改地在 HVM 虚拟机上运行。

3. KVM

KVM 全称是 Kernel-based Virtual Machine，是基于 x86 架构硬件辅助虚拟化技术的 Linux 内核全虚拟化解决方案。最初是以色列创业公司 Qumranet 的 Kivity 在工作期间开始进行开发的，用来解决 Xen 的局限性。Linux 的发行版提供商红帽公司 RedHat 在 2008 年收购了 Qumranet，在 2010 年推出了新的 Linux-RHEL 6 版本，之后该系列的发行版本都使用了 KVM 作为默认的虚拟化引擎。

KVM 架构包含了两个部分，其中之一是内核组件，它现在是 Linux Kernel 的一个模块，负责 CPU 虚拟化和内存虚拟化；另一个是用户空间中的 QEMU，负责其他设备的虚拟化和虚拟机管理工作。两者通力合作，就能实现真正意义上服务器虚拟化。

KVM 本质上是一种全虚拟化解决方案。与半虚拟化（准虚拟化）不同，全虚拟化提供了完整的 x86 平台，包括处理器、磁盘空间、网络适配器及 RAM 等，无须对客户机操作系统做任何修改，便可运行已存在的基于 x86 平台下的操作系统和应用程序。

与 Xen 相比，其优势显而易见，具体如下。

1）KVM 是开源平台，大幅降低了虚拟机的部署成本。

2）KVM 在内核 2.6.20 版之后，自动整合到 Linux 内核中；Xen 所需的内核源代码补丁与特定的内核版本绑定，而且安装时需要大量的软件包，却仍然无法保证每个 Xen 的正常运行。

3）Xen 的虚拟机管理程序是一段单独的源代码，并提供一组专门的管理命令，不是所有 Linux 使用者都熟悉；KVM 的命令行管理工具继承自 QEMU，已经被 Linux 学习者广泛接受。

4. Docker 容器

Docker 的最初版本于 2013 年由 Docker Inc. 发布，是基于操作系统层面的虚拟化容器，利用 Linux 内核的资源分离机制以及 Linux 内核的命名空间来建立独立运行的容器。容器间互相隔离，除了内核之外，每个容器可以有自己的库文件、配置文件、工具和应用，并且提供了良好设计的容器间通信机制。Docker 的优势使它在短短几年内成为最流行的容器解决方案，推动了基于云计算平台开发模式的变革和应用部署方式的变革。

Docker 只是容器的一种类型，其实在 Docker 之前，Linux 原生就支持 LXC 容器，Docker 出现之后，还有由 CoreOS 主导的 rkt 容器（即 Rocket 容器）、国内阿里开源的 Pouch 容器等。Docker 版本分为社区版 Docker Community Edition（CE）和商业版 Enterprise Edition（EE）。

Docker 是基于 LXC 容器实现的，但是它并不是替代 LXC，相反，Docker 是基于 LXC 提供一些高级功能。而无论是 Docker 还是 LXC，都是基于内核的特性开发的。Docker 本身是一个 C/S（Client/Server）模式，前端的 Docker Client（客户端）和后端的 Docker Daemon（守护进程）两个模块，通过 REST API（描述创建 HTTP API 的标准方法）通信。Docker Client 通过接收用户参数转化为 HTTP 的请求，发送到 Docker Daemon，再由此模块启动相应的核心功能模块进行相应的操作。

Docker 包括三个基本概念。

（1）镜像（Image）

Docker 镜像是一个特殊的文件系统，可以理解为一个模板，它除了提供容器运行时所需的程序、库、资源、配置等文件外，还包含了一些为容器运行时准备的配置参数（如匿名卷、环境变量、用户等）。镜像不包含任何动态数据，其内容在构建之后也不会被改变。镜像构建时，会逐层构建，前一层是后一层的基础。每一层构建完就不会再发生改变，后一层上的任何改变只发生在自己这一层。比如，删除前一层文件的操作，实际不是真的删除前一层的文件，而是仅在当前层标记为该文件已删除。在最终容器运行的时候，虽然不会看到这个文件，但是实际上该文件会一直跟随镜像。

（2）容器（Container）

容器就是使用镜像来启动常见的应用或者系统，在当前系统上安装所需的容器即可，而不用去创建新的系统。镜像（Image）和容器（Container）的关系，就像是信息技术教师熟悉的面向对象程序设计中的"类"和"实例"一样，镜像是静态的定义，容器是镜像运行时的实体。容器可以被创建、启动、停止、删除、暂停等。

（3）仓库（Registry）

仓库是一个存储容器镜像的地方，而容器镜像是在容器被创建时，被加载用来初始化容器的文件架构与目录。在 Docker 的运行过程中，Docker Daemon 会与 Docker Registry 通信，并实现搜索镜像、下载镜像和上传镜像三个功能。一个 Docker 仓库中也可以包含多个仓库，每个仓库可以包含多个标签（Tag），每个标签对应一个镜像。仓库包括公开仓库和私有仓库两种形式，其中 Docker 可以使用公有的 Docker Registry，即大家熟知的 Docker Hub，如此一来，Docker 获取容器镜像文件时，必须通过互联网访问 Docker Hub，同时 Docker 也允许用户构建本地私有的 Docker Registry，这样可以保证容器镜像的获取在内网完成。

一个简化的 Docker 总体结构如图 5.3 所示，包括 Client、Daemon、Registry、Driver、Graph、LibContainer 和 Container 等部分。由图 5.3 可知，用户是使用 Docker Client 与 Docker Daemon 建立通信，并发送请求给后者。而 Docker Daemon 作为 Docker 架构中的主体部分，首先提供 Server（服务器）的功能使其可以接受 Docker Client 的请求；而后 Engine（引擎）执行 Docker 内部的一系列工作，每一项工作都是以一个 Job 的形式存在。在 Job 的运行过程中，当需要容器镜像时，则从 Docker Registry 中下载镜像，并通过镜像管理驱动 graphdriver，将下载镜像以 Graph 的形式存储；当需要为 Docker 创建网络环境时，通过网络管理驱动 networkdriver 创建并配置 Docker 容器网络环境；当需要限制 Docker 容器运行资源或执行用户指令等操作时，则通过 execdriver 来完成。Driver 通过调用 LibContainer 工具与 Linux 内核交互，其中 LibContainer 是一项独立的容器管理包，涉及大量的 Linux 内核方面的特性，如 Namespace（负责资源隔离）、CGroups（负责资源限制）、AppArmor（负责访问控制权限）、Netlink（负责网络设备）等，networkdriver 以及 execdriver 都是通过 LibContainer 来实现具体对容器进行的操作。当执行完运行容器的命令后，一个实际的 Docker 容器就处于运行状态，该容器拥有独立的文件系统、独立并且安全的运行环境等。

在传统的虚拟机架构中，虚拟机监视器（VMM）负责进行资源的隔离和调度。实现资源隔离的方法如下：虚拟机监视器自己运行在硬件层上（Type 1 型虚拟机，即裸金属架构），或者运行在宿主操作系统之上（Type 2 型虚拟机，即寄居架构），然后通过对 CPU、内存、I/O 存储设备等进行虚拟化来实现资源的隔离和调度。传统的虚拟机注重的是虚拟 CPU、内存和 I/O 等设备，然后在其上运行客户机操作系统 GOS。一般来说，虚拟机属于 IaaS 服务级别，由于操作系统的安装和运行，将会浪费很多计算资源。

而在 Docker 容器技术中，资源隔离和调度的角色由 Docker 引擎来承担，Docker 引擎利用 Linux 内核的资源分离机制以及 Linux 内核的命名空间（Namespace）来对容器进行隔离，即利用命名空间实现系统环境的隔离，利用 CGroups 实现资源限制，利用镜像实现运行目录

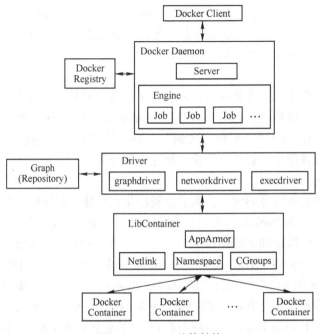

图 5.3 Docker 总体结构

环境的隔离。容器内使用的内核和宿主机是同一个内核。一般来说，容器属于 PaaS 服务级别，运行于操作系统之上，共享下层的操作系统和硬件资源，每个容器可单独限制 CPU、内存、硬盘和网络带宽容量，并且拥有单独的 IP 和操作系统管理员账户，因而占用计算资源少，部署和运行效率高。但是容器不能进行操作系统级别的修改和配置，对于做驱动系统开发和 Linux 内核定制的技术人员，就不适合使用容器技术，而虚拟机则没有此限制。

5.3.2 云管理工具

1. OpenStack

OpenStack 是当今最具影响力的云计算管理工具——通过命令或者基于 Web 的可视化控制面板来管理 IaaS 云端资源池（服务器、存储和网络）。它最先由美国国家航空航天局（NASA）和 Rackspace 在 2010 年合作研发，现今已是一个开放源代码项目。OpenStack 支持 KVM、Xen、Hyper-V 和 VMware ESXi 等虚拟机软件，默认为 KVM。OpenStack 采用 Python 语言开发，遵循 Apache 开源协议。

OpenStack 的发展也是与时俱进的，伴随着大数据和容器，以及机器学习等技术的流行，也随之产生了很多结合的项目。OpenStack 可以和 Kubernetes（容器管理工具）充分结合，打通虚拟机和容器，共享存储和网络。OpenStack 部署可以通过 Ansible、Puppet、Fuel、Rdo 等自动化工具或者手动部署每个组件，对于开发者来说，使用 Devstack 则更加方便。

OpenStack 系统包括 6 个核心组件（Nova、Neutron、Swift、Cinder、Keystone、Glance）和 14 个可选组件，每个组件包含若干个服务，如图 5.4 所示，而各常见组件之间关系如图 5.5 所示。每个组件都提供了 HTTP REST API 接口，组件之间通过 HTTP 接口相互调用。每种资源操作包括获取列表、创建、修改和删除等，正好对应着 HTTP 协议提供的 GET、POST、PUT 和 DELETE 方法。

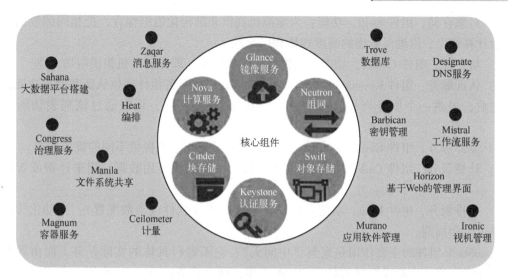

图 5.4　OpenStack 组件集

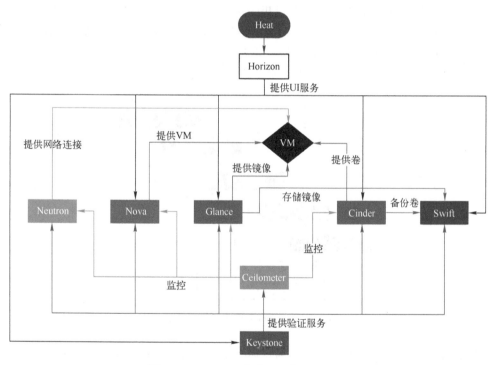

图 5.5　OpenStack 各常见组件之间关系

图 5.5 中包括核心组件 6 个、可选组件 3 个，具体如下。

1）控制台（Dashboard），组件 Horizon，功能：提供 UI 界面，通过 Web 方式管理云平台，建云主机，分配网络，配安全组，加云盘等。

2）计算，组件 Nova，功能：负责响应虚拟机创建请求、调度、销毁云主机等。

3）网络，组件 Neutron，功能：实现 SDN（软件定义网络），提供一整套 API，用户可以基于该 API 实现自己定义专属网络，不同厂商可以基于此 API 提供自己的产品实现。

4）对象存储，组件 Swift，功能：为虚拟机提供非结构化数据保存，把相同的数据存储在多台计算机上，以确保数据的高度容错和可靠性。

5）块存储，组件 Cinder，功能：提供持久化块存储，即为云主机提供附加云盘。

6）认证服务，组件 Keystone，功能：为访问 OpenStack 各组件提供认证和授权功能，认证通过后，提供一个服务列表（存放用户有权访问的服务），可以通过该列表访问各个组件。

7）镜像服务，组件 Glance，功能：为云主机安装操作系统提供不同的镜像选择。

8）计费服务，组件 Ceilometer，功能：收集云平台资源使用数据，用来计费或者性能监控。

9）编排服务，组件 Heat，功能：自动化部署应用（软件或参数配置），自动化管理应用的整个生命周期。

OpenStack 组件的主要作用是充当"中间人"，它不履行具体的实际任务，而由各种第三方软件来完成，比如虚拟机软件由 KVM 承担，网站任务由 Apache 承担，虚拟网络任务由 Iptables、DNSmasq、Linux vSwitch、Linux 网桥承担或者统一由 OpenContrail 承担，结构化数据存储任务由 MySQL 或者 PostgreSQL 承担，中央存储任务由 Ceph 承担（也可采用其他产品）。当然，OpenStack 中也有实现具体功能的组件，比如 Swift 做中央存储，也可以选择相对发展多年并且被大量使用的第三方产品，如 Ceph。

在具体部署 OpenStack 时应该遵循"逐步扩展部署法"，如图 5.6 所示。

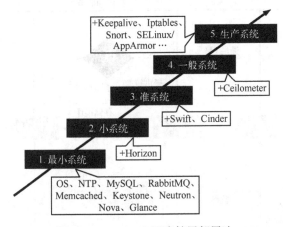

图 5.6　OpenStack 逐步扩展部署法

最小系统具备基本的 IaaS 功能，能通过命令来进行管理，这一步只需安装 OpenStack 的 Keystone、Neutron、Nova 和 Glance 四个组件；此后再安装 Horizon 就成为小系统，这时可通过 Web 图形化界面来执行管理；继续安装 Swift 和 Cinder 就成为准系统，这时能给虚拟机附加磁盘块设备，并能满足大规模的存储需求；再加上计费组件 Ceilometer，就上升为一般系统，一般系统具备公有 IaaS 的功能。但是由一般系统跨到生产系统，需要完成的工作就特别多，其中性能和安全是两个不得不面对的棘手问题。图 5.6 中标注的 Iptables（设立门卫）、SELinux 或 AppArmor（加固系统）和 Snort（巡逻）都是为了强化安全。性能和安全涉及的知识太多，这里不再展开讨论。

2. CloudStack

CloudStack 是一个创建、管理和部署基础设施的多租户云计算编排软件，采用 Java 语言开发，支持 KVM、Xen 和 VMware 等虚拟化软件。CloudStack 是由 Cloud. com 公司发起的，并在 2010 年 5 月开源部分源码，2011 年 7 月，Citrix 收购 Cloud. com，并将其全部开源。目前已经成为 Apache 基金会下的顶级开源项目。

图 5.7 是 CloudStack 系统架构图，核心是 CloudStack Management Server，它是整个 CloudStack 的核心。对外提供管理 API，对内通过各种虚拟化接口 API 或者 CloudStack Agent 控制各种虚拟化软件 [如 Xen、ESXi、KVM、OVM（Oracle VM）等]，并通过 MySQL 数据库保存整个系统的元数据信息。

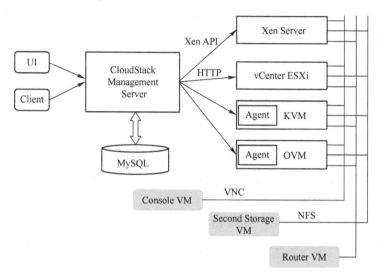

图 5.7　CloudStack 系统架构

其中，CloudStack 集群内部提供了三种系统虚拟机：Console VM、Second Storage VM 和 Router VM。Console VM 提供虚拟网络控制台（Virtual Network Console，VNC）接入的虚拟机；Second Storage VM 即后端保存虚拟机镜像，提供镜像服务，支持网络文件系统（Network File System，NFS）存储；Router VM 则是为虚拟机提供虚拟路由器的。

CloudStack 与 OpenStack 相比，可以明显看出其架构的特点：简单。简单带来的优点是系统部署方便，稳定性提高。OpenStack 动辄七八个组件，每个组件内部又分为多个模块，而 CloudStack 追求简单、高效，把核心功能都集中在 Mangement Server 上。这两种架构对比有点像"单体架构与微服务"。从本质上来说，它们都是针对基础设施的管理，而且功能也很相似。OpenStack 之所以具有更高的热度和社区，与大厂的支持是分不开的，无论是思科还是华为都加入了 OpenStack 的阵营，但这也不能淹没 CloudStack 这个优秀的 IaaS 管理平台。

除了 CloudStack 以外，国内还有一个借鉴 CloudStack 设计的 IaaS 平台 ZStack，它的核心成员也是来自 CloudStack，整体架构和 CloudStack 非常相似。ZStack 增加了异步通信和回调机制，从而缩短了资源创建时间，以及和 OpenStack taskflow 相似的 workflow，保证了任务多步骤执行的正确性。ZStack 分为开源版和商业版，在开源版中去除了很多高级特性，如克隆虚拟机、更换系统、云盘和 QoS 等。

3. Kubernetes

Kubernetes 是 Google 开源的容器集群管理系统，提供应用部署、维护和扩展机制等功能，利用 Kubernetes 能方便地管理跨机器运行容器化的应用，其主要功能如下。

1）使用 Docker 对应用程序包装（package）、实例化（instantiate）和运行（run）。

2）以集群的方式运行、管理跨机器的容器。

3）解决 Docker 跨机器容器之间的通信问题。

4）Kubernetes 的自我修复机制使得容器集群总是运行在用户期望的状态。

从 2014 年第一个版本发布以来，Kubernetes 迅速获得开源社区的追捧，其社区活跃度迅速领先于另外两款知名的容器编排系统 Swarm（Docker 公司）和 Mesos（开源），包括 RedHat、VMware、Canonical 在内的很多有影响力的公司加入开发和推广的阵营。目前 Kubernetes 已经成为发展最快、市场占有率最高的容器编排引擎产品。

Kubernetes 包含一些重要的概念，它们是组成 Kubernetes 集群的基石。

（1）Cluster（集群）

Cluster 是计算、存储和网络资源的集合，Kubernetes 利用这些资源运行各种基于容器的应用。

（2）Master（主节点）

Master 是 Cluster 的大脑，它的主要职责是调度，即决定将应用放在哪里运行。Master 运行 Linux 操作系统，可以是物理机或者虚拟机。为了实现高可用，可以运行多个 Master。

（3）Node（节点）

Node 的职责是运行容器应用。Node 由 Master 管理，Node 负责监控并汇报容器的状态，同时根据 Master 的要求管理容器的生命周期。Node 运行在 Linux 操作系统上，可以是物理机或者是虚拟机。

（4）Pod（容器组）

Pod 是 Kubernetes 的最小工作单元，每个 Pod 包含一个或多个容器。Pod 中的容器会作为一个整体被 Master 调度到一个 Node 上运行。

Kubernetes 引入 Pod 主要基于下面两个目的。

1）可管理性：有些容器天生就是需要紧密联系，一起工作。Pod 提供了比容器更高层次的抽象，将它们封装到一个部署单元中。Kubernetes 以 Pod 为最小单位进行调度、扩展、共享资源和管理生命周期。

2）通信和资源共享：Pod 中的所有容器使用同一个网络 Namespace，即相同的 IP 地址和端口 Port 空间，它们可以直接用 localhost 通信。同样地，这些容器可以共享存储，当 Kubernetes 挂载 volume 到 Pod，本质上是将 volume 挂载到 Pod 中的每一个容器。

Pod 有两种使用方式。

1）运行单一容器：one-container-per-Pod 是 Kubernetes 最常见的模型，在这种情况下，只是将单个容器简单封装成 Pod。即便是只有一个容器，Kubernetes 管理的也是 Pod 而不是直接管理容器。

2）运行多个容器：一个 Pod 中的多个容器，它们之间联系必须非常紧密，而且需要直接共享资源。

（5）Controller（控制器）

Kubernetes 通常不会直接创建 Pod，而是通过 Controller 来管理 Pod 的。Controller 中定义了 Pod 的部署特性，比如有几个副本、在什么样的 Node 上运行等。为了满足不同的业务场景，Kubernetes 提供了多种 Controller，包括 Deployment、ReplicaSet、DaemonSet、StatefuleSet 和 Job 等，下面逐一讨论。

1）Deployment 是最常用的 Controller。Deployment 可以管理 Pod 的多个副本，并确保 Pod 按照期望的状态运行。

2）ReplicaSet 实现了 Pod 的多副本管理。使用 Deployment 时会自动创建 ReplicaSet，也就是说，Deployment 是通过 ReplicaSet 来管理 Pod 的多个副本的，通常不需要直接使用 ReplicaSet。

3）DaemonSet 用于每个 Node 最多只运行一个 Pod 副本的场景。正如其名称所揭示的，DaemonSet 通常用于运行 Daemon。

4）StatefuleSet 能够保证 Pod 的每个副本在整个生命周期中名称是不变的，而其他 Controller 不提供这个功能。当某个 Pod 发生故障需要删除并重新启动时，Pod 的名称会发生变化，同时 StatefuleSet 会保证副本按照固定的顺序启动、更新或者删除。

5）Job 用于运行结束就删除的应用，而其他 Controller 中的 Pod 通常是长期持续运行。

（6）Service（服务）

Deployment 可以部署多个副本，每个 Pod 都有自己的 IP，外界通过 Service 访问这些副本。Kubernetes Service 定义了外界访问一组特定 Pod 的方式，Service 有自己的 IP 和端口，Service 为 Pod 提供了负载均衡。

Kubernetes 运行容器与访问容器这两项任务分别由 Controller 和 Service 执行。

（7）Namespace（命名空间）

如果有多个用户或项目组使用同一个 Kubernetes Cluster，可以通过 Namespace 将他们创建的 Controller、Pod 等资源分开。

Namespace 可以将一个物理的 Cluster 逻辑上划分成多个虚拟 Cluster，每个 Cluster 就是一个 Namespace。不同 Namespace 里的资源是完全隔离的。Kubernetes 默认创建了两个 Namespace。

1）default：创建资源时如果不指定，将被放到这个 Namespace 中。

2）kube-system：Kubernetes 自己创建的系统资源将放到这个 Namespace 中。

Kubernetes Cluster 由 Master 和 Node 组成，节点上运行着若干 Kubernetes 服务（组件）。Master 是 Kubernetes Cluster 的大脑，运行着的 Daemon 组件包括 kube-apiserver、kube-scheduler、kube-controller-manager、etcd 和 Pod 网络（如 flannel）。

1）API Server（kube-apiserver，应用接口服务器）：API Server 提供 HTTP/HTTPS RESTful API，即 Kubernetes API。API Server 是 Kubernetes Cluster 的前端接口，各种客户端工具（CLI 或 UI）以及 Kubernetes 其他组件可以通过它管理 Cluster 的各种资源。

2）Scheduler（kube-scheduler，调度器）：Scheduler 负责决定将 Pod 放在哪个 Node 上运行。Scheduler 在调度时会充分考虑 Cluster 的拓扑结构、当前各个节点的负载，以及应用对高可用、性能、数据亲和性的需求。

3）Controller Manager（kube-controller-manager，控制器管理器）：Controller Manager 负

责管理 Cluster 各种资源，保证资源处于预期的状态。Controller Manager 由多种 Controller 组成，包括 Replication Controller、Endpoints Controller、Namespace Controller 和 Serviceaccounts Controller 等。

不同的 Controller 管理不同的资源。例如，Replication Controller 管理 Deployment、StatefulSet、DaemonSet 的生命周期，Namespace Controller 管理 Namespace 资源。

4）etcd（分布式持久化存储）：etcd 负责保存 Kubernetes Cluster 的配置信息和各种资源的状态信息。当数据发生变化时，etcd 会快速地通知 Kubernetes 相关组件。

5）Pod 网络：Pod 若要相互通信，Kubernetes Cluster 必须部署 Pod 网络，flannel 是其中一个可选方案。

以上是 Master 上运行的组件，下面讨论 Node。Node 是 Pod 运行的地方，Kubernetes 支持 Docker、rkt 等容器 Runtime（容器运行时，即容器调用接口）。Node 上运行的 Kubernetes 组件有 Kubelet、Kube-proxy 和 Pod 网络（含义同上）。

1）Kubelet：Kubelet 是 Node 的代理（Agent），当 Scheduler 确定在某个 Node 上运行 Pod 后，会将 Pod 的具体配置信息（image、volume 等）发送给该节点的 Kubelet，Kubelet 根据这些信息创建和运行容器，并向 Master 报告运行状态。

2）Kube-proxy：service 在逻辑上代表了后端的多个 Pod，外界通过 service 访问 Pod。service 接收到的请求是如何转发到 Pod 的呢？这就是 Kube-proxy 要完成的工作。

每个 Node 都会运行 Kube-proxy 服务，它负责将访问 service 的 TCP/UDP 数据流转发到后端的容器。如果有多个副本，则 Kube-proxy 会实现负载均衡。

于是，可以得到 Kubernetes 完整的架构图如图 5.8 所示。其中 Master 上也可以运行应用，即 Master 同时也是一个 Node，因此 Master 上也有 Kubelet 和 Kube-proxy。

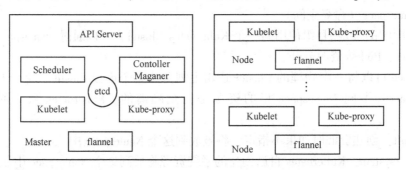

图 5.8　Kubernetes 整体架构

5.3.3　交付系统

目前云交付系统主要是商业组件，开源组件还不多见，主要有 VMware、Citrix 和 Microsoft 三家公司的组件产品。

1. VMware

VMware 的远程桌面协议 PCoIP 是交付部分的核心，此协议基于 UDP，即使在低带宽网络环境下，也会有不俗的表现。在较高速的网络中，能传递高质量的屏幕画面。VMware 公司的客户端能同时兼容微软的 RDP 协议，客户端产品是 VMware Horizon Client。Horizon View Connection 是局域网内的交付网关，Horizon View Security 是因特网的入口网关，Horizon

Client 只有通过这些网关，才能访问虚拟化平台上的桌面。

2. Citrix

Citrix（思杰）公司由远程交付 IT 资源的产品起家，后逐步发展云计算的其他产品线，如虚拟机、管理平台等。目前 Citrix 主要集中精力发展云服务交付产品，包括软件虚拟化和桌面虚拟化。

云服务交付是 Citrix 的强项，其交付产品已存在十几年，应该说相当成熟和稳定了。交付中的通信协议有 ICA 和 HDX，属于 TCP 类型。交付中的客户端软件 Receiver 是免费的，而且能在目前绝大部分流行的硬件和操作系统上安装运行，如 x86、ARM 等硬件平台，以及 Windows、Linux、Android、Chrome OS 等软件平台。远程桌面网关是 Access Gateway。

3. Microsoft

RDP 通信协议起源于思杰的 ICA，后来由微软独立发展，由此推出 RDP 7 版、RemoteFX 和 RDP 8 版，在用户体验方面每个版本都有大幅度提高，在局域网内具有不错的表现。客户端软件 mstsc. exe 一直随 Windows 操作系统自带，最近微软也发布能在 Android、Linux、macOS 上运行的客户端，但是用户体验远远不及 Windows 版。远程桌面代理（RD Connection Broker）对用户会话进行负载均衡，远程桌面网关（RD Gateway）和远程桌面 Web 网关是交付入口点，但不是必需的。

5.4　Hadoop 大数据处理平台

云计算平台开发组件中包含了大量的开源中间件，一般来说，这些中间件有机地嵌入云操作系统中，随云操作系统安装使用，但有的中间件本身也可以独立地运行，完成相应的云计算功能。这些中间件包括大数据处理组件 Hadoop、负载均衡组件 LVS（Linux Virtual Server）、高可用集群组件 Linux-HA（High Availability）、静态网站服务器组件 Apache 和动态应用服务器组件 Tomcat 等。由于 Hadoop 组件实际上也是一个大数据处理平台，包含了云计算中关键的分布式存储技术（HDFS 组件）和分布式计算技术（MapReduce 组件），因此本节对 Hadoop 进行介绍。

当一个大的任务由一台机器在规定的时间内不能完成时，人们就要采用分布式计算，即很多台机器联合起来共同完成任务。换句话说，就是把大任务拆分成许多个小任务，然后再把这些小任务分配给多台计算机去完成。参与计算的多台计算机组成一个分布式系统，需要运行一系列的分布式基础算法。Hadoop 就是一个开源分布式计算平台，用 Java 语言开发，实现了分布式计算中的基础算法（如一致算法、选举算法、故障检测、快照等），同时为用户提供了编程和命令接口，程序员调用这些函数就能轻松写出分布式应用程序。

Hadoop 主要包含 HDFS（Hadoop Distributed File System）和 MapReduce 两个核心部件，其中 HDFS 是用于存储海量数据的分布式文件系统，而 MapReduce 是处理海量数据的分布式计算模型。实际上，Hadoop 是一个能够对大量数据进行分布式处理的软件框架，并且是以一种可靠、高效、可伸缩的方式进行处理的，它具有高可靠性、高效性、高扩展性、高容错性、低成本、Linux 平台运行和支持多种编程语言等特性。

Hadoop 生态系统中除了核心的 HDFS 和 MapReduce 以外，还包括 YARN、Zookeeper、HBase、Hive、Pig、Mahout、Sqoop、Flume 和 Ambari 等功能组件，如图 5.9 所示，各组件

简略功能如图中所标注。其中标注 "ETL"，是英文 Extract-Transform-Load 的缩写，用来描述将数据从来源端经过抽取（Extract）、转换（Transform）、加载（Load）至目的端的过程。下面重点对 HDFS、HBase 和 MapReduce 三个组件进行重点介绍。

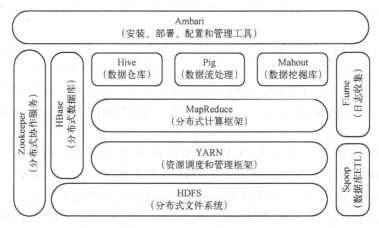

图 5.9　Hadoop 生态系统

5.4.1　分布式文件系统 HDFS

HDFS 是 Hadoop 项目的两大核心之一，是针对谷歌文件系统的开源实现。HDFS 通过网络实现文件在多台机器上的分布式存储，具有处理超大数据、流式处理、可以运行在廉价商用服务器上等优点。HDFS 在设计之初就是要运行在廉价的大型服务器集群上，因此在设计上就把硬件故障作为一种常态来考虑，可以在部分硬件发生故障的情况下仍然能够保证文件系统的整体可用性和可靠性。

分布式文件系统（Distributed File System，DFS）有别于普通文件系统（General File System，GFS）的特点主要表现在两个方面：首先表现在计算机系统结构上，GFS 只需要单个计算机节点就可以完成文件的存储和处理，单个计算机节点由处理器、内存、高速缓存和本地磁盘构成；而 DFS 则把文件分布存储到多个计算机节点上，成千上万的计算机节点构成计算机集群，通过网络实现文件在多台主机上进行分布式存储的文件系统。DFS 的设计一般采用 C/S（Client/Server）模式，客户端以特定的通信协议通过网络与服务器建立连接，提出文件访问请求，客户端和服务器可以通过设置访问权来限制请求方对底层数据存储块的访问。其次表现在文件存储结构上。GFS 一般会把磁盘空间划分为每 512B 一组，称为 "磁盘块"，它是文件系统读写操作的最小单位，文件系统的块（Block）通常是磁盘块的整数倍，即每次读写的数据量必须是磁盘块大小的整数倍。DFS 也采用了块的概念，文件被分成若干个块进行存储，块是数据读写的基本单元，只不过分布式文件系统的块要比操作系统中的块大很多。比如，HDFS 默认的一个块的大小是 64 MB。与普通文件不同的是，在 DFS 中，如果一个文件小于一个数据块的大小，则它并不占用整个数据块的存储空间。

HDFS 采用了主从（Master/Slave）结构模型，一个 HDFS 集群包括一个主节点（Master Node），也称为名称节点（Name Node），以及若干个从节点（Slave Node），也称为数据节点（Data Node），如图 5.10 所示。名称节点作为中心服务器，负责管理文件系统的命名空间及客户端对文件的访问。集群中的数据节点一般是一个节点运行一个数据节点进程，负责处理文件系统客户端的读写请求，在名称节点的统一调度下进行数据块的创建、删除和复制等操作。每个数据节点的数据实际上是保存在本地 Linux 文件系统中的。每个数据节点会周期性地向名称节点发送"心跳"信息，报告自己的状态，没有按时发送心跳信息的数据节点会被标记为"宕机"，且不会再给它分配任何 I/O 请求。

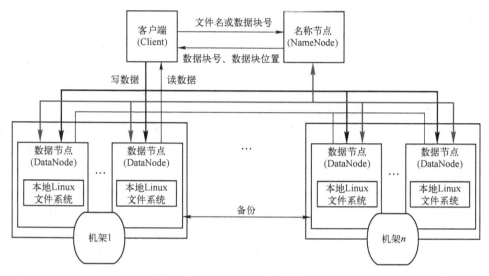

图 5.10　HDFS 体系结构

用户在使用 HDFS 时，仍然可以像在普通文件系统中那样，使用文件名去存储和访问文件。实际上，在系统内部，一个文件会被切分成若干个数据块，这些数据块被分布存储到若干个数据节点上。当客户端需要访问一个文件时，首先把文件名发送给名称节点，名称节点根据文件名找到对应的数据块（一个文件可能包括多个数据块），再根据每个数据块信息找到实际存储各个数据块的数据节点位置，并把数据节点位置发送给客户端，最后客户端直接访问这些数据节点获取数据。在整个访问过程中，名称节点并不参与数据的传输。这种设计方式，使得一个文件的数据能够在不同的数据节点上实现并发访问，大大提高了数据访问速度。

HDFS 采用 Java 语言开发，因此任何支持 Java 虚拟机（Java Virtual Machine，JVM）的机器都可以部署名称节点和数据节点。在实际部署时，通常在集群中选择一台性能较好的机器作为名称节点，其他机器作为数据节点。当然，一台机器可以运行任意多个数据节点，甚至名称节点和数据节点也可以放在一台机器上运行，不过，很少在正式部署中采用这种模式。HDFS 集群中只有唯一一个名称节点，该节点负责所有元数据的管理，这种设计大大简化了分布式文件系统的结构，可以保证数据不会脱离名称节点的控制，同时，用户数据也永远不会经过名称节点，这大大减轻了中心服务器的负担，方便了数据管理。

5.4.2　分布式数据库 HBase

HBase 是一个高可靠、高性能、面向列、可伸缩的分布式数据库，是谷歌 BigTable（分布式存储系统）的开源实现，主要用来存储非结构化和半结构化的松散数据。HBase 的目标是处理非常庞大的表，可以通过水平扩展的方式，利用廉价计算机集群处理由超过 10 亿行数据和数百万列元素组成的数据表。

HBase 与 Hadoop 生态系统中其他部分的关系如下：HBase 利用 Hadoop MapReduce 来处理 HBase 中的海量数据，实现高性能计算；利用 Zookeeper 作为协同服务，实现稳定服务和失败恢复；使用 HDFS 作为高可靠的底层存储，利用廉价集群提供海量数据存储能力。此外，为了方便在 HBase 上进行数据处理，Sqoop 为 HBase 提供了高效、便捷的 RDBMS（Relational Database Management System）数据导入功能，Pig 和 Hive 为 HBase 提供了高层语言支持。

HBase 与传统的关系数据库（如 MySQL、SQL Server 等）的区别主要体现在两个方面。

1）数据类型：关系数据库采用关系模型，具有丰富的数据类型和存储方式；HBase 则采用了更加简单的数据模型，它把数据存储为未经解释的字符串，用户可以把不同格式的结构化数据和非结构化数据都序列化成字符串保存到 HBase 中，用户需要自己编写程序把字符串解析成不同的数据类型。

2）存储模式：关系数据库是基于行模式存储的，元组或行会被连续地存储在磁盘页中。在读取数据时，需要顺序扫描每个元组，然后从中筛选出查询所需要的属性。如果每个元组只有少量属性的值对于查询是有用的，那么基于行模式存储就会浪费许多磁盘空间和内存带宽。HBase 是基于列存储的，每个列族都由几个文件保存，不同列族的文件是分离的，它的优点是可以降低 I/O 开销，支持大量并发用户查询，因为仅需要处理可以回答这些查询的列，而不需要处理与查询无关的大量数据行；同一个列族中的数据会被一起进行压缩，由于同一列族内的数据相似度较高，因此可以获得较高的数据压缩比。

HBase 是一个稀疏、多维度、排序的映射表，这张表的索引是行键、列族、列限定符和时间戳。每个值是一个未经解释的字符串，没有数据类型。用户在表中存储数据，每一行都有一个可排序的行键和任意多的列。表在水平方向由一个或者多个列族组成，一个列族中可以包含任意多个列，同一个列族里面的数据存储在一起。列族支持动态扩展，可以很轻松地添加一个列族或列，无须预先定义列的数量以及类型，所有列均以字符串形式存储，用户需要自行进行数据类型转换。由于同一张表里面的每一行数据都可以有截然不同的列，因此对于整个映射表的每行数据而言，有些列的值就是空的，所以说 HBase 是稀疏的。

在一个 HBase 中，存储了许多表。对于每个 HBase 表而言，表中的行是根据行键值的字典序进行维护的，表中包含的行的数量可能非常庞大，无法存储在一台机器上，需要分布存储到多台机器上。因此，需要根据行键的值对表中的行进行分区，每个行区间构成一个分区，被称为"Region"，它包含了位于某个值域区间内的所有数据，是负载均衡和数据分发的基本单位，这些 Region 会被分发到不同的 Region 服务器上。

HBase 的系统架构如图 5.11 所示，包括客户端、Zookeeper 服务器、Master 主服务器和 Region 服务器。需要说明的是，HBase 一般采用 HDFS 作为底层数据存储，因此图 5.11 中加入了 HDFS 和 Hadoop。

图 5.11 中，客户端包含访问 HBase 的接口，同时在缓存中维护着已经访问过的 Region 位置信息，用来加快后续数据访问过程。

在 HBase 服务器集群中，包含了一个 Master 和多个 Region 服务器，Master 就是这个

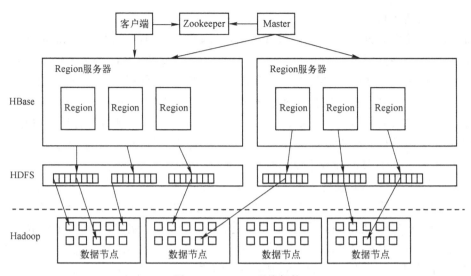

图 5.11　HBase 系统架构

HBase 集群的"总管",它必须知道 Region 服务器的状态。Zookeeper 不仅能够帮助维护当前集群中机器的服务状态,而且能够帮助选出一个"总管",让这个总管来管理集群。HBase 中可以启动多个 Master,但是 Zookeeper 可以帮助选举出一个 Master 作为集群的总管,并保证在任何时刻总有唯一一个 Master 在运行,这就避免了 Master 的"单点失效"问题。

主服务器 Master 主要负责表和 Region 的管理工作:管理用户对表的增加、删除、修改和查询等操作;实现不同 Region 服务器之间的负载均衡;在 Region 分裂或合并后,负责重新调整 Region 的分布;对发生故障失效的 Region 服务器上的 Region 进行迁移。客户端访问 HBase 上数据的过程并不需要 Master 的参与,客户端可以访问 Zookeeper 来获得 Region 的位置信息,最终到达相应的 Region 服务器进行数据读写,Master 仅仅维护着表和 Region 的元数据信息,因此负载很低。

Region 服务器是 HBase 中最核心的模块,负责维护分配给自己的 Region,并响应用户的读写请求。HBase 一般采用 HDFS 作为底层存储文件系统,因此 Region 服务器需要向 HDFS 文件系统中读写数据。采用 HDFS 作为底层存储,可以为 HBase 提供可靠稳定的数据存储,HBase 自身并不具备数据复制和维护数据副本的功能,而 HDFS 可以为 HBase 提供这些支持。

5.4.3　分布式计算模型 MapReduce

Hadoop MapReduce 是针对谷歌 MapReduce 的开源实现。MapReduce 是一种编程模型,用于大规模数据集(大于 1 TB)的分布式并行运算,它将复杂的、运行于大规模集群上的并行计算过程高度地抽象到两个函数——Map 和 Reduce 上,并且允许用户在不了解分布式系统底层细节的情况下开发并行应用程序,并将其运行于廉价计算机集群上,完成海量数据的处理。通俗地说,MapReduce 的核心思想就是"分而治之",它把输入的数据集切分为若干独立的数据块,分发给一个主节点管理下的各个分节点来共同并行完成;最后,通过整合各个节点的中间结果得到最终结果。需要注意的是,适合用 MapReduce 来处理的数据集需要满足一个前提条件,即待处理的数据集可以分解成许多小的数据集,而且每一个小数据集都可以完全并行地进行处理。

  MapReduce 模型的核心是 Map 函数和 Reduce 函数，它们都是以<key, value>作为输入，按一定的映射规则转换成另一个或一批<key, value>进行输出。Map 函数的输入来自于分布式文件系统 HDFS 的文件块，这些文件块的格式是任意的，可以是文档，也可以是二进制格式的。文件块是一系列元素的集合，这些元素也是任意类型的，同一个元素不能跨文件块存储。Map 函数将输入的元素转换成<key, value>形式的键值对，键和值的类型也是任意的，其中键不同于一般的标志属性，即键没有唯一性，不能作为输出的身份标识，即使是同一输入元素，也可通过一个 Map 任务生成具有相同键的多个<key, value>。

  Reduce 函数的任务就是将输入的一系列具有相同键的键值对以某种方式组合起来，输出处理后的键值对，输出结果会合并成一个文件。用户可以指定 Reduce 任务的个数（如 n 个），并通知实现系统，然后主控进程通常会选择一个 Hash（哈希）函数（即散列算法），Map 任务输出的每个键都会经过 Hash 函数计算，并根据哈希结果将该键值对输入给相应的 Reduce 任务来处理。对于处理键为 k 的 Reduce 任务的输入形式为$<k, <v_1, v_2, \cdots, v_n>>$，输出为$<k, V>$。

  MapReduce 的核心思想可以图 5.12 来描述，就是把一个大的数据集拆分成多个小数据块在多台机器上并行处理，也就是说，一个大的 MapReduce 作业，首先会被拆分成许多个 Map 任务在多台机器上并行执行，每个 Map 任务通常运行在数据存储的节点上，这样，计算和数据就可以放在一起运行，不需要额外的数据传输开销。当 Map 任务结束后，会生成以<key, value>形式表示的许多中间结果。然后，这些中间结果会被分发到多个 Reduce 任务在多台机器上并行执行，具有相同 key 的<key, value>会被发送到同一个 Reduce 任务那里，Reduce 任务会对中间结果进行汇总计算得到最后结果，并输出到分布式文件系统中。

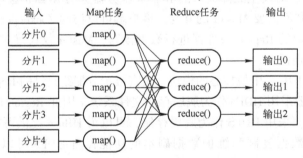

图 5.12 MapReduce 的工作流程

  需要指出的是，不同的 Map 任务之间不会进行通信，不同的 Reduce 任务之间也不会发生任何信息交换；用户不能显式地从一台机器向另一台机器发送消息，所有的数据交换都是通过 MapReduce 框架自身去实现的。在 MapReduce 的整个执行过程中，Map 任务的输入文件、Reduce 任务的处理结果都是保存在分布式文件系统中的，而 Map 任务处理得到的中间结果则保存在本地存储中（如磁盘）。另外，只有当 Map 处理全部结束后，Reduce 过程才能开始；只有 Map 需要考虑数据局部性，实现"计算向数据靠拢"，而 Reduce 则无须考虑数据局部性。

  下面是一个 MapReduce 算法的执行过程，其流程可以用图 5.13 表示。

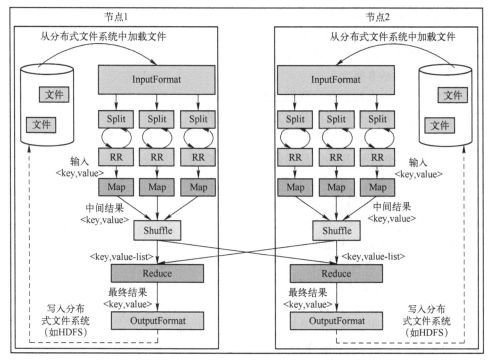

图 5.13　MapReduce 工作流程中的各个执行阶段

1）MapReduce 框架使用 InputFormat 模块做 Map 前的预处理，比如验证输入的格式是否符合输入定义；然后，将输入文件切分为逻辑上的多个 InputSplit，InputSplit 是 MapReduce 对文件进行处理和运算的输入单位，只是一个逻辑概念，每个 InputSplit 并没有对文件进行实际切割，只是记录了要处理的数据的位置和长度。

2）因为 InputSplit 是逻辑切分而非物理切分，所以还需要通过 RecordReader（RR）根据 InputSplit 中的信息来处理 InputSplit 中的具体记录，加载数据并转换为适合 Map 任务读取的键值对，输入给 Map 任务。

3）Map 任务会根据用户自定义的映射规则，输出一系列的<key, value>作为中间结果。

4）为了让 Reduce 可以并行处理 Map 的结果，需要对 Map 的输出进行一定的分区（Portition）、排序（Sort）、合并（Combine）和归并（Merge）等操作，得到<key, value-list>形式的中间结果，再交给对应的 Reduce 进行处理，这个过程称为 Shuffle（洗牌）。从无序的<key,value>到有序的<key,value-list>，这个过程用 Shuffle 来称呼是非常形象的。

5）Reduce 以一系列<key,value-list>中间结果作为输入，执行用户定义的逻辑，输出结果给 OutputFormat 模块。

6）OutputFormat 模块会验证输出目录是否已经存在以及输出结果类型是否符合配置文件中的配置类型，如果都满足，就输出 Reduce 的结果到分布式文件系统。

5.5　习题

5.1　什么是云计算？简述其定义和特点。

5.2 简述云计算的关键技术。

5.3 简述云计算的四种部署模型。

5.4 简述大数据的四个基本特征和关键技术。

5.5 简述物联网基本概念。

5.6 简述云计算、大数据和物联网之间的关系。

5.7 云计算有几种服务模式？简述其含义和架构。

5.8 什么是虚拟化？简述其类型。

5.9 虚拟化组件包括哪几种？简述各自特点和应用。

5.10 简述容器的概念，并给出容器与虚拟机的区别。

5.11 容器由哪些组件组成？简述各自的作用。

5.12 什么是云管理工具？有哪些类型？

5.13 简述 OpenStack 各个组件的功能和关系。

5.14 Kubernetes 包括哪些组件？简述各个组件的功能和关系。

5.15 云交付的概念是什么？主要有哪些产品？

5.16 简述 Hadoop 组件的功能。

5.17 简述 Hadoop 生态系统以及每个组件的具体功能。

5.18 简述分布式文件系统的含义。

5.19 简述 HDFS 与普通文件系统的区别。

5.20 简述 HDFS 的体系结构。

5.21 简述 HBase 与传统关系数据库的区别。

5.22 简述 HBase 系统体系结构。

5.23 简述 MapReduce 的计算思想。

5.24 简述 MapReduce 的工作流程。

5.25* 试自行安装一种云管理工具。

5.26* 试自行安装一种容器管理工具。

5.27* 试自行安装 Hadoop 大数据平台。

5.28* 试给出几种云计算关键技术，并进行简单描述。

5.29* 试描述边缘计算技术。

5.30* 试给出一种边缘计算软件平台，并进行简单描述。

第6章 云控制系统性能分析与控制器设计

云控制系统（Cloud Control System，CCS）综合了云计算的优势、网络控制系统的先进理论和其他近期发展的相关成果，为解决复杂系统的控制问题提供了可能，将会在工业领域和其他相关领域展现出极大的应用价值。云计算的引入使得控制系统的功能越来越强大，但结构越来越复杂，面临的问题也越来越多，这给云控制系统的研究与应用带来了新的挑战。本章根据第1章云控制系统的典型结构和不确定性分解策略，对时延这一典型不确定性进行分解，在 MapReduce 框架下建立起云控制系统的时延模型，并分别采用极点配置方法和基于李雅普诺夫稳定性定理的线性矩阵不等式方法进行控制器设计，其中云控制系统的典型特点是控制器的不确定性问题。

6.1 云控制系统不确定性分析

云控制系统在结构上表现为云计算与信息物理系统的深度融合，在性能上体现为云计算和网络控制系统的特性。云控制系统由于其计算模式的动态性、通信网络的复杂性、数据的混杂性等，往往具有不确定性。云计算引入不但使云控制系统结构更加复杂，而且不确定性分析也更加复杂。其中，时延不仅使系统的结构特性发生改变，影响系统的稳定性和控制性能，而且使系统丧失定常性、完整性、因果性和确定性，因此研究带有时延的云控制系统建模与控制方法是非常必要的。

本节首先对云控制系统中的云端时延和网络通道时延进行分析，进一步地，根据时延产生的不同位置将时延分为前向通道时延（控制器到执行器通道的时延）和反馈通道时延（传感器到控制器通道的时延）。为了简单起见，将同一通道的时延叠加，构成云控制系统的前向总时延和反馈总时延，建立云控制系统的时延模型。最后对云计算产生的其他云端不确定性进行分析。

6.1.1 云端时延分析

云端环境复杂，云控制系统数据处理、传输、调度和存储等都是在云端完成的，云端任务执行的复杂性和动态性造成了云端时延等不确定，给控制系统分析带来很大难度。一般来说，云端任务执行原理采用的是 MapReduce 架构，因此本节主要基于云端 MapReduce 任务执行架构给出云端任务执行模型，基于该执行模型进行云端时延分析。

MapReduce 任务执行架构如图 6.1 所示，图中给出的是具有五个输入端口和三个输出端口的 MapReduce 架构，实际应用中可以根据任务类型灵活选择 MapReduce 架构输入端口和输出端口数目。MapReduce 架构下对于任务处理主要包括五个阶段：输入（Input）、映射（Map）、变换（Shuffle）、规约（Reduce）和输出（Output）。任务输入（Input）到云端主节点后，主节点负责接收任务并对任务进行分割（Split），然后把分割后的任务映射（Map）

给从节点，同时监控从节点的任务执行情况。从节点执行分配的计算任务并将计算结果输出。从节点的计算结果输出后会被按照一定的规则进行变换（Shuffle），然后送到相应的 Reduce 分区进行规约（Reduce），最终将规约结果输出（Output），任务执行完成。

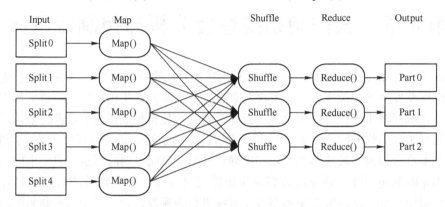

图 6.1　MapReduce 任务执行架构

因此，MapReduce 任务执行架构的主要思想就是对复杂任务进行分割后，分配给多个从节点进行计算，以提高任务的执行效率。它对于任务的执行主要包含两个阶段：Map 阶段和 Reduce 阶段，因此框架下云端的时延也是在这两个阶段产生的。为了便于时延的分析，给出云端基于 MapReduce 任务执行模型如图 6.2 所示。

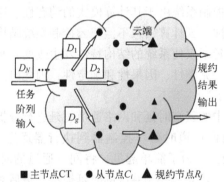

图 6.2　云端基于 MapReduce 任务执行模型

在该模型中，云端主要包含三类节点：主节点 CT、从节点 $C_i(i=1,2,\cdots,M)$ 和规约节点 $R_j(j=1,2,\cdots,K)$。具体任务执行过程如下：复杂任务以任务队列的形式进入云端主节点，主节点接收任务并将复杂任务队列分割成 N 个任务块 $D_1,D_2,\cdots,D_N$。$D_1,D_2,\cdots,D_g$ 任务块被均匀映射到 g 个从节点执行，其他任务块在主节点等待；$D_1,D_2,\cdots,D_g$ 任务块执行完毕后，$D_{g+1},\cdots,D_N$ 任务块也会被依次均匀映射到 g 个从节点执行；所有任务块执行完毕后，Map 阶段结束。从节点执行结果均匀分配到规约节点 R_j 进行规约输出，规约完毕后，Reduce 阶段结束，至此云端任务执行过程结束。

云端基于 MapReduce 任务执行模型是在认为各种资源是静态的情况下进行分析的，而实际上，每个采样时刻输入云端的任务队列是动态的，计算资源也是动态的。因此，将动态因素加入云端基于 MapReduce 任务执行模型，建立基于 MapReduce 动态任务执行模型，此时主节点的作用除了任务映射外还包括任务管理。任务队列传输到主节点后，主节点 CT 会根据任务的大小将任务队列分割为 n 个任务块，并在云端发送控制任务要求，包括完成任务所需计算资源以及相应的控制算法，云端所有从节点都可以接收这个要求，这个要求应该包括以下信息。

1）输出节点 O 的 IP 地址。

2）控制器应用的控制算法及控制算法中相应的参数。

3）与输出节点 O 相连的被控对象具体数学模型。

4）完成控制任务需要的计算负荷。

当有空闲从节点接收到要求后，对要求进行核实能够满足控制要求时，C_i 会向主节点 CT 发送状态反馈，反馈包含以下内容。

1）任务传输到从节点 C_i 的传输时延 τ_i 以及可能丢包数 P_i。

2）从节点 C_i 可用计算能力 CCA_i。

当 C_i 的反馈信息到达 CT 后，CT 会利用预先设定好的优先级评估函数 S_i 对 C_i 的优先级进行评估，具体优先级评估函数为

$$S_i = \alpha f(\tau_i) + \beta g(P_i) + \gamma h(CCA_i) \tag{6.1}$$

式中，α、β、γ 参数值分别代表传输时延、可能丢包数以及可用计算能力在优先级评估中所占的权值，参数值越大说明该参数代表的内容对优先级影响越大，实际应用中可以根据优先级需要调整参数值；$f(\tau_i)$、$g(P_i)$、$h(CCA_i)$ 为离差标准化归一化函数，这里以 $g(P_i)$ 为例进行归一化函数介绍。假设 N 个节点的可能丢包数分别为 P_1、P_2、$\cdots$、P_N，其中最大丢包数为 $P_{\max}$，最小丢包数为 $P_{\min}$，则归一化后的第 i 个节点的可能丢包数为 $P_i' = \dfrac{P_i - P_{\min}}{P_{\max} - P_{\min}}$，归一化后的 P_i' 在 $[0,1]$ 范围内取值。同样对传输时延以及可用计算能力采用同种方法进行归一化处理。总之，传输时延 τ_i 越短，可能丢包数 P_i 越小，可用计算能力 CCA_i 越高，则 C_i 优先级越高。

主节点 CT 将收到的所有愿意从节点的优先级进行排序，具体排序内容见表 6.1。排序后主节点会选择排在前 g 位的从节点分配任务并执行。

表 6.1　愿意节点列表

节　　点	IP 地址	优　先　级	排　　序
C_1	Add_1	S_1	1
C_2	Add_2	S_2	2
$\vdots$	$\vdots$	$\vdots$	$\vdots$
C_g	Add_g	S_g	g
$\vdots$	$\vdots$	$\vdots$	$\vdots$
C_N	Add_N	S_N	N

每个采样时刻，主节点 CT 都会根据当前任务队列需求，决定该时刻任务队列分割数量 n 以及所需从节点数 g，并向所有从节点发送要求。所有活动的从节点都会向 CT 发送反馈，CT 依据从节点反馈信息根据优先级进行从节点的更替。因此本节所给的基于 MapReduce 动态任务执行模型是一个动态管理过程，主节点 CT 不断寻找愿意从节点，删除并替换失效从

节点，该模型符合云端各种资源动态变化的特点。

云端资源动态变化给云端时延带来很大的不确定性。为了便于分析，在对基于 MapReduce 动态任务执行模型下信息传递时延进行分析前，先做如下假设。

1）每次任务执行中，任务队列都是均匀分割的。

2）每个从节点的计算能力是一致的。

3）任务队列均匀地分配给从节点和规约节点。

接下来进行时延分析。从图 6.2 可以看出，假设某个采样时刻任务队列进入主节点后被分割为 n 个任务块，并依次被分配到 g 个从节点。如果一个任务队列在一个从节点计算所用的时间为 T_{C}，则在 g 个从节点计算所用时间为

$$T_{\text{compute}} = \frac{T_{\mathrm{C}}}{g} \tag{6.2}$$

从节点将计算结果输送给规约节点进行任务计算结果的规约输出，假设一个任务块的规约时间为 T_{I}，一共有 r 个规约节点，则 n 个任务块的规约时间为

$$T_{\text{Reduce}} = \frac{nT_{\mathrm{I}}}{r} \tag{6.3}$$

假设任务队列的映射时间为 T_{map}，任务在云端的传输时间为 $T_{\text{cloud-transfer}}$，因此云控制系统云端部分前向时延 $\tau_{\text{cloud}}^{\text{ca}}$ 和反馈时延 $\tau_{\text{cloud}}^{\text{sc}}$ 分别为

$$\tau_{\text{cloud}}^{\text{ca}}(n,r) = T_{\text{Reduce}} \tag{6.4}$$

$$\tau_{\text{cloud}}^{\text{sc}}(g) = T_{\text{Map}} + T_{\text{compute}} + T_{\text{cloud-transfer}} \tag{6.5}$$

可以看出，云端时延为任务块数 n、从节点数 g 以及任务规约节点数 r 的函数，不同的 n、g 和 r 的取值会获得不同的云端时延。本节所给出的云端基于 MapReduce 动态任务执行模型，充分考虑了云端资源的动态变化，基于此分析的时延也是动态不确定的，符合云端的特征。

6.1.2　网络端时延分析

在一般网络传输过程中，信息从源节点发送至目的节点主要经过三个部分：源节点、网络传输和目的节点，具体时延组成如图 6.3 所示。

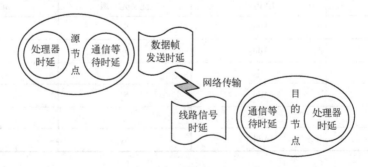

图 6.3　一般网络传输时延组成

定义源节点内的处理器时延为 T_{sp}，源节点内通信等待时延为 T_{sw}，网络传输时延为 $T_{\text{net-transfer}}$，目的节点内通信等待时延为 T_{dw}，目的节点内处理器时延为 T_{dp}。

如图 6.4 所示，在云控制系统中，采集的数据信息和控制信号是通过网络实现传输的。但是与一般网络控制系统的信息传输不同，云控制系统中反馈通道的目的节点和前向通道的源节点在云端，相应的处理器时延以及通信等待时延应该考虑放在云端时延中分析。这里基于现有的一般网络传输时延组成，给出云控制系统网络端的时延组成。

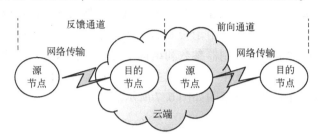

图 6.4　云控制系统信息传输过程

云控制系统中控制器存在云端，因此反馈通道中的目的节点在云端，所以分析网络端时延特性时只需考虑源节点内处理器时延、通信等待时延和网络传输时延。网络端的反馈通道时延组成如图 6.5 所示。

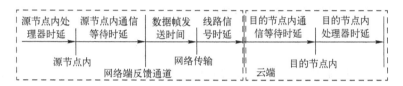

图 6.5　网络端反馈通道时延组成

控制信号从云端发出，因此前向通道的源节点在云端，所以分析网络端时延特性时只需考虑网络传输时延和目的节点内处理器时延和通信等待时延。网络端的前向通道时延组成如图 6.6 所示。

图 6.6　网络端前向通道时延组成

因此，云控制系统中网络端前向时延 $\tau_{\text{net}}^{\text{ca}}$ 和反馈时延 $\tau_{\text{net}}^{\text{sc}}$ 分别为

$$\tau_{\text{net}}^{\text{ca}} = T_{\text{net-transfer}} + T_{\text{dp}} + T_{\text{dw}} \tag{6.6}$$

$$\tau_{\text{net}}^{\text{sc}} = T_{\text{sp}} + T_{\text{sw}} + T_{\text{net-transfer}} \tag{6.7}$$

6.1.3　云控制系统时延模型

云控制系统的不确定性是云端不确定性和网络控制系统不确定性的组合，因此云控制系统时延特性可以分成网络端时延和云端时延分别考虑。对于一个控制系统而言，根据控制器的位置可以将云端时延和网络端时延细分为两部分：前向通道时延（也称前向时延）和反

馈通道时延（也称反馈时延）。前向时延的存在使得被控对象不能实时地接收控制器发出的控制信息，而反馈时延的存在使得系统状态不能得到及时的反馈，两个时延对于系统的影响是不一样的。网络控制系统中为了研究问题方便，通常将前向通道时延和反馈通道时延合并，成为一个总的时延，置于前向通道当中。但是这种合并是有前提的，即控制器的结构和参数不随时间改变。事实上，传统工业控制系统和网络控制系统中往往设定控制器后就不再改变控制器结构，但是在云端控制器由于资源的动态调配，除了人为地调整控制器参数和结构，云端的不确定性也常常造成控制器参数和结构动态调整，以更好地适应被控对象的实时变化。因此这种假设在云控制系统中不一定成立，云控制系统前向通道时延和反馈通道时延要分开考虑。云控制系统的时延分解图如图 6.7 所示。

图 6.7　云控制系统时延分解图

基于上述分析，为简单起见这里采用叠加策略，认为云端时延和网络端时延是相互独立的，因此云控制系统前向时延 τ^{ca} 和反馈时延 τ^{sc} 分别为

$$\tau^{ca} = \tau^{ca}_{net} + \tau^{ca}_{cloud} \tag{6.8}$$

$$\tau^{sc} = \tau^{sc}_{net} + \tau^{sc}_{cloud} \tag{6.9}$$

基于以上分析，得到具有前向通道时延和反馈通道时延，综合考虑网络特性和云特性的云控制系统时延模型结构，如图 6.8 所示。

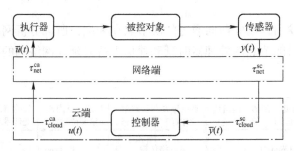

图 6.8　云控制系统时延模型结构

按照系统时延的特性，可以将系统时延分为两类。

1）确定性时延：对于结构比较简单、时延构成比较单一的系统，可以认为系统的时延是确定的。可以用确定性理论进行系统建模，将系统建模为一个确定性系统。

2）随机时延：对于结构复杂、时延构成影响因素比较多的系统，不同时刻时延变化比较大，不能认为系统时延是确定的。只能用不确定性理论进行系统建模，将系统建模为不确定性系统。

在云控制系统中，由于云端信息处理具有不确定性，再加上网络负载、外界扰动以及信息数据大小等不确定性因素的影响，云控制系统的时延会表现出随机的特性，因此云控制系统更应该建模为一种具有随机时延的云控制系统。

目前针对随机时延的处理主要有三种情况：一种是对随机时延进行确定化，用确定性的理论进行建模研究，通过设置接收缓冲区将随机时延转化为确定时延，并且缓冲区长度应该大于最大的时间延迟。另一种是应用马尔可夫（Markov）相关定理进行分析，将随机时延视为概率分布已知的随机变量，将云控制系统建模为随机系统，用随机理论对其进行分析。但是应用 Markov 理论进行分析的前提是概率已知的，而实际云控制系统中随机时延的概率分布很难获得。第三种情况是对于包含随机时延的云控制系统使用区间矩阵分析的方法，认为随机时延为系统的不确定性部分，采用不确定建模方法将系统建模为不确定的系统。区间矩阵分析通过区间化分析充分考虑了系统的不确定性，更符合系统特性，在实际建模分析中得到了广泛的应用。

6.1.4　云端的丢包和数据攻击

在云控制系统中，由于动态资源调度，云计算除了时延外，还存在丢包、数据攻击等其他不确定性，这些不确定性的综合作用将使云控制器也存在不确定性，这将降低云控制器的控制性能，甚至导致云控制系统的不稳定。接下来，对云端的丢包和数据攻击等不确定性进行简单分析。

虽然云的可靠性总体上要比网络的可靠性大得多，但在接收和传输数据包的过程中，不可避免地会出现网络阻塞、连接中断和信道干扰，导致数据包丢失。节点间的通信信息不仅包括相关计算所需的数据信息，还包括控制器参数、结构和控制变量等信息。因此，云上的丢包不仅会导致相关采样数据的丢失，还会导致控制器的相关信息丢失，从而导致控制器自身的不确定性，这与网络上的丢包不同。

此外，外部攻击或干扰也可能使云端数据泄漏或被人为地篡改，从而改变放于云中的各种控制器算法参数和结构，降低其控制效果而不被云端监控系统识别。一般情况下，可以认为外界因素干扰造成模型参数具有不确定性，因此同样可以采用区间数来表示它们的有界随机变化。这就要求云端控制器具有一定的非脆弱性，使得控制器受到干扰时仍能保持系统稳定。

6.2　极点配置云控制器设计

时延云特性的加入降低了系统的控制性能，甚至造成系统不稳定。本节针对确定的连续被控对象，将时延纳入控制器设计以补偿时延带来的影响，采用状态空间模型的极点配置方法来进行设计，其控制器设计包含两部分：观测器和控制律。观测器主要根据系统输出进行状态重构，然后基于重构的状态进行状态反馈控制律设计。分离性原理说明观测器和控制律可以独立设计，综合应用，并能保证系统的稳定性和控制系统的指标基本不变。

6.2.1　极点配置设计原理

系统的动态行为主要由闭环系统的极点决定的。极点配置设计方法的基本原理是，按照控制系统性能指标要求和被控对象的某些特征，先确定控制系统的期望闭环极点，再设计出控制器，使得控制系统的闭环极点与期望的闭环极点相同。这种设计方法易于掌握和理解；同时在设计过程中，容易按照控制要求引入各种限制，而且主要是通过代数运算求解进行的，一旦正确确定了期望的闭环极点，其他控制参数的求解基本上不需要试凑，因此它成为计算机控制系统的一类常用的设计方法。它既可以基于状态空间模型进行设计，也可以基于传递函数模型进行设计。

基于状态空间模型进行控制器的设计，可以采用状态反馈和输出反馈两种形式，其含义是分别将观测到的状态量或输出量取作反馈量以构成反馈控制律，构成闭环控制，以达到期望的闭环系统的性能指标。由于系统的状态量比系统的输出变量能够更好地反映系统的动态和静态特性，因此采用状态反馈与采用输出反馈相比较，闭环系统能够达到更好的性能。实际上，从状态空间模型的输出方程可以看出，输出变量空间可以看作状态变量空间的子空间，因此输出反馈称为部分状态反馈。一般来说，在被控对象完全能控能观的条件下，状态反馈可以实现任意极点配置；而输出反馈对于能控能观的系统，则不能进行任意的极点配置。

系统的能控性和能观性是基于状态空间模型设计方法的两个重要概念。状态反馈控制的思想是通过状态行为来实现控制目标的，但是这样的反馈控制策略有一个前提，即系统状态的行为应能受控制作用的任意控制，否则不能达到设计目标。然而，一个系统的行为是否受控制作用的任意控制就涉及系统的能控性问题。状态反馈的另一个问题是，由于系统的状态不能全部测量，反馈的状态变量需要用可直接测量的输出量进行估算，那么系统的状态量是否可以由输出量来完全确定就涉及系统的能观性问题。

系统能控性，可以理解为系统控制作用对系统行为控制影响的可能性；而系统的能观性，则是指系统输出量能否完全确定系统状态的可能性。系统的能控性和能观性是系统的一种内在属性，分别反映系统控制作用和系统状态以及系统输出量之间的特征关系，它们都是由系统本身的结构和参数决定的。对于单输入单输出的线性定常系统，其连续状态空间模型为

$$\begin{cases} \dot{\boldsymbol{x}}(t) = \boldsymbol{A}\boldsymbol{x}(t) + \boldsymbol{B}\boldsymbol{u}(t) \\ \boldsymbol{y}(t) = \boldsymbol{C}\boldsymbol{x}(t) \end{cases} \tag{6.10}$$

该系统能控的充要条件是下述能控性矩阵满秩：

$$\text{rank} \begin{bmatrix} \boldsymbol{B} & \boldsymbol{AB} & \cdots & \boldsymbol{A}^{n-1}\boldsymbol{B} \end{bmatrix} = n \tag{6.11}$$

能观的充要条件是下述能观性矩阵满秩：

$$\text{rank} \begin{pmatrix} \boldsymbol{C} \\ \boldsymbol{CA} \\ \cdots \\ \boldsymbol{CA}^{n-1} \end{pmatrix} = n \tag{6.12}$$

状态反馈不改变系统的能控性，但可能改变系统的能观性；而输出反馈既不改变系统的能控性，也不改变系统的能观性。

用脉冲传递函数描述的单输入单输出系统，完全能控和能观的充要条件是脉冲传递函数的分子和分母没有公因子，即没有零极点对消。如果系统的脉冲传递函数模型的分子和分母有公因子，则系统必定是不能控或不能观或既不能控也不能观的。因此，传递函数只是描述系统中的既能控又能观的状态分量所构成的子系统特性，而那些不能控和不能观的状态分量的特性则不能在传递函数中体现，即传递函数不能表征动态系统的全部信息，这就是传递函数模型不如状态空间模型描述系统全面深刻的原因。

6.2.2　控制器设计与求解

假设包含传感器和执行器的连续广义被控对象的状态空间模型如式（6.10）所示，重写如下：

$$\begin{cases} \dot{\boldsymbol{x}}(t) = \boldsymbol{A}\boldsymbol{x}(t) + \boldsymbol{B}\boldsymbol{u}(t) \\ \boldsymbol{y}(t) = \boldsymbol{C}\boldsymbol{x}(t) \end{cases} \tag{6.13}$$

式中，$\boldsymbol{x}(t) \in \mathbf{R}^n$，$\boldsymbol{u}(t) \in \mathbf{R}^m$，$\boldsymbol{y}(t) \in \mathbf{R}^r$ 分别为被控对象的状态、输入和输出向量；$\boldsymbol{A} \in \mathbf{R}^{n \times n}$，$\boldsymbol{B} \in \mathbf{R}^{n \times m}$，$\boldsymbol{C} \in \mathbf{R}^{r \times n}$ 为系统矩阵。

当系统的状态变量不可测时，系统的状态反馈控制器将包括控制律和观测器两部分，在云控制系统中，控制器将置于云端，如图 6.9 所示。这里将云控制系统的时延不确定性纳入控制器的设计中，而对于广义被控对象来说，模型保持式（6.13）不变，通过设计合适的控制器来补偿时延不确定性对系统性能造成的影响，这是从被控对象的角度来审视控制器的。如果从控制器的角度来审视被控对象，则可以将云控制系统的不确定性纳入被控对象模型中，对式（6.13）的模型进行修正，此时的广义被控对象是带有时延的不确定系统，然后针对修正后的不确定模型设计状态反馈控制器。

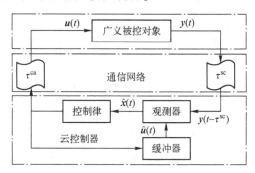

图 6.9　带有连续控制器的云控制系统结构

在云控制系统中，传感器的测量输出由于反馈通道时延的影响，在 t 时刻输入云端的信号为 $\boldsymbol{y}(t-\tau^{\mathrm{sc}})$。系统反馈通道时延是从传感器测量输出到云端接收之间的时延，其时延组成如 6.1 节所述，可以通过添加时间戳等方法测得，所以是已知的。而在前向通道中由于该过程尚未发生，故时延难以测得，此时为了使得观测器输入 $\hat{\boldsymbol{u}}(t)$ 与被控对象输入 $\boldsymbol{u}(t)$ 保持同步，引入一个长度为 τ^{ca} 的缓冲器（实际应用中缓冲器长度可取为 τ^{ca} 的最大值 $\tau^{\mathrm{ca}}_{\max}$，即前向通道时延的最大值）。利用 $\boldsymbol{y}(t-\tau^{\mathrm{sc}})$ 和 $\hat{\boldsymbol{u}}(t)$ 构造观测器如下：

$$\dot{\hat{\boldsymbol{x}}}(t) = \boldsymbol{A}\hat{\boldsymbol{x}}(t) + \boldsymbol{B}\hat{\boldsymbol{u}}(t) + \boldsymbol{K}\left[\boldsymbol{y}(t-\tau^{\mathrm{sc}}) - \boldsymbol{C}\hat{\boldsymbol{x}}(t-\tau^{\mathrm{sc}})\right] \tag{6.14}$$

式中，$\hat{\boldsymbol{x}}(t)$ 为观测器重构状态向量；$\hat{\boldsymbol{u}}(t)$ 为观测器输入向量；$\boldsymbol{K} = (k_1 \quad k_2 \quad \cdots \quad k_n)^{\mathrm{T}}$ 为观测器增益矩阵，对于单输出系统，$\boldsymbol{K}$ 为 $n \times 1$ 矩阵，对于多输出系统，$\boldsymbol{K}$ 为 $n \times r$ 矩阵。

观测器进行状态重构后会将其输入控制律，计算出的控制量通过网络到达执行器。由于前向通道时延的影响，t 时刻到达被控对象的控制量是基于 $t-\tau^{\mathrm{ca}}$ 时刻的重构状态获得的，因此控制律设计为

$$\boldsymbol{u}(t) = \hat{\boldsymbol{u}}(t) = -\boldsymbol{L}\hat{\boldsymbol{x}}(t-\tau^{\mathrm{ca}}) \tag{6.15}$$

式中，$\boldsymbol{L} = (l_1 \quad l_2 \quad \cdots \quad l_n)$ 为控制律增益矩阵，对于单输入系统，$\boldsymbol{L}$ 为 $1 \times n$ 矩阵，对于多输

入系统，L 为 $m \times n$ 矩阵。由式（6.14）和式（6.15）组成的控制器模型可以看出，在云控制系统中前向时延和反馈时延对控制器的影响效果不同，因此本节分开考虑了前向时延和反馈时延，使其更加符合云控制系统的实际特性。

定义误差向量 $e(t) = x(t) - \hat{x}(t)$，将式（6.15）代入状态空间表达式，则有

$$\dot{x}(t) = Ax(t) - BLx(t-\tau^{\mathrm{ca}}) + BLe(t-\tau^{\mathrm{ca}}) \tag{6.16}$$

$$\dot{e}(t) = Ax(t) - BL\hat{x}(t-\tau^{\mathrm{ca}}) - A\hat{x}(t) - B\hat{u}(t) - K[y(t-\tau^{\mathrm{sc}}) - C\hat{x}(t-\tau^{\mathrm{sc}})] \tag{6.17}$$

又 $y(t-\tau^{\mathrm{sc}}) = Cx(t-\tau^{\mathrm{sc}})$，$\hat{u}(t) = -L\hat{x}(t-\tau^{\mathrm{ca}})$，代入式（6.17）可得

$$\dot{e}(t) = Ae(t) - KCe(t-\tau^{\mathrm{sc}}) \tag{6.18}$$

由式（6.16）和式（6.18）可得带有观测器和控制律的闭环系统方程式为

$$\begin{pmatrix} \dot{x}(t) \\ \dot{e}(t) \end{pmatrix} = \begin{pmatrix} A & 0 \\ 0 & A \end{pmatrix}\begin{pmatrix} x(t) \\ e(t) \end{pmatrix} + \begin{pmatrix} B \\ 0 \end{pmatrix}(-L \quad L)\begin{pmatrix} x(t-\tau^{\mathrm{ca}}) \\ e(t-\tau^{\mathrm{ca}}) \end{pmatrix} + \begin{pmatrix} 0 \\ K \end{pmatrix}(0 \quad -C)\begin{pmatrix} x(t-\tau^{\mathrm{sc}}) \\ e(t-\tau^{\mathrm{sc}}) \end{pmatrix} \tag{6.19}$$

令 $\bar{A} = \begin{pmatrix} A & 0 \\ 0 & A \end{pmatrix}$，$A_{\mathrm{d1}} = \begin{pmatrix} B \\ 0 \end{pmatrix}(-L \quad L)$，$A_{\mathrm{d2}} = \begin{pmatrix} 0 \\ K \end{pmatrix}(0 \quad -C)$，并且定义增广矩阵 $z(t) = (x^{\mathrm{T}}(t) \quad e^{\mathrm{T}}(t))^{\mathrm{T}}$，则带有观测器和控制律的闭环系统表达式为

$$\dot{z}(t) = \bar{A}z(t) + A_{\mathrm{d1}}z(t-\tau^{\mathrm{ca}}) + A_{\mathrm{d2}}z(t-\tau^{\mathrm{sc}}) \tag{6.20}$$

式中，$\bar{A}$，A_{d1}，$A_{\mathrm{d2}} \in \mathbf{R}^{2n \times 2n}$。

系统（6.20）为一个具有多时变时滞的非线性系统。假设时延 τ^{ca} 和 τ^{sc} 的上界已知，即 $\tau^{\mathrm{ca}}_{\max}$ 和 $\tau^{\mathrm{sc}}_{\max}$ 已知，对其进行拉普拉斯变换可得

$$sIZ(s) = \bar{A}Z(s) + A_{\mathrm{d1}}e^{-\tau^{\mathrm{ca}}_{\max}s}Z(s) + A_{\mathrm{d2}}e^{-\tau^{\mathrm{sc}}_{\max}s}Z(s) \tag{6.21}$$

式中，I 为 $2n \times 2n$ 的单位矩阵，对式（6.21）中的 $e^{-\tau^{\mathrm{ca}}_{\max}s}$ 和 $e^{-\tau^{\mathrm{sc}}_{\max}s}$ 进行泰勒级数展开，考虑到 $\tau^{\mathrm{ca}}_{\max}$、$\tau^{\mathrm{sc}}_{\max}$ 较小，只取级数的前两项并代入式（6.21），可得系统（6.20）的闭环特征方程为

$$P(s) = \det(sI - \bar{A} - A_{\mathrm{d1}}(1-\tau^{\mathrm{ca}}_{\max}s) - A_{\mathrm{d2}}(1-\tau^{\mathrm{sc}}_{\max}s)) \tag{6.22}$$

将 $\bar{A}$、A_{d1}、A_{d2} 代入式（6.22）可得

$$P(s) = \begin{vmatrix} sI - A + BL(1-\tau^{\mathrm{ca}}_{\max}s) & -BL \\ 0 & sI - A + KC(1-\tau^{\mathrm{sc}}_{\max}s) \end{vmatrix} \tag{6.23}$$

$$= |sI - A + BL(1-\tau^{\mathrm{ca}}_{\max}s)| \, |sI - A + KC(1-\tau^{\mathrm{sc}}_{\max}s)|$$

由于闭环极点是根据系统的性能要求给定的，因此要求闭环系统的性能应主要取决于控制极点，也即控制极点应是整个闭环系统的主导极点。观测器极点的引入通常使闭环系统的性能变差。为了减少观测器极点的影响，观测器极点所决定的状态重构的跟随速度应远大于控制极点所决定的系统响应速度，极限条件下可将观测器极点均放置在负无穷远处，这时状态重构具有最快的跟随速度。

假设从系统控制要求出发获得系统的 n 个期望控制极点 $\lambda_1^*, \lambda_2^*, \cdots, \lambda_n^*$，$n$ 个期望观测器极点 $\lambda_{n+1}^*, \lambda_{n+2}^*, \cdots, \lambda_{2n}^*$，根据求得的 $2n$ 个期望极点可以获得期望的闭环特征方程

$$(s-\lambda_1^*)(s-\lambda_2^*)\cdots(s-\lambda_{2n}^*) = (s^{2n} + a_1^* s^{2n-1} + \cdots + a_{2n-1}^* s + a_{2n}^*) \tag{6.24}$$

式中，$a_i^* (i=1,2,\cdots,2n)$ 为期望闭环特征多项式的系数。

将式（6.23）展开可得

$$P(s) = s^{2n} + f_1(K,L)s^{2n-1} + \cdots + f_{2n-1}(K,L)s + f_{2n}(K,L) \tag{6.25}$$

式中，$f_i(\cdot)(i=1,2,\cdots,2n)$ 取为向量 K 和 L 的线性函数时，其表达式为

$$f_i(K,L)=f_{i,1}k_1+f_{i,2}k_2+\cdots+f_{i,n}k_n+f_{i,n+1}l_1+f_{i,n+2}l_2+\cdots+f_{i,2n}l_n \tag{6.26}$$

根据式（6.24）和式（6.25）的同次幂系数相等可得

$$\begin{cases} f_1(K,L)=a_1^* \\ \qquad\vdots \\ f_{2n-1}(K,L)=a_{2n-1}^* \\ f_{2n}(K,L)=a_{2n}^* \end{cases} \tag{6.27}$$

求解上述方程组，可以最终获得系统状态观测器增益 K 和控制律增益 L。

式（6.27）存在唯一解是需要满足一定条件的。进一步将式（6.27）整理可得

$$F_{2n\times2n}X_{2n\times1}=Q_{2n\times1} \tag{6.28}$$

式中，$F_{2n\times2n}=\begin{pmatrix} f_{1,1} & f_{1,2} & \cdots & f_{1,2n} \\ f_{2,1} & f_{2,2} & \cdots & f_{2,2n} \\ \vdots & \vdots & & \vdots \\ f_{2n,1} & f_{2n,2} & \cdots & f_{2n,2n} \end{pmatrix}$；$X_{2n\times1}=(k_1 \ \cdots \ k_n,l_1 \ \cdots \ l_n)^T$；$Q_{2n\times1}=(a_1^* \ a_2^*$

$\cdots \ a_{2n}^*)^T$。

由线性代数相关知识可知，式（6.27）有唯一解的充分必要条件是 $2n$ 个线性方程线性独立，即 $F_{2n\times2n}$ 行满秩：$\mathrm{rank}(F_{2n\times2n})=2n$。

6.2.3　典型环节仿真

为了检验本节设计的云控制器性能，下面通过典型环节的仿真实验进行验证。假设广义被控对象的状态空间表达式为

$$\begin{cases} \dot{x}(t)=Ax(t)+Bu(t) \\ y(t)=Cx(t) \end{cases}$$

其中，$A=\begin{pmatrix} -5 & 0 & 0 \\ 10 & -10 & 0 \\ 0 & 1 & 0 \end{pmatrix}$，$B=\begin{pmatrix} 5 \\ 0 \\ 0 \end{pmatrix}$，$C=(0 \ \ 0 \ \ 1)$。

实际云控制系统中时延是动态变化的，本仿真过程中假设随机时延服从高斯分布 $\tau \sim N(\mu,\sigma^2)$，高斯曲线下 $P\{|\tau-\mu|<3\sigma\}=0.9974$，因此可以认为随机时延 τ 主要在 $(\mu-3\sigma, \mu+3\sigma)$ 范围内取值，$\mu+3\sigma$ 为时延取值区间的最大值，并且 $\mu-3\sigma=0$，即 $(\mu-3\sigma,\mu+3\sigma)$ 等价于 $(0,\tau_{max})$。

首先对控制系统按照极点配置方法设计常规的状态反馈控制器，此时设计过程中不考虑时延，然后在常规控制器作用下将云特性加入控制系统，验证时延加入后对常规控制器控制效果的影响。先分别设置云特性前向和反馈通道最大时延为 10 ms，使两个时延均在 $(0,10\,ms)$ 内呈高斯分布变化；再分别将云特性前向和反馈通道最大时延增大到 20 ms，使两个时延均在 $(0,20\,ms)$ 内呈高斯分布变化。

根据时域指标（调节时间和超调量），选定一对主导极点，将其他 4 个辅助极点选定在远离主导极点的位置。取调节时间为 0.6 s，超调量为 5%，从而可以确定一对主导极点 $s_{1,2}=-5\pm7.5j$，其他四个极点值为 $s_3=-30$，$s_4=-32$，$s_5=-34$，$s_6=-36$，由此求得系统期望

的闭环特征方程。设常规控制系统观测器和控制律增益矩阵为 $\boldsymbol{K} = (k_1 \quad k_2 \quad k_3)^T$，$\boldsymbol{L} = (l_1 \quad l_2 \quad l_3)$，根据式（6.13）利用常规状态观测器和控制律设计方法，可以求得系统包含控制器的实际的闭环特征方程，根据对应项系数相等可以求得常规观测器增益矩阵以及控制律增益矩阵分别为 $\boldsymbol{K} = (128 \quad 1826 \quad 87)^T$，$\boldsymbol{L} = (5.8 \quad 4.5 \quad 56)$。将求得的观测器以及控制律分别代入常规控制系统、短时延云控制系统以及长时延云控制系统。对比常规控制器作用下不同云特性时延的加入对于控制效果的影响，具体仿真效果如图 6.10 所示。

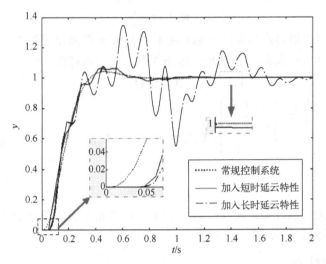

图 6.10　云特性影响控制效果对比

对图 6.10 初始时刻以及稳态时刻的曲线进行了放大。从图中可以看出，无论是短时延云特性还是长时延云特性，它们的加入延缓了系统的响应，系统的响应速度明显变慢，响应曲线也不再平滑。另外，短时延云特性的加入使得系统的稳态误差增大，长时延云特性的加入使得系统响应难以达到稳态。仿真结果说明云特性的加入对于系统控制效果的影响是比较大的，有必要基于云特性进行控制器的设计。

分别考虑短时延和长时延云特性对云控制器进行设计。短时延云控制器设计中，$\tau_{\max}^{ca} = \tau_{\max}^{sc} = 10\,\mathrm{ms}$；长时延云控制器设计中，$\tau_{\max}^{ca} = \tau_{\max}^{sc} = 20\,\mathrm{ms}$。设短时延云控制系统观测器增益矩阵以及控制律增益矩阵分别为 $\boldsymbol{K}' = (k_1' \quad k_2' \quad k_3')^T$，$\boldsymbol{L}' = (l_1' \quad l_2' \quad l_3')$；设长时延云控制系统观测器增益矩阵以及控制律增益矩阵分别为 $\boldsymbol{K}'' = (k_1'' \quad k_2'' \quad k_3'')^T$，$\boldsymbol{L}'' = (l_1'' \quad l_2'' \quad l_3'')$。按照与常规控制器相同的时域指标对短时延云控制系统和长时延云控制系统进行极点配置。此闭环系统为 6 阶系统，极点配置方法如下。

闭环系统的期望特征方程为式（6.24），将与常规控制系统相同的期望的闭环特征方程系数代入等式（6.24）右侧，闭环系统的实际特征方程为式（6.25），将 $\boldsymbol{K}'$、$\boldsymbol{L}'$ 以及相应的系统和时延参数、$\boldsymbol{K}''$、$\boldsymbol{L}''$ 以及相应的系统和时延参数分别代入等式（6.25）右侧，求解等式（6.27）可得 $\boldsymbol{K}' = (3712 \quad 4038 \quad 177)^T$，$\boldsymbol{L}' = (9.8 \quad 5.3 \quad 100)$；$\boldsymbol{K}'' = (4213 \quad 38 \quad 139)^T$，$\boldsymbol{L}'' = (6.3 \quad 85 \quad 10)$。

将引入短时延设计的云控制器代入短时延云控制系统中，检验设计的云控制器对于短时延云控制系统的控制效果，如图 6.11 所示的实线响应曲线。为便于对比，将图 6.10 中常规控制器在短时延云控制系统中的系统响应曲线重画于图 6.11 中，用虚线表示。

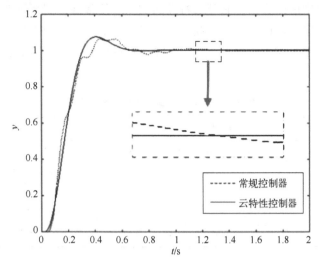

图 6.11　短时延云控制系统控制效果对比

从图 6.11 中可以看出，基于短时延云特性设计的控制器能够有效补偿短时延云特性的引入对于控制系统的影响，与常规控制器相比，云控制器的响应曲线更加平滑，并且从局部放大图可以看出，对于频繁的云特性随机时延变化，云控制器响应曲线趋于稳定，说明它能够及时补偿时延的动态变化。

将引入长时延设计的云控制器代入长时延云控制系统中，检验设计的云控制器对于长时延云控制系统的控制效果，如图 6.12 所示的虚线响应曲线。为便于对比，将图 6.10 中常规控制器在长时延云控制系统中的系统响应曲线重画于图 6.12 中，用实线表示。

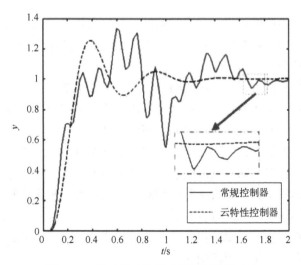

图 6.12　长时延云控制系统控制效果对比

从图 6.12 可以看出，基于长时延云特性设计的控制器使得原本发散的系统趋于稳定，并且有效地减小了系统的振荡程度。短时延云特性和长时延云特性对比仿真实验说明了本节提出的云控制器设计方法能够有效补偿长、短时延云特性的加入对于控制系统的影响。

表 6.2 给出了基于极点配置设计方法设计的常规控制器和时延特性云控制器作用的控制系统性能指标。从表中可以看出，时延云特性的加入会使常规控制系统性能指标变差，甚至会造成控制系统不稳定。在设计状态反馈控制器时考虑加入时延的影响，从而设计出的云控制器能够有效地补偿由于时延云特性的加入对控制效果的影响，使云控制系统的实现成为可能。

表 6.2 连续云控制系统性能对比表

云控制系统	控 制 器	上升时间 t_r/s	调节时间 t_s/s	超调量 σ(%)
无时延云控制系统	常规控制器	0.28	0.60	5
短时延云控制系统	常规控制器	0.28	0.90	7
长时延云控制系统	常规控制器	0.28	∞	∞
短时延云控制系统	云控制器	0.27	0.60	8
长时延云控制系统	云控制器	0.28	1.20	25

6.3 基于李雅普诺夫稳定性的云控制器设计

在实际云控制系统中，云端控制器是离散的，本节从控制器角度出发，将时延纳入被控对象，修正广义被控对象模型并离散化，然后在离散域基于李雅普诺夫稳定性定理设计状态反馈控制器，它主要由观测器和控制律两部分组成，其中观测器增益和控制律增益通过线性矩阵不等式（LMI）方法来求解。

6.3.1 李雅普诺夫稳定性原理

利用状态空间模型描述的线性定常离散系统，其稳定性可以通过状态空间方程求出系统的特征方程，进而利用传递函数模型的稳定性判据来判定。这里介绍另一种基于状态空间模型的李雅普诺夫稳定性分析方法。

李雅普诺夫稳定性分析方法是 1892 年俄国学者李雅普诺夫（Lyapunov）提出的确定系统稳定性的一般性理论，采用状态空间描述，不仅适用于单变量、线性、定常系统，而且适用于多变量、非线性、时变系统。李雅普诺夫理论在建立一系列关于稳定性概念的基础上，提出了两种判定系统稳定的方法：一种方法是利用线性系统微分方程或差分方程的解来判断系统稳定性，称为李雅普诺夫第一法或间接法；另一种方法是首先利用经验和技巧来构造李雅普诺夫函数，进而利用李雅普诺夫函数来判断系统稳定性，称为李雅普诺夫第二法或直接法。由于间接法需要解线性系统微分方程或差分方程的解，而求解过程并非易事，因此限制了间接法的应用。而直接法不需要求出系统微分方程或差分方程的解，给判断系统的稳定性带来极大的方便，因而得到了广泛的应用。

李雅普诺夫稳定性判据是基于这样的事实，即一个系统若有一个渐近稳定的平衡状态，则系统在平衡状态附近做自由运动过程中，系统储存的能量必将随时间变化而衰减，直至系统恢复平衡状态时达到最小值。由此出发，李雅普诺夫稳定性判据引用一个与系统状态有关的正定标量函数 $V(x,t)$ 来表征系统的广义能量，进而通过判别随着系统状态运动时的函数

$V(x,t)$ 对时间变化率即 $\dot{V}(x,t)$ 的定号性来确定系统稳定与否。若 $\dot{V}(x,t) \leqslant 0$，则系统稳定，而且称函数 $V(x,t)$ 为李雅普诺夫函数或广义能量函数，简称李函数。本节不对李雅普诺夫稳定性理论作详细介绍，仅介绍有关离散系统的李雅普诺夫稳定性判据的内容。

对于一般的离散系统，李雅普诺夫稳定性判据如下。

定理 6.1　对于离散系统

$$x(k+1) = f(x(k)) \tag{6.29}$$

其中，$x(k)$、$f(x(k))$ 为 n 维向量，且 $f(0)=0$。假设存在一个在 $x(k)$ 处连续的标量函数 $V(x(k))$，使得

1) $V(x(k)) > 0 (x(k) \neq 0)$。

2) $\Delta V(x(k)) < 0 (x(k) \neq 0)$，其中

$$\Delta V(x(k)) = V(x(k+1)) - V(x(k)) = V(f(x(k))) - V(x(k))$$

3) $V(0) = 0$。

4) 当 $\|x(k)\| \to \infty$ 时，$V(x(k)) \to \infty$。

那么平衡状态 $x(k) = 0$ 是广义渐近稳定的，且 $V(x(k))$ 是一个李雅普诺夫函数。

需要指出的是，此定理中，条件 2) 可以替换为

2′) 对于任意 $x(k)$，$\Delta V(x(k)) \leqslant 0$，且对于满足式（6.29）的任意解序列 $\{x(k)\}$，$\Delta V(x(k))$ 都不恒等于零。

这意味着，如果对差分方程的任意解序列，$\Delta V(k)$ 都不恒等于零，那么就不必要求 $\Delta V(x(k))$ 一定是负定的。

对于线性定常离散系统

$$x(k+1) = Fx(k) \tag{6.30}$$

其中，$x(k)$ 为 n 维状态向量，F 是 $n \times n$ 非奇异常数矩阵，原点 $x(k) = 0$ 是平衡状态。选取李雅普诺夫函数为

$$V(x(k)) = x^T(k)Px(k) \tag{6.31}$$

式中，P 是一个正定的实对称矩阵，则

$$
\begin{aligned}
\Delta V(x(k)) &= V(x(k+1)) - V(x(k)) \\
&= x^T(k+1)Px(k+1) - x^T(k)Px(k) \\
&= [Fx(k)]^T P[Fx(k)] - x^T(k)Px(k) \\
&= x^T(k)[F^TPF - P]x(k) = -x^T(k)Qx(k)
\end{aligned}
\tag{6.32}
$$

其中

$$-Q = F^TPF - P \tag{6.33}$$

显然，只要 Q 是正定的，则 $F^TPF - P$ 一定就是负定的，相应的 $\Delta V(x(k))$ 也是负定的，因而系统在平衡点 $x(k) = 0$ 是广义渐近稳定的。方程（6.33）通常称为离散系统的李雅普诺夫方程。

实际上，在判断系统的稳定性时，通常先给定一个正定的对称常数矩阵 Q，然后由方程（6.33）求得 P，并检验其正定性，这种方法更为方便，这里 P 正定是充分必要条件。上述内容概括为如下定理。

定理 6.2　对于离散系统

$$x(k+1) = Fx(k)$$

其中，$x(k)$ 为 n 维状态向量，F 是 $n \times n$ 非奇异常数矩阵。平衡状态 $x(k) = 0$ 广义渐近稳定的充分必要条件是，给定的任意正定实对称矩阵 Q，存在一个正定的实对称矩阵 P，使得

$$-Q = F^{\mathrm{T}}PF - P$$

标量函数 $x^{\mathrm{T}}(k)Px(k)$ 是该系统的一个李雅普诺夫函数。

如果 $\Delta V(x(k)) = -x^{\mathrm{T}}(k)Qx(k)$ 沿其任意解序列都不恒等于零，那么可以将 Q 选为半正定矩阵。

6.3.2 控制器设计与 LMI 求解

1. 线性矩阵不等式法简介

线性矩阵不等式（LMI）被广泛用来解决系统与控制中的一些问题，随着求解线性矩阵不等式的内点法的提出，以及 MATLAB 软件中 LMI 工具箱的推出，线性矩阵不等式这一方法越来越受到人们的关注和重视，应用线性矩阵不等式来解决系统和控制问题已成为一大研究热点。本节的控制器设计中采用线性矩阵不等式表示有关结果，下面先对线性矩阵不等式的基本知识加以说明。

一个线性矩阵不等式就是具有形式

$$F(x) = F_0 + x_1 F_1 + \cdots + x_m F_m < 0 \tag{6.34}$$

的一个表达式。其中 $x_1, \cdots, x_m$ 是 m 个实数变量，称为线性矩阵不等式（6.34）的决策变量，$x = (x_1, \cdots, x_m)^{\mathrm{T}} \in \mathbf{R}^m$ 是由决策变量构成的向量，称为决策变量；$F_i = F_i^{\mathrm{T}} \in \mathbf{R}^{n \times n}(i = 0, 1, \cdots, m)$ 是一组给定的实对称矩阵；式（6.34）中的不等号 "$<$" 指的是矩阵是 $F(x)$ 负定的，即对所有非零的向量 $v \in \mathbf{R}^n$，$v^{\mathrm{T}}F(x)v < 0$，或者 $F(x)$ 的最大特征值小于零。

如果在式中用 "$\leqslant$" 代替 "$<$"，则相应的矩阵不等式称为非严格的线性矩阵不等式。对 $\mathbf{R}^n \to \mathbf{S}^n$ 的任意仿射函数 $F(x)$ 和 $G(x)$，$F(x) > 0$，$F(x) < G(x)$ 也是线性矩阵不等式，因为它们可以等价地写成 $-F(x) < 0$，$F(x) - G(x) < 0$。

在控制理论中，经常遇到的两种矩阵不等式如下。

（1）李雅普诺夫不等式

$$A^{\mathrm{T}}X + XA + Q \leqslant 0 \quad X = X^{\mathrm{T}} \in \mathbf{R}^{n \times n} \tag{6.35}$$

（2）黎卡提不等式

$$A^{\mathrm{T}}X + XA + XB^{\mathrm{T}}BX + Q \leqslant 0 \quad X = X^{\mathrm{T}} \in \mathbf{R}^{n \times n} \tag{6.36}$$

显然，式（6.35）是线性矩阵不等式，式（6.36）由于含有二次项 $XB^{\mathrm{T}}BX$，故此式是二次矩阵不等式而不是线性矩阵不等式，但利用舒尔补（Schur Complement）性质，可很容易将其变成线性矩阵不等式，以下引理给出了矩阵的舒尔补性质。

引理 6.1（舒尔补定理） 对给定的对称矩阵 $S = \begin{pmatrix} S_{11} & S_{12} \\ S_{21} & S_{22} \end{pmatrix}$，则以下条件是等价的。

条件 1：$S < 0$；

条件 2：$S_{11} < 0$，$S_{22} - S_{21}S_{11}^{-1}S_{12} < 0$；

条件 3：$S_{22} < 0$，$S_{11} - S_{12}S_{22}^{-1}S_{21} < 0$。

利用引理 6.1，式（6.36）可以转化为线性矩阵不等式，即

$$\begin{pmatrix} A^{\mathrm{T}}X+XA+Q & XB \\ B^{\mathrm{T}}X & -I \end{pmatrix} \leq 0 \tag{6.37}$$

在上述两种线性矩阵不等式中，对称矩阵 X 中的 $n(n+1)/2$ 个未知的自由项（元素）构成了决策向量 x，即 $x=(x_{11}\ \cdots\ x_{1n}\ \ x_{22}\ \cdots\ x_{2n}\ \cdots\ x_{nn})^{\mathrm{T}}$。

线性矩阵不等式的求解一般可以归纳为以下三种问题。

1）可行性问题（LMIP）：已知 $F(x)<0$，是否能找到 x，满足 $F(x)<0$。若有，那么此线性矩阵不等式可行；若没有，那么不可行。

2）特征值问题（EVP）：以某线性矩阵不等式约束为基础，解最小化 $G(x)$ 的最大特征值问题，或者推出该约束为不可行的。一般形式为

$$\begin{aligned} &\min \lambda \\ &\text{s. t. } G(x)<\lambda I \\ &\qquad H(x)<0 \end{aligned} \tag{6.38}$$

其可变换为下述问题，两者等价：

$$\begin{aligned} &\min c^{\mathrm{T}}x \\ &\text{s. t. } F(x)<0 \end{aligned} \tag{6.39}$$

式（6.39）为特征值问题求解器能解决的规范表示，其中 c 为一常数向量。

3）广义特征值问题（GEVP）：已知某线性矩阵不等式约束，求两个仿射矩阵函数的最大广义特征值的最小化问题。一般形式如下。

已知维数相同对称矩阵 G、F，λ 为一个标量，若存在一个非零向量 y，满足 $Gy=\lambda Fy$，那么标量 λ 叫做对称矩阵 G 与 F 的广义特征值，求解 $\lambda_{\max}$ 问题变换为针对线性矩阵不等式约束的优化分析：

$$\begin{aligned} &\min \lambda \\ &\text{s. t. } G-\lambda F<0 \end{aligned} \tag{6.40}$$

在 20 世纪 60 年代，已经提出了线性矩阵不等式，但由于求解形如式（6.38）~式（6.40）所描述的线性矩阵不等式的算法还不够成熟，再加上求解量大，因而线性矩阵不等式在实际中未得到充分应用。近几年来，线性矩阵不等式在实际工程中尤其在控制工程理论中得到了广泛的应用。用线性矩阵不等式求解控制理论中的问题是当今控制理论发展的一个重要方向，因此出现了许多计算机应用软件，其中以美国 MathsWorks 公司用 C 语言开发的 MATLAB 软件最为流行，在 MATLAB 5.1 以后的版本中，增加了用于求解线性矩阵不等式的线性矩阵不等式工具箱。

线性矩阵不等式工具箱是求解一般线性矩阵不等式问题的一个高性能软件包。其面向结构的线性矩阵不等式表示方式，使得各种线性矩阵不等式能够以自然块矩阵的形式加以描述。一个线性矩阵不等式问题一旦确定，就可以通过调用适当的线性矩阵不等式求解器来对这个问题进行数值求解。

对于上述提到的三个一般问题的求解，线性矩阵不等式工具箱提供了与之对应的三个求解函数：feasp()、mincx() 以及 gevp() 函数。此外，该工具箱可用于：①多目标控制器综合，包括 LQG 综合、H_∞ 综合和极点配置综合；②系统鲁棒性的分析和测试，包括检测时变线性系统的二次稳定性、带有参数的李雅普诺夫稳定、混合的 μ 分析以及带有非线性成分的 Popov 准则；③系统的辨识、滤波、结构设计、图形理论、线性代数以及加权值问题等方

面。同时，还提供了两个交互的图形界面（GUI）：LMI 编辑器和 Magshape 界面。

2. 离散云控制系统建模

由于云计算资源的动态调度和控制算法的切换，可能造成云控制器的结构和参数发生变化，所以在云控制系统中，前向时延和反馈时延不能简单地合并。离散云控制系统模型的结构如图 6.13 所示。这里将云控制系统的时延不确定性纳入被控对象模型中，并分开考虑两者对控制系统的影响。反馈时延的加入使得系统输出反馈到云端存在 τ^{sc} 的延迟，前向时延的加入使得系统控制量输入存在 τ^{ca} 的延迟，可得在随机时延的影响下，对式（6.13）修正后的广义被控对象模型为

$$\begin{cases} \dot{x}(t) = Ax(t) + Bu(t-\tau^{ca}) \\ y(t) = Cx(t-\tau^{sc}) \end{cases} \tag{6.41}$$

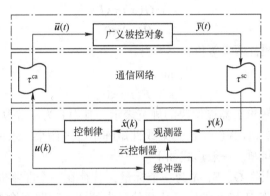

图 6.13　带有离散控制器的云控制系统结构

这是从控制器的角度来审视被控对象，修正后的广义被控对象带有随机时延，云控制系统为不确定系统。式（6.41）所示的广义被控对象模型也反映出前向通道时延和反馈通道时延对系统的不同影响效果，更加符合云控制系统的实际特性。

为了便于分析和控制不确定云控制系统模型，对云控制系统做以下假设。

1）传感器采用时间驱动方式，采样周期为 T。

2）控制器和执行器采用事件驱动方式。

3）系统在第 k 个采样周期内的反馈时延和前向时延分别为 τ_k^{sc}、τ_k^{ca}，且总时延 $\tau_k = \tau_k^{sc} + \tau_k^{ca} < T$。

4）反馈时延和前向时延在确定的区间内变化。

实际的云控制系统中控制器放在云端，由大量计算机组成的云计算系统实时计算控制信号，云控制器是离散的，因此可以将连续的广义被控对象离散化，在离散域内设计离散的控制器模型更符合实际。当采样周期较小时，可以将控制器看成连续的，利用连续云控制系统的控制器设计方法进行控制器设计。

连续状态方程是一阶矩阵微分方程组，而离散状态方程是一阶矩阵差分方程组。所以只要将连续部分的一阶矩阵微分方程离散化，就可得到离散状态方程。

首先求解系统状态，可将状态方程两边均乘以 e^{-At}，得

$$e^{-At}\dot{x}(t) = e^{-At}Ax(t) + e^{-At}Bu(t-\tau^{ca}) \tag{6.42}$$

因为

$$e^{-At}[\dot{\boldsymbol{x}}(t)-\boldsymbol{A}\boldsymbol{x}(t)]=\frac{\mathrm{d}}{\mathrm{d}t}[e^{-At}\boldsymbol{x}(t)] \tag{6.43}$$

所以

$$\frac{\mathrm{d}}{\mathrm{d}t}[e^{-At}\boldsymbol{x}(t)]=e^{-At}\boldsymbol{B}\boldsymbol{u}(t-\tau^{\mathrm{ca}}) \tag{6.44}$$

将式（6.44）由 t_0 至 t 积分，得

$$e^{-At}\boldsymbol{x}(t)-e^{-At_0}\boldsymbol{x}(t_0)=\int_{t_0}^{t}e^{-As}\boldsymbol{B}\boldsymbol{u}(s-\tau^{\mathrm{ca}})\mathrm{d}s \tag{6.45}$$

将式（6.45）左乘 e^{At}，得

$$\boldsymbol{x}(t)=e^{A(t-t_0)}\boldsymbol{x}(t_0)+\int_{t_0}^{t}e^{A(t-s)}\boldsymbol{B}\boldsymbol{u}(s-\tau^{\mathrm{ca}})\mathrm{d}s \tag{6.46}$$

因为采样系统被控对象前有零阶保持器，所以 $u(t)$ 是阶梯输入，在两个采样点之间，由于前向时延的影响，当 $kT\leqslant t<kT+\tau_k^{\mathrm{ca}}$ 时，$\boldsymbol{u}(t-\tau^{\mathrm{ca}})=\boldsymbol{u}[(k-1)T]$，当 $kT+\tau_k^{\mathrm{ca}}\leqslant t<(k+1)T$ 时，$\boldsymbol{u}(t-\tau^{\mathrm{ca}})=\boldsymbol{u}(kT)$。如积分时间取 $kT\leqslant t<(k+1)T$，则 $t_0=kT$，$t=(k+1)T$，$\boldsymbol{x}(t_0)=\boldsymbol{x}(kT)$，$\boldsymbol{x}(t)=\boldsymbol{x}[(k+1)T]$（为方便分析以下变量中略去 T），于是式（6.46）变为

$$\boldsymbol{x}(k+1)=e^{AT}\boldsymbol{x}(k)+\int_{kT}^{kT+\tau_k^{\mathrm{ca}}}e^{A(kT+T-s)}\boldsymbol{B}\boldsymbol{u}(k-1)\mathrm{d}s+\int_{kT+\tau_k^{\mathrm{ca}}}^{(k+1)T}e^{A(kT+T-s)}\boldsymbol{B}\boldsymbol{u}(k)\mathrm{d}s \tag{6.47}$$

若令 $t=kT+T-s$，则式（6.47）可进一步简化为

$$\boldsymbol{x}(k+1)=e^{AT}\boldsymbol{x}(k)+\int_{0}^{T-\tau_k^{\mathrm{ca}}}e^{At}\mathrm{d}t\boldsymbol{B}\boldsymbol{u}(k)+\int_{T-\tau_k^{\mathrm{ca}}}^{T}e^{At}\mathrm{d}t\boldsymbol{B}\boldsymbol{u}(k-1) \tag{6.48}$$

求解输出方程需要先求得 $x(t-\tau^{\mathrm{sc}})$ 的解，令 $\tau=\tau^{\mathrm{ca}}+\tau^{\mathrm{sc}}$，$t=t-\tau^{\mathrm{sc}}$，由式（6.46）可得

$$\boldsymbol{x}(t-\tau^{\mathrm{sc}})=e^{A(t-t_0)}\boldsymbol{x}(t_0-\tau^{\mathrm{sc}})+\int_{t_0}^{t}e^{A(t-s)}\boldsymbol{B}\boldsymbol{u}(s-\tau)\mathrm{d}s \tag{6.49}$$

所以，输出方程变为

$$\boldsymbol{y}(t)=\boldsymbol{C}\boldsymbol{x}(t-\tau^{\mathrm{sc}})=\boldsymbol{C}[e^{A(t-t_0)}\boldsymbol{x}(t_0-\tau^{\mathrm{sc}})+\int_{t_0}^{t}e^{A(t-s)}\boldsymbol{B}\boldsymbol{u}(s-\tau)\mathrm{d}s] \tag{6.50}$$

由于前向时延和反馈时延的影响，当 $(k-1)T+\tau_k^{\mathrm{sc}}\leqslant t<(k-1)T+\tau_k$ 时，$\boldsymbol{u}(t-\tau)=\boldsymbol{u}[(k-2)T]$；当 $(k-1)T+\tau_k\leqslant t<kT$ 时，$\boldsymbol{u}(t-\tau)=\boldsymbol{u}[(k-1)T]$。如积分时间取 $(k-1)T+\tau_k^{\mathrm{sc}}\leqslant t<kT$，则 $t_0=(k-1)T+\tau_k^{\mathrm{sc}}$，$t=kT$，$\boldsymbol{x}(t_0-\tau^{\mathrm{sc}})=\boldsymbol{x}[(k-1)T]$，$\boldsymbol{y}(t)=\boldsymbol{x}(kT)$，于是式（6.50）变为

$$\boldsymbol{y}(k)=\boldsymbol{C}[e^{A(T-\tau_k^{\mathrm{sc}})}\boldsymbol{x}(k-1)+\int_{(k-1)T+\tau_k^{\mathrm{sc}}}^{(k-1)T+\tau_k}e^{A(kT-s)}\boldsymbol{B}\boldsymbol{u}(k-2)\mathrm{d}s+\int_{(k-1)T+\tau_k}^{kT}e^{A(kT-s)}\boldsymbol{B}\boldsymbol{u}(k-1)\mathrm{d}s] \tag{6.51}$$

若令 $t=kT-s$，则式（6.51）可进一步简化为

$$\boldsymbol{y}(k)=\boldsymbol{C}[e^{A(T-\tau_k^{\mathrm{sc}})}\boldsymbol{x}(k-1)+\int_{0}^{T-\tau_k}e^{At}\mathrm{d}t\boldsymbol{B}\boldsymbol{u}(k-1)+\int_{T-\tau_k}^{T-\tau_k^{\mathrm{sc}}}e^{At}\mathrm{d}t\boldsymbol{B}\boldsymbol{u}(k-2)] \tag{6.52}$$

结合式（6.48）和式（6.52）可得考虑云时延特性的云控制系统广义被控对象的离散状态空间方程为

$$\begin{cases}\boldsymbol{x}(k+1)=\boldsymbol{G}_{\mathrm{d1}}\boldsymbol{x}(k)+\boldsymbol{H}_{\mathrm{d1}}\boldsymbol{u}(k)+\boldsymbol{H}_{\mathrm{d2}}\boldsymbol{u}(k-1)\\ \boldsymbol{y}(k)=\boldsymbol{G}_{\mathrm{d2}}\boldsymbol{x}(k-1)+\boldsymbol{H}_{\mathrm{d3}}\boldsymbol{u}(k-1)+\boldsymbol{H}_{\mathrm{d4}}\boldsymbol{u}(k-2)\end{cases} \tag{6.53}$$

式中，$G_{d1} = e^{AT}$；$G_{d2} = Ce^{A(T-\tau_k^{sc})}$；$H_{d1} = \int_0^{T-\tau_k^{ca}} e^{At} dt B$，$H_{d2} = \int_{T-\tau_k^{ca}}^{T} e^{At} dt B$，$H_{d3} = C\int_0^{T-\tau_k} e^{At} dt B$，

$H_{d4} = C\int_{T-\tau_k}^{T-\tau_k^{sc}} e^{At} dt B$。

由于前向时延 τ^{ca} 和反馈时延 τ^{sc} 在一定范围内随机变化，所以 G_{d2}、H_{d1}、H_{d2}、H_{d3} 和 H_{d4} 是不确定系数，此时时延的不确定性转化为闭环系统系数的不确定性。不确定的系统系数可以利用区间数表示：$G_{d2} = [\underline{G}_{d2}, \overline{G}_{d2}]$，$H_{d1} = [\underline{H}_{d1}, \overline{H}_{d1}]$，$H_{d2} = [\underline{H}_{d2}, \overline{H}_{d2}]$，$H_{d3} = [\underline{H}_{d3}, \overline{H}_{d3}]$，$H_{d4} = [\underline{H}_{d4}, \overline{H}_{d4}]$。由区间分析的相关知识，可得相应系数的中值和宽度表示为

$$G_2 = \frac{1}{2}(\underline{G}_{d2} + \overline{G}_{d2})，H_1 = \frac{1}{2}(\underline{H}_{d1} + \overline{H}_{d1})，H_2 = \frac{1}{2}(\underline{H}_{d2} + \overline{H}_{d2})$$

$$H_3 = \frac{1}{2}(\underline{H}_{d3} + \overline{H}_{d3})，H_4 = \frac{1}{2}(\underline{H}_{d4} + \overline{H}_{d4})$$

$$\Delta G_2 = \frac{1}{2}(\overline{G}_{d2} - \underline{G}_{d2}) = (g_{2,ij}^*)_{n \times n}，\Delta H_1 = \frac{1}{2}(\overline{H}_{d1} - \underline{H}_{d1}) = (h_{1,ik}^*)_{n \times m} \quad (6.54)$$

$$\Delta H_2 = \frac{1}{2}(\overline{H}_{d2} - \underline{H}_{d2}) = (h_{2,ik}^*)_{n \times m}，\Delta H_3 = \frac{1}{2}(\overline{H}_{d3} - \underline{H}_{d3}) = (h_{3,ik}^*)_{r \times m}，$$

$$\Delta H_4 = \frac{1}{2}(\overline{H}_{d4} - \underline{H}_{d4}) = (h_{4,ik}^*)_{r \times m}$$

于是云控制系统广义被控对象的离散状态空间方程也可表示为

$$\begin{cases} x(k+1) = G_{d1}x(k) + (H_1 + \Delta H_1)u(k) + (H_2 + \Delta H_2)u(k-1) \\ y(k) = (G_2 + \Delta G_2)x(k-1) + (H_3 + \Delta H_3)u(k-1) + (H_4 + \Delta H_4)u(k-2) \end{cases} \quad (6.55)$$

令 $\Delta G_2 = D_1 F_1 E_1$，$\Delta H_1 = D_2 F_2 E_2$，$\Delta H_2 = D_3 F_3 E_3$，定义

$$D_1 = (g_{2,11}^* I_1 \quad \cdots \quad g_{2,1n}^* I_1 \quad \cdots \quad g_{2,n1}^* I_n \quad \cdots \quad g_{2,nn}^* I_n)_{n \times n^2}$$

$$E_1 = (I_1 \quad \cdots \quad I_n \quad \cdots \quad I_1 \quad \cdots \quad I_n)_{n^2 \times n}^T$$

$$D_2 = (h_{2,11}^* I_1 \quad \cdots \quad h_{2,1n}^* I_1 \quad \cdots \quad h_{2,n1}^* I_n \quad \cdots \quad h_{2,nm}^* I_n)_{n \times nm} \quad (6.56)$$

$$E_2 = (I_1 \quad \cdots \quad I_n \quad \cdots \quad I_1 \quad \cdots \quad I_n)_{nm \times n}^T$$

$$D_3 = (h_{2,11}^* I_1 \quad \cdots \quad h_{2,1n}^* I_1 \quad \cdots \quad h_{2,n1}^* I_n \quad \cdots \quad h_{2,nm}^* I_n)_{n \times nm}$$

$$E_3 = (I_1 \quad \cdots \quad I_n \quad \cdots \quad I_1 \quad \cdots \quad I_n)_{nm \times n}^T$$

F_1、F_2、F_3 是随机时变对角矩阵，其元素满足绝对值小于 1。

3. 离散云控制器设计

系统控制器设计包含两部分：观测器和控制律。观测器主要根据传感器输出进行状态重构，然后基于重构的状态进行控制律设计。设计状态观测器为

$$\hat{x}(k+1) = G_{d1}\hat{x}(k) + H_{d1}u(k) + H_{d2}u(k-1) +$$
$$K[y(k) - G_{d2}\hat{x}(k-1) - H_{d3}u(k-1) - H_{d4}u(k-2)] \quad (6.57)$$

式中，$\hat{x}(k)$ 为观测器重构状态向量；$K = (k_1 \quad k_2 \quad \cdots \quad k_n)^T$ 为观测器增益矩阵。

采用重构状态设计状态反馈控制律为

$$u(k) = -L\hat{x}(k) \quad (6.58)$$

式中，$L=(l_1 \quad l_2 \quad \cdots \quad l_n)$ 为控制律增益矩阵。

由式（6.57）和式（6.58）可得带有观测器和控制律的离散云控制器模型。定义误差向量 $e(k)=x(k)-\hat{x}(k)$，根据式（6.53）和式（6.57）可得闭环系统的状态和误差方程分别为

$$\begin{cases} x(k+1)=(G_{d1}-H_{d1}L)x(k)+H_{d1}Le(k)-H_{d2}Lx(k-1)+H_{d2}Le(k-1) \\ e(k+1)=G_{d1}e(k)-KG_{d2}e(k-1) \end{cases} \tag{6.59}$$

设闭环云控制系统的状态为

$$f(k)=\begin{pmatrix} x(k) \\ e(k) \end{pmatrix} \tag{6.60}$$

那么，式（6.59）可以简写为

$$f(k+1)=A_1f(k)+A_2f(k-1) \tag{6.61}$$

式中，$A_1=\begin{pmatrix} G_{d1}-H_{d1}L & H_{d1}L \\ 0 & G_{d1} \end{pmatrix}$；$A_2=\begin{pmatrix} -H_{d2}L & H_{d2}L \\ 0 & -KG_{d2} \end{pmatrix}$。此时，闭环云控制系统为状态时滞的广义区间离散线性系统。

下面基于李雅普诺夫稳定性定理对上述闭环系统（6.61）进行控制器参数求解，给出使系统渐近稳定的定理 6.3，并利用线性矩阵不等式求出控制律增益 K 和观测器增益 L。

定理 6.3 对于离散云控制系统（6.61），若存在适当维数的对称正定矩阵 V_1、V_2、N_2、$\bar{Q}_1$、$\bar{Q}_2$，对称矩阵 $\bar{X}_{11}$、$\bar{X}_{21}$、$\bar{X}_{22}$、$\bar{Z}_{11}$、$\bar{Z}_{21}$、$\bar{Z}_{22}$，一般矩阵 $\bar{Y}_{11}$、$\bar{Y}_{12}$、$\bar{Y}_{21}$、$\bar{Y}_{22}$、$\bar{L}$、$\bar{K}$，常数 ε_1、$\varepsilon_2 > 0$，以下线性矩阵不等式（6.62a）、（6.62b）成立时，该系统是渐近稳定的。

$$\begin{pmatrix} \varepsilon_1 I & D_1^{-1}G_2N_1 & * & * & * & * & * & * & * & * \\ D_1^{-1}G_2N_1 & 0 & * & * & * & * & * & * & * & * \\ 0 & 0 & \bar{Q}_1-N_1+\bar{X}_{11} & * & * & * & * & * & * & * \\ 0 & 0 & \bar{X}_{21} & \bar{X}_{22} & * & * & * & * & * & * \\ 0 & 0 & \bar{Y}_{11}^T & \bar{Y}_{12}^T & -\bar{Q}_1+\bar{Z}_{11} & * & * & * & * & * \\ 0 & 0 & \bar{Y}_{21}^T & \bar{Y}_{22}^T & \bar{Z}_{21} & -\bar{Q}_2+\bar{Z}_{22} & * & * & * & * \\ 0 & 0 & G_{d1}N_1-H_1\bar{L} & H_1\bar{L} & -H_2\bar{L} & H_2\bar{L} & -N_1+\varepsilon_2(D_2D_2^T+D_3D_3^T) & * & * & * \\ 0 & -\bar{K}G_2 & 0 & G_{d1}N_1 & 0 & -\bar{K}G_2 & 0 & -N_2 & * & * \\ 0 & 0 & -E_2\bar{L} & E_2\bar{L} & 0 & 0 & 0 & 0 & -\varepsilon_2I & * \\ 0 & 0 & 0 & 0 & -E_3\bar{L} & E_3\bar{L} & 0 & 0 & 0 & -\varepsilon_2I \end{pmatrix} < 0 \tag{6.62a}$$

$$\begin{pmatrix} \bar{X}_{11} & * & * & * \\ \bar{X}_{21} & \bar{X}_{22}-\bar{Q}_2+2N_1-N_2 & * & * \\ \bar{Y}_{11}^T & \bar{Y}_{12}^T & \bar{Z}_{11} & * \\ \bar{Y}_{21}^T & \bar{Y}_{22}^T & \bar{Z}_{21} & \bar{Z}_{22}-2E_1^TE_1N_1+\varepsilon_1E^TE_1 \end{pmatrix} \geq 0 \tag{6.62b}$$

式中，$N_1=G_2^T(G_2G_2^T)^{-1}V_1(G_2G_2^T)^{-1}G_2+G_2^{T\perp}V_2G_2^{\perp}$；"$*$"表示对称位置元素的转置。设计的观测器增益矩阵为 $K=\bar{K}G_2G_2^TV_1^{-1}$，状态反馈控制律增益矩阵为 $L=\bar{L}N_1^{-1}$。

证明： 首先引入如下几个引理。

引理 6.2 对任意适当维数的向量 a、b 和矩阵 N、X、Y、Z，其中 X 和 Z 是对称的，若 $\begin{pmatrix} X & Y \\ Y^{\mathrm{T}} & Z \end{pmatrix} \geq 0$，则 $-2aNb \leq \inf\limits_{X,Y,Z} \begin{pmatrix} a \\ b \end{pmatrix}^{\mathrm{T}} \begin{pmatrix} X & Y-N \\ Y^{\mathrm{T}}-N^{\mathrm{T}} & Z \end{pmatrix} \begin{pmatrix} a \\ b \end{pmatrix}$。

引理 6.3 Y、H、E 是具有一定维数的矩阵，其中 Y 是对称的，则对所有满足 $F^{\mathrm{T}}F \leq I$ 的矩阵 F，$Y+DFE+E^{\mathrm{T}}F^{\mathrm{T}}D^{\mathrm{T}} \leq 0$ 成立，当且仅当存在一个常数 $\varepsilon > 0$，使得 $Y+\varepsilon DD^{\mathrm{T}}+\varepsilon^{-1}E^{\mathrm{T}}E \leq 0$ 成立。

引理 6.4 假定 $D \in \mathbf{R}^{r \times s}$ 和 $E \in \mathbf{R}^{r \times s}$ 均是列满秩矩阵，那么存在一个 $r \times r$ 的正定矩阵 P 满足 $PD=E$，当且仅当 $D^{\mathrm{T}}E=E^{\mathrm{T}}D > 0$，此时 $P=E(D^{\mathrm{T}}E)^{-1}E^{\mathrm{T}}+D^{\perp \mathrm{T}}XD^{\perp}$。其中 $X \in \mathbf{R}^{(r-s) \times (r-s)}$ 是任意的正定矩阵，$D^{\perp}$ 为 D 的标准正交零空间，且满足 $D^{\perp \mathrm{T}}D=0$，$D^{\perp \mathrm{T}}D^{\perp}=I$，$[D,D^{\perp}]$ 可逆。

利用李雅普诺夫稳定性定理进行离散云控制系统的控制器设计。假设存在对称正定矩阵 $P=\begin{pmatrix} P_1 & 0 \\ 0 & P_2 \end{pmatrix}$，$Q=\begin{pmatrix} Q_1 & 0 \\ 0 & Q_2 \end{pmatrix}$，选取李雅普诺夫函数为

$$V(f(k)) = f^{\mathrm{T}}(k)Pf(k)+f^{\mathrm{T}}(k-1)Qf(k-1) \tag{6.63}$$

则由引理 6.2 可知，若存在对称矩阵 $X=\begin{pmatrix} X_{11} & X_{21}^{\mathrm{T}} \\ X_{21} & X_{22} \end{pmatrix}$ 和 $Z=\begin{bmatrix} Z_{11} & Z_{21}^{\mathrm{T}} \\ Z_{21} & Z_{22} \end{bmatrix}$，以及矩阵 $Y=\begin{pmatrix} Y_{11} \\ Y_{21} \end{pmatrix}$，且满足 $\begin{pmatrix} X & Y \\ Y^{\mathrm{T}} & Z \end{pmatrix} \geq 0$，李雅普诺夫函数 $V(f(k))$ 沿系统任意轨线的前向差分为

$$\begin{aligned} \Delta V(f(k)) &= V(f(k+1))-V(f(k)) \\ &= f(k)^{\mathrm{T}}(A_1^{\mathrm{T}}PA_1+Q-P)f(k)+2f(k)^{\mathrm{T}}A_1^{\mathrm{T}}PA_2f(k-1) \\ &\quad +f(k-1)^{\mathrm{T}}(A_2^{\mathrm{T}}PA_2-Q)f(k-1) \\ &\leq \begin{pmatrix} f(k) \\ f(k-1) \end{pmatrix}^{\mathrm{T}} \begin{pmatrix} A_1^{\mathrm{T}}PA_1+Q-P+X & A_1^{\mathrm{T}}PA_2+Y \\ A_2^{\mathrm{T}}PA_1+Y^{\mathrm{T}} & A_2^{\mathrm{T}}PA_2-Q+Z \end{pmatrix} \begin{pmatrix} f(k) \\ f(k-1) \end{pmatrix} < 0 \end{aligned} \tag{6.64}$$

所以当

$$\begin{pmatrix} X & Y \\ Y^{\mathrm{T}} & Z \end{pmatrix} \geq 0 \tag{6.65}$$

$$\begin{pmatrix} A_1^{\mathrm{T}}PA_1+Q-P+X & A_1^{\mathrm{T}}PA_2+Y \\ A_2^{\mathrm{T}}PA_1+Y^{\mathrm{T}} & A_2^{\mathrm{T}}PA_2-Q+Z \end{pmatrix} < 0 \tag{6.66}$$

同时成立时，有 $\Delta V_k < 0$，则系统是渐近稳定的。

利用引理 6.1（舒尔补定理），式（6.66）可转化为

$$\begin{pmatrix} Q-P+X & Y & A_1^{\mathrm{T}} \\ Y^{\mathrm{T}} & -Q+Z & A_2^{\mathrm{T}} \\ A_1 & A_2 & -P^{-1} \end{pmatrix} < 0 \tag{6.67}$$

将 P、Q、A_1、A_2、X、Y、Z 的表达式代入式（6.67）可得

$$\begin{pmatrix} \boldsymbol{Q}_1-\boldsymbol{P}_1+\boldsymbol{X}_{11} & * & * & * & * & * \\ \boldsymbol{X}_{21} & \boldsymbol{Q}_2-\boldsymbol{P}_2+\boldsymbol{X}_{22} & * & * & * & * \\ \boldsymbol{Y}_{11}^{\mathrm{T}} & \boldsymbol{Y}_{12}^{\mathrm{T}} & -\boldsymbol{Q}_1+\boldsymbol{Z}_{11} & * & * & * \\ \boldsymbol{Y}_{21}^{\mathrm{T}} & \boldsymbol{Y}_{22}^{\mathrm{T}} & \boldsymbol{Z}_{21} & -\boldsymbol{Q}_2+\boldsymbol{Z}_{22} & * & * \\ \boldsymbol{G}_{\mathrm{d}1}-\boldsymbol{H}_{\mathrm{d}1}\boldsymbol{L} & \boldsymbol{H}_{\mathrm{d}1}\boldsymbol{L} & -\boldsymbol{H}_{\mathrm{d}2}\boldsymbol{L} & \boldsymbol{H}_{\mathrm{d}2}\boldsymbol{L} & -\boldsymbol{P}_1^{-1} & * \\ 0 & \boldsymbol{G}_{\mathrm{d}1} & 0 & -\boldsymbol{KG}_{\mathrm{d}2} & 0 & -\boldsymbol{P}_2^{-1} \end{pmatrix}<0 \qquad (6.68)$$

将 $\boldsymbol{G}_{\mathrm{d}2}=\boldsymbol{G}_2+\Delta\boldsymbol{G}_2,\boldsymbol{H}_{\mathrm{d}1}=\boldsymbol{H}_1+\Delta\boldsymbol{H}_1,\boldsymbol{H}_{\mathrm{d}2}=\boldsymbol{H}_2+\Delta\boldsymbol{H}_2$ 代入式（6.68）可得

$$\begin{pmatrix} \boldsymbol{Q}_1-\boldsymbol{P}_1+\boldsymbol{X}_{11} & * & * & * & * & * \\ \boldsymbol{X}_{21} & \boldsymbol{Q}_2-\boldsymbol{P}_2+\boldsymbol{X}_{22} & * & * & * & * \\ \boldsymbol{Y}_{11}^{\mathrm{T}} & \boldsymbol{Y}_{12}^{\mathrm{T}} & -\boldsymbol{Q}_1+\boldsymbol{Z}_{11} & * & * & * \\ \boldsymbol{Y}_{21}^{\mathrm{T}} & \boldsymbol{Y}_{22}^{\mathrm{T}} & \boldsymbol{Z}_{21} & -\boldsymbol{Q}_2+\boldsymbol{Z}_{22} & * & * \\ \boldsymbol{G}_{\mathrm{d}1}-\boldsymbol{H}_1\boldsymbol{L} & \boldsymbol{H}_1\boldsymbol{L} & -\boldsymbol{H}_2\boldsymbol{L} & \boldsymbol{H}_2\boldsymbol{L} & -\boldsymbol{P}_1^{-1} & * \\ 0 & \boldsymbol{G}_{\mathrm{d}1} & 0 & -\boldsymbol{KG}_2 & 0 & -\boldsymbol{P}_2^{-1} \end{pmatrix}$$

$$+\begin{pmatrix} 0 & * & * & * & * & * \\ 0 & 0 & * & * & * & * \\ 0 & 0 & 0 & * & * & * \\ 0 & 0 & 0 & 0 & * & * \\ -\Delta\boldsymbol{H}_1\boldsymbol{L} & \Delta\boldsymbol{H}_1\boldsymbol{L} & -\Delta\boldsymbol{H}_2\boldsymbol{L} & \Delta\boldsymbol{H}_2\boldsymbol{L} & 0 & * \\ 0 & 0 & 0 & -\boldsymbol{K}\Delta\boldsymbol{G}_2 & 0 & 0 \end{pmatrix}<0 \qquad (6.69)$$

由引理 6.3 可知，式（6.69）与下式等价：

$$\begin{pmatrix} -\varepsilon_1^{-1}\boldsymbol{I} & * & * & * & * & * & * & * & * \\ 0 & \boldsymbol{Q}_1-\boldsymbol{P}_1+\boldsymbol{X}_{11} & * & * & * & * & * & * & * \\ 0 & \boldsymbol{X}_{21} & \boldsymbol{Q}_2-\boldsymbol{P}_2+\boldsymbol{X}_{22} & * & * & * & * & * & * \\ 0 & \boldsymbol{Y}_{11}^{\mathrm{T}} & \boldsymbol{Y}_{12}^{\mathrm{T}} & -\boldsymbol{Q}_1+\boldsymbol{Z}_{11} & * & * & * & * & * \\ 0 & \boldsymbol{Y}_{21}^{\mathrm{T}} & \boldsymbol{Y}_{22}^{\mathrm{T}} & \boldsymbol{Z}_{21} & -\boldsymbol{Q}_2+\boldsymbol{Z}_{22}+\varepsilon_1^{-1}\boldsymbol{E}_1^{\mathrm{T}}\boldsymbol{E}_1 & * & * & * & * \\ 0 & \boldsymbol{G}_{\mathrm{d}1}-\boldsymbol{H}_1\boldsymbol{L} & \boldsymbol{H}_1\boldsymbol{L} & -\boldsymbol{H}_2\boldsymbol{L} & \boldsymbol{H}_2\boldsymbol{L} & -\boldsymbol{P}_1^{-1}+\varepsilon_2(\boldsymbol{D}_2\boldsymbol{D}_2^{\mathrm{T}}+\boldsymbol{D}_3\boldsymbol{D}_3^{\mathrm{T}}) & * & * & * \\ -\boldsymbol{KD}_1 & 0 & \boldsymbol{G}_{\mathrm{d}1} & 0 & -\boldsymbol{KG}_2 & 0 & -\boldsymbol{P}_2^{-1} & * & * \\ 0 & -\boldsymbol{E}_2\boldsymbol{L} & \boldsymbol{E}_2\boldsymbol{L} & 0 & 0 & 0 & 0 & -\varepsilon_2\boldsymbol{I} & * \\ 0 & 0 & 0 & -\boldsymbol{E}_3\boldsymbol{L} & \boldsymbol{E}_3\boldsymbol{L} & 0 & 0 & 0 & -\varepsilon_2\boldsymbol{I} \end{pmatrix}<0$$

$$(6.70)$$

将式（6.70）左乘、右乘 $\mathrm{diag}\{\boldsymbol{D}_1^{-1}\boldsymbol{G}_2\boldsymbol{P}^{-1},\boldsymbol{P}^{-1},\boldsymbol{P}^{-1},\boldsymbol{P}^{-1},\boldsymbol{P}^{-1},\boldsymbol{I},\boldsymbol{I},\boldsymbol{I},\boldsymbol{I}\}$，令 $\overline{\boldsymbol{L}}=\boldsymbol{LP}_1^{-1}$，$\boldsymbol{N}_1=\boldsymbol{P}_1^{-1}$，$\overline{\boldsymbol{Q}}_1=\boldsymbol{P}_1^{-1}\boldsymbol{Q}_1\boldsymbol{P}_1^{-1}$，$\overline{\boldsymbol{X}}_{11}=\boldsymbol{P}_1^{-1}\boldsymbol{X}_{11}\boldsymbol{P}_1^{-1}$，$\overline{\boldsymbol{X}}_{22}=\boldsymbol{P}_1^{-1}(\boldsymbol{Q}_2-\boldsymbol{P}_2+\boldsymbol{X}_{22})\boldsymbol{P}_1^{-1}$，$\overline{\boldsymbol{X}}_{21}=\boldsymbol{P}_1^{-1}\boldsymbol{X}_{21}\boldsymbol{P}_1^{-1}$，$\overline{\boldsymbol{Y}}_{11}^{\mathrm{T}}=\boldsymbol{P}_1^{-1}\boldsymbol{Y}_{11}^{\mathrm{T}}\boldsymbol{P}_1^{-1}$，$\overline{\boldsymbol{Y}}_{12}^{\mathrm{T}}=\boldsymbol{P}_1^{-1}\boldsymbol{Y}_{12}^{\mathrm{T}}\boldsymbol{P}_1^{-1}$，$\overline{\boldsymbol{Y}}_{21}^{\mathrm{T}}=\boldsymbol{P}_1^{-1}\boldsymbol{Y}_{21}^{\mathrm{T}}\boldsymbol{P}_1^{-1}$，$\overline{\boldsymbol{Y}}_{22}^{\mathrm{T}}=\boldsymbol{P}_1^{-1}\boldsymbol{Y}_{22}^{\mathrm{T}}\boldsymbol{P}_1^{-1}$，$\overline{\boldsymbol{Z}}_{11}=\boldsymbol{P}_1^{-1}\boldsymbol{Z}_{11}\boldsymbol{P}_1^{-1}$，$\overline{\boldsymbol{Z}}_{21}=\boldsymbol{P}_1^{-1}\boldsymbol{Z}_{21}\boldsymbol{P}_1^{-1}$，$\overline{\boldsymbol{Q}}_2=\boldsymbol{P}_1^{-1}\boldsymbol{Q}_2\boldsymbol{P}_1^{-1}$，$\overline{\boldsymbol{Z}}_{22}=\boldsymbol{P}_1^{-1}(\boldsymbol{Z}_{22}+\varepsilon_1^{-1}\boldsymbol{E}_1^{\mathrm{T}}\boldsymbol{E}_1)\boldsymbol{P}_1^{-1}$，$\boldsymbol{N}_2=\boldsymbol{P}_2^{-1}$，$\boldsymbol{R}=\boldsymbol{P}_1^{-1}\varepsilon_1\boldsymbol{ID}_1^{-1}\boldsymbol{G}_2\boldsymbol{P}_1^{-1}$。利用舒尔补定理

可得

$$
\begin{pmatrix}
\varepsilon_1 I & D_1^{-1}G_2N_1 & * & * & * & * & * & * & * \\
D_1^{-1}G_2N_1 & 0 & * & * & * & * & * & * & * \\
0 & 0 & \overline{Q}_1-N_1+\overline{X}_{11} & * & * & * & * & * & * \\
0 & 0 & \overline{X}_{21} & \overline{X}_{22} & * & * & * & * & * \\
0 & 0 & \overline{Y}_{11}^{\mathrm{T}} & \overline{Y}_{12}^{\mathrm{T}} & -\overline{Q}_1+\overline{Z}_{11} & * & * & * & * \\
0 & 0 & \overline{Y}_{21}^{\mathrm{T}} & \overline{Y}_{22}^{\mathrm{T}} & \overline{Z}_{21} & -\overline{Q}_2+\overline{Z}_{22} & * & * & * \\
0 & 0 & G_{d1}N_1-H_1\overline{L} & H_1\overline{L} & -H_2\overline{L} & H_2\overline{L} & -N_1+\varepsilon_2(D_2D_2^{\mathrm{T}}+D_3D_3^{\mathrm{T}}) & * & * \\
0 & -KG_2N_1 & 0 & G_{d1}N_1 & 0 & -KG_2N_1 & 0 & -N_2 & * \\
0 & 0 & -E_2\overline{L} & E_2\overline{L} & 0 & 0 & 0 & 0 & -\varepsilon_2 I & * \\
0 & 0 & 0 & 0 & -E_3\overline{L} & -E_3\overline{L} & 0 & 0 & *
\end{pmatrix} < 0
$$

$$(6.71)$$

由于式（6.71）是关于矩阵 K 和 N_1 的双线性矩阵不等式（BMI），是非凸的，无法直接求解。因此利用引理 6.4 给式（6.71）一个等式约束

$$N_1G_2^{\mathrm{T}}=G_2^{\mathrm{T}}F^{\mathrm{T}} \tag{6.72}$$

且 $F=V_1(G_2G_2^{\mathrm{T}})^{-1}$，其中矩阵 V_1 为适当维数的正定矩阵，由引理 6.4 可得

$$N_1=G_2^{\mathrm{T}}(G_2G_2^{\mathrm{T}})^{-1}V_1(G_2G_2^{\mathrm{T}})^{-1}G_2+G_2^{\mathrm{T}\perp\mathrm{T}}V_2G_2^{\mathrm{T}\perp} \tag{6.73}$$

式中，V_2 为适当维数的正定矩阵。然后令 $KF=\overline{K}$，代入式（6.71）便可得到式（6.62a）。

接下来对式（6.62b）进行证明，因为

$$(N_1-N_2)N_2^{-1}(N_1-N_2)=N_1N_2^{-1}N_1-2N_1+N_2\geq 2$$

$$(N_1-\varepsilon_1)\varepsilon_1^{-1}E_1^{\mathrm{T}}E_1(N_1-\varepsilon_1)=N_1\varepsilon_1^{-1}E_1^{\mathrm{T}}E_1N_1-2E_1^{\mathrm{T}}E_1N_1+\varepsilon_1E_1^{\mathrm{T}}E_1\geq 0$$

即 $N_1N_2^{-1}N_1\geq 2N_1-N_2$，$N_1\varepsilon_1^{-1}E_1^{\mathrm{T}}E_1N_1\geq 2E_1^{\mathrm{T}}E_1N_1-\varepsilon_1E_1^{\mathrm{T}}E_1$，则

$$
\begin{pmatrix}
\overline{X}_{11} & * & * & * \\
\overline{X}_{21} & \overline{X}_{22}-\overline{Q}_2+2N_1-N_2 & * & * \\
\overline{Y}_{11}^{\mathrm{T}} & \overline{Y}_{12}^{\mathrm{T}} & \overline{Z}_{11} & * \\
\overline{Y}_{21}^{\mathrm{T}} & \overline{Y}_{22}^{\mathrm{T}} & \overline{Z}_{21} & \overline{Z}_{22}-2E_1^{\mathrm{T}}E_1N_1+\varepsilon_1E_1^{\mathrm{T}}E_1
\end{pmatrix}
\leq
\begin{pmatrix}
\overline{X}_{11} & * & * & * \\
\overline{X}_{21} & N_1X_{22}N_1 & * & * \\
\overline{Y}_{11}^{\mathrm{T}} & \overline{Y}_{12}^{\mathrm{T}} & \overline{Z}_{11} & * \\
\overline{Y}_{21}^{\mathrm{T}} & \overline{Y}_{22}^{\mathrm{T}} & \overline{Z}_{21} & N_1Z_{22}N_1
\end{pmatrix}
$$

$$(6.74)$$

由于式（6.74）的右边与 $\begin{pmatrix} X & Y \\ Y^{\mathrm{T}} & Z \end{pmatrix}$ 等价，即式（6.62b）满足时能保证 $\begin{pmatrix} X & Y \\ Y^{\mathrm{T}} & Z \end{pmatrix}\geq 0$，所以式（6.62b）得证。

如果不考虑云时延特性加入对于控制系统的影响，对式（6.13）所示的确定性系统进行常规控制器设计。常规控制器设计方法介绍如下。

对于常规系统（6.13）设计的观测器和控制律分别为

$$\hat{x}(k+1)=G\hat{x}(k)+Hu(k)+K(y(k)-C\hat{x}(k)) \tag{6.75}$$

$$u(k)=-L\hat{x}(k) \tag{6.76}$$

定义误差向量 $e(k)=x(k)-\hat{x}(k)$，可得系统状态和误差方程为

$$\begin{cases} x(k+1) = (G-HL)x(k) + HLe(k) \\ e(k+1) = (G-KC)e(k) \end{cases} \tag{6.77}$$

定义增广矩阵 $n_k = (x_k^{\mathrm{T}} \quad e_k^{\mathrm{T}})^{\mathrm{T}}$，则有 $n_{k+1} = \boldsymbol{\Phi} n_k$，其中 $\boldsymbol{\Phi} = \begin{pmatrix} G-HL & HL \\ 0 & G-KC \end{pmatrix}$。

同样利用李雅普诺夫定理进行稳定性分析。设李雅普诺夫函数 $w_k = n_k^{\mathrm{T}} i n_k$，其中 $i = \mathrm{diag}\{E \quad F\}$，利用与定理 6.3 同样的证明思路，可方便地得到定理 6.4。

定理 6.4 对于系统（6.13），若存在适当维数的对称正定矩阵 V_1、V_2、N_2，对称矩阵 $\overline{X}$、$\overline{Z}$，一般矩阵 $\overline{Y}$、$\overline{L}$、$\overline{K}$，以下线性矩阵不等式（6.78a）、（6.78b）成立时，该系统是渐近稳定的。

$$\begin{pmatrix} -N_1+\overline{X} & * & * & * \\ \overline{Y}^{\mathrm{T}} & -\overline{Z} & * & * \\ G_1N_1-H_1\overline{L} & H_1\overline{L} & -N_1 & * \\ 0 & G_1N_1-\overline{K}C & 0 & -N_2 \end{pmatrix} < 0 \tag{6.78a}$$

$$\begin{pmatrix} \overline{X} & \overline{Y} \\ \overline{Y}^{\mathrm{T}} & 2N_1-N_2-\overline{Z} \end{pmatrix} \geqslant 0 \tag{6.78b}$$

式中，$N_1 = C^{\mathrm{T}}(CC^{\mathrm{T}})^{-1}V_1(CC^{\mathrm{T}})^{-1}C + C^{\mathrm{T}\perp}V_2C^{\perp\mathrm{T}}$。观测器设计为 $K = \overline{K}CC^{\mathrm{T}}V_1^{-1}$，控制器增益为 $L = \overline{L}N_1^{-1}$。

云特性控制器可以按照以下步骤进行求解。

1）确定系统网络传输的反馈时延和前向时延变化的上下界，根据式（6.53）确定离散云控制系统模型的参数。其中，G_{d1} 是确定的常数矩阵，G_{d2}、H_{d1}、H_{d2} 是包含与随机时延 τ_k^{sc}、τ_k^{ca} 有关的不确定矩阵。

2）由式（6.54）确定 G_2、H_1、H_2、ΔG_2、ΔH_1、ΔH_2 的表达式，根据式（6.56）确定 D_1、D_2、D_3、E_1、E_2、E_3。

3）根据式（6.57）和式（6.58）构造包含观测器和状态反馈控制律的云控制器模型。

4）利用 MATLAB 中 LMI 工具箱对定理 6.3 中的式（6.62a）、式（6.62b）进行求解，得到可行解 $\overline{K}$、$\overline{L}$、V_1、V_2、N_1。

5）得到观测器增益矩阵为 $K = \overline{K}G_2G_2^{\mathrm{T}}V_1^{-1}$，控制器增益矩阵为 $L = \overline{L}N_1^{-1}$。

6.3.3 典型环节仿真

为了检验本节设计的云控制器性能，下面通过典型环节的仿真实验进行验证。假设采样周期 $T = 1\,\mathrm{s}$，前向通道时延 τ^{ca} 和反馈通道时延 τ^{sc} 在 $0.3 \sim 0.4\,\mathrm{s}$ 内随机变化，包含传感器和执行器的连续广义被控对象的状态空间表达式如式（6.41）所示，其中 $A = \begin{pmatrix} 0 & 1 \\ 0 & -0.1 \end{pmatrix}$，$B = \begin{pmatrix} 0 \\ 0.1 \end{pmatrix}$，$C = (1 \quad 0)$。

将连续云控制系统离散化，得到离散广义被控对象的状态空间表达式（6.53）的系数为 $G_{d1} = \begin{pmatrix} 1 & 0.9516 \\ 0 & 0.9048 \end{pmatrix}$，$G_{d2} = (1 \quad [0.5823 \quad 0.6761])$，$H_{d1} = \begin{pmatrix} [0.01764 & 0.02394] \\ [0.05823 & 0.06761] \end{pmatrix}$，$H_{d2} = $

$$\begin{pmatrix} [\,0.02443 \quad 0.03073\,] \\ [\,0.02755 \quad 0.03694\,] \end{pmatrix},\ \boldsymbol{H}_{d3}=(0.001986 \quad 0.007895),\ \boldsymbol{H}_{d4}=(0.00975 \quad 0.02196)。$$

由式 (6.54) 确定 $\boldsymbol{G}_2$、$\boldsymbol{H}_1$、$\boldsymbol{H}_2$ 的表达式为

$$\boldsymbol{G}_2=(1 \quad 0.6292),\ \boldsymbol{H}_1=\begin{pmatrix} 0.02079 \\ 0.06292 \end{pmatrix},\ \boldsymbol{H}_2=\begin{pmatrix} 0.02758 \\ 0.032245 \end{pmatrix}$$

根据式 (6.56) 确定 $\boldsymbol{D}_1$、$\boldsymbol{D}_2$、$\boldsymbol{D}_3$、$\boldsymbol{E}_1$、$\boldsymbol{E}_2$、$\boldsymbol{E}_3$ 为

$$\boldsymbol{D}_1=(1 \quad 1),\ \boldsymbol{E}_1=\begin{pmatrix} 0 & 0 \\ 0 & 0.0469 \end{pmatrix},\ \boldsymbol{D}_2=\begin{pmatrix} 1 & 0 \\ 0 & 1 \end{pmatrix}$$

$$\boldsymbol{E}_2=\begin{pmatrix} 0.00315 \\ 0.00469 \end{pmatrix},\ \boldsymbol{D}_3=\begin{pmatrix} 1 & 0 \\ 0 & 1 \end{pmatrix},\ \boldsymbol{E}_3=\begin{pmatrix} 0.00315 \\ 0.004695 \end{pmatrix}$$

设观测器增益矩阵为 $\boldsymbol{K}$,控制律矩阵为 $\boldsymbol{L}$,根据式 (6.57) 和式 (6.58) 构造包含观测器和状态反馈控制律的云控制器模型。

利用 MATLAB LMI 工具箱对定理 6.3 中的式 (6.62a)、式 (6.62b) 进行求解,可得

$$\overline{\boldsymbol{K}}=1.0e^{-12}\begin{pmatrix} 0.0660 \\ 0.1309 \end{pmatrix},\ \overline{\boldsymbol{L}}=1.0e^{-09}(-0.0606 \quad 0.2226)$$

$$V_1=1.7942e^{-11},\ V_2=5.1151e^{-11}$$

计算得到观测器增益矩阵为 $\boldsymbol{K}=(0.0051 \quad 0.0102)^{\mathrm{T}}$,控制律增益矩阵为 $\boldsymbol{L}=(2.1310 \quad 6.4369)$。

本节为了检验云特性加入对于控制系统的影响,利用定理 6.4 对确定性云控制系统进行常规控制器设计,利用 MATLAB LMI 工具箱求解式 (6.78a) 和式 (6.78b) 可以得到常规观测器增益矩阵为 $\boldsymbol{K}=(1.2590 \quad 0.2279)^{\mathrm{T}}$,控制律的增益矩阵为 $\boldsymbol{L}=(1.7354 \quad 2.4353)$。

首先在常规控制器作用下,考虑云时延特性和确定性云控制系统 (不具有随机时延) 分别进行仿真,仿真结果如图 6.14 所示。图 6.14a 为云控制信号输出曲线图,图 6.14b 为被控对象输出曲线图,其中 u_1、y_1 为在常规控制器作用下,加入随机变化的时延云特性后云控制系统的控制输出和被控对象输出,u_2、y_2 为在常规控制器作用下,确定性云控制系统控制输出和被控对象输出。

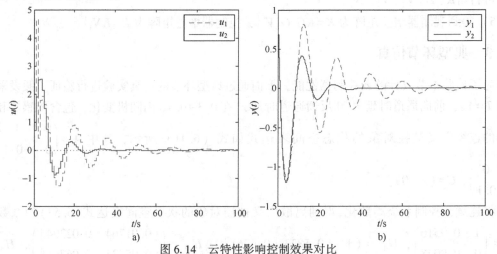

图 6.14 云特性影响控制效果对比

a) 云控制信号输出曲线 b) 被控对象输出曲线

从图 6.14 中可以看出，云控制系统的控制信号输出曲线和被控对象输出曲线趋于 0，说明系统稳定。但是时延云特性的加入使得系统的调整时间增加，超调量也有所增加，说明云特性的加入降低了系统控制性能，基于确定系统设计的常规控制器在出现时延云特性时难以保证系统性能不变，甚至会造成系统不稳定。

接下来对利用定理 6.3 设计的云控制器进行仿真，仿真结果如图 6.15 所示。图 6.15a 为云控制信号输出曲线图，图 6.15b 为被控对象输出曲线图，其中 u_3、y_3 为在云控制器作用下，加入随机变化的时延云特性后云控制系统的控制输出和被控对象输出，为了对比分析，将图 6.14 中在加入和不加时延的情况下，常规控制器的作用效果曲线复制到图 6.15 中。

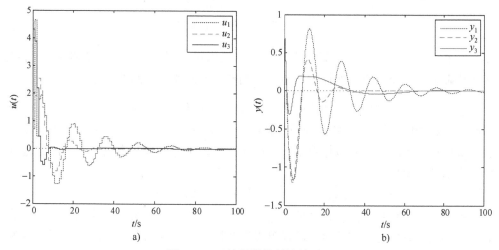

图 6.15　云控制器控制效果对比

a）云控制信号输出曲线　b）被控对象输出曲线

从图 6.15 中可以看出，在云控制器作用下，系统控制信号曲线和被控对象状态输出曲线趋于 0，即在时延云特性加入的情况下，该系统依然能够保持稳定。在带有时延云特性的云控制系统中，与常规控制器相比，云特性控制器的超调量明显减少，调整时间明显减小，说明考虑时延云特性设计的云控制器能够有效补偿时延云特性的引入对于云控制系统的影响，使系统能够保持一定的动态性能。

6.4　考虑云端不确定性的云控制器设计

本节在云控制系统时延模型的基础上，进一步的考虑云端的丢包、数据攻击等不确定性对系统的影响，利用李雅普诺夫稳定性定理和线性矩阵不等式方法，对具有多种不确定性的云控制系统进行控制器设计，云控制器由具有区间参数的观测器和控制律组成。

6.4.1　不确定云控制系统建模

本节将云控制系统中的时延纳入被控对象中，将云端丢包和数据攻击等其他不确定性考虑进云控制器中，所采用的连续云控制系统结构如图 6.16 所示，修正后的广义被控对象同式（6.41），重写如下：

$$\begin{cases} \dot{x}(t) = Ax(t) + Bu(t - \tau^{\mathrm{ca}}) \\ y(t) = Cx(t - \tau^{\mathrm{sc}}) \end{cases} \qquad (6.79)$$

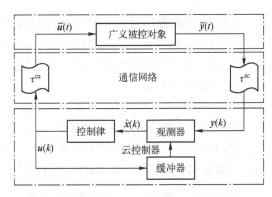

图 6.16　带有连续控制器的云控制系统结构

在控制系统中，由于全部或部分状态不能直接测量，因此采用状态观测器进行状态重构，在此基础上设计控制律，即控制器包括观测器与控制律。观测器模型为

$$\dot{\hat{x}}(t) = A_1\hat{x}(t) + B_1 u(t) + K[y(t) - C\hat{x}(t-\tau^{sc})] \tag{6.80}$$

式中，$\hat{x}(t) \in \mathbf{R}^n$ 为观测器重构状态向量；$K = (k_1 \quad k_2 \quad \cdots \quad k_n)^T$ 为观测器增益矩阵。

假设云计算系统的丢包和数据攻击等可能使云端控制算法数据出现误差，因此观测器的参数矩阵使用区间矩阵表示，即

$$A_1 = [\underline{A}_1, \overline{A}_1] = \{A_1 = [a_{ij}]; \underline{a}_{ij} \leq a_{ij} \leq \overline{a}_{ij}, 1 \leq i, j \leq n\}$$

式中，$\underline{A}_1 = [\underline{a}_{ij}]_{n\times n}$，$\overline{A}_1 = [\overline{a}_{ij}]_{n\times n}$，且满足 $\underline{a}_{ij} \leq \overline{a}_{ij}, 1 \leq i, j \leq n$；同样地，$B_1 = [\underline{B}_1, \overline{B}_1]$。云端观测器的标称模型参数取为与被控对象的模型参数相同，利用区间分析理论可得观测器为

$$\dot{\hat{x}}(t) = [A_0 + D_1 F_1(t) E_1]\hat{x}(t) + [B_0 + D_2 F_2(t) E_2]u(t) + K[y(t) - C\hat{x}(t-\tau^{sc})] \tag{6.81}$$

式中

$$A_0 = \frac{1}{2}(\underline{A}_1 + \overline{A}_1), B_0 = \frac{1}{2}(\underline{B}_1 + \overline{B}_1)$$

$$D_1 = (a_{11}^* I_1 \quad \cdots \quad a_{1n}^* I_1 \quad \cdots \quad a_{n1}^* I_n \quad \cdots \quad a_{nn}^* I_n)_{n\times n^2}$$

$$E_1 = (I_1 \quad \cdots \quad I_n \quad \cdots \quad I_1 \quad \cdots \quad I_n)_{n^2\times n}^T$$

$$D_2 = (b_{11}^* I_1 \quad \cdots \quad b_{1n}^* I_1 \quad \cdots \quad b_{n1}^* I_n \quad \cdots \quad b_{nm}^* I_n)_{n\times nm}$$

$$E_2 = (I_1 \quad \cdots \quad I_n \quad \cdots \quad I_1 \quad \cdots \quad I_n)_{nm\times n}^T$$

其中，A_0、B_0 与被控对象的系统矩阵和输入矩阵相同，即 $A_0 = A$，$B_0 = B$；$a_{ij}^*(i, j = 1, 2, \cdots, n)$ 和 $b_{ij}^*(i = 1, 2, \cdots, n; j = 1, 2, \cdots, m)$ 是观测器参数矩阵的变化宽度矩阵 $\Delta A_1, \Delta B_1$ 中的元素，即 $\Delta A_1 = \frac{1}{2}(\overline{A}_1 - \underline{A}_1) = (a_{ij}^*)_{n\times n}$，$\Delta B_1 = \frac{1}{2}(\overline{B}_1 - \underline{B}_1) = (b_{ij}^*)_{n\times m}$；$I_i$ 是第 i 行为 1，其他行元素为 0 的列向量；$F_1(t)$、$F_2(t)$ 是适维的对角矩阵，对角元素时变且绝对值不大于 1。

利用重构状态设计如下控制律：

$$u(t) = -L\hat{x}(t) \tag{6.82}$$

式中，$L = (l_1 \quad l_2 \quad \cdots \quad l_n)$ 为控制律增益矩阵。

式（6.81）和式（6.82）组成了具有云端不确定性的云控制器。联立式（6.79）、式（6.81）和式（6.82），令 $\xi(t)^T = (x(t)^T \quad \hat{x}(t)^T)$ 可得闭环云控制系统的状态方程为

$$\dot{\boldsymbol{\xi}}(t) = \overline{\boldsymbol{A}}\boldsymbol{\xi}(t) + \overline{\boldsymbol{B}}\boldsymbol{\xi}(t - \tau^{\mathrm{sc}}) + \widetilde{\boldsymbol{B}}\boldsymbol{\xi}(t - \tau^{\mathrm{ca}}) \tag{6.83}$$

式中，$\overline{\boldsymbol{A}} = \begin{pmatrix} \boldsymbol{A} & \boldsymbol{0} \\ \boldsymbol{0} & \boldsymbol{A}_1 - \boldsymbol{B}_1\boldsymbol{L} \end{pmatrix}$；$\overline{\boldsymbol{B}} = \begin{pmatrix} \boldsymbol{0} & \boldsymbol{0} \\ \boldsymbol{KC} & -\boldsymbol{KC} \end{pmatrix}$；$\widetilde{\boldsymbol{B}} = \begin{pmatrix} \boldsymbol{0} & -\boldsymbol{BL} \\ \boldsymbol{0} & \boldsymbol{0} \end{pmatrix}$；$\boldsymbol{A}_1 = \boldsymbol{A}_0 + \boldsymbol{D}_1\boldsymbol{F}_1(t)\boldsymbol{E}_1$；$\boldsymbol{B}_1 = \boldsymbol{B}_0$ $+ \boldsymbol{D}_2\boldsymbol{F}_2(t)\boldsymbol{E}_2$。

6.4.2 云控制器的参数求解

本节根据建立的不确定闭环云控制系统模型，利用李雅普诺夫稳定性定理和线性矩阵不等方法，给出了以下定理来求解云控制器参数，使系统存在云端不确定性时仍能保持稳定。

定理 6.5 如果存在适当维数的矩阵 $\overline{\boldsymbol{K}}$、$\boldsymbol{Y}$、对称矩阵 $\boldsymbol{U}_1$、$\boldsymbol{U}_2$、$\overline{\boldsymbol{S}}_1$、$\overline{\boldsymbol{S}}_2$、$\overline{\boldsymbol{R}}_1$、$\overline{\boldsymbol{R}}_2 > 0$，以及常数 $\varepsilon > 0$，线性矩阵不等式（6.84）成立时，那么系统（6.83）是渐近稳定的。

$$\begin{pmatrix} \boldsymbol{\Phi}_1 & 0 & 0 & 0 & 0 & -\boldsymbol{BY} & 0 & 0 \\ * & \boldsymbol{\Phi}_2 & \overline{\boldsymbol{K}}\boldsymbol{C} & \overline{\boldsymbol{K}}\boldsymbol{C} & 0 & 0 & (\boldsymbol{E}_1\boldsymbol{X})^{\mathrm{T}} & (\boldsymbol{E}_1\boldsymbol{X})^{\mathrm{T}} \\ * & * & -\overline{\boldsymbol{S}}_1 & 0 & 0 & 0 & 0 & 0 \\ * & * & * & -\overline{\boldsymbol{S}}_2 & 0 & 0 & 0 & 0 \\ * & * & * & * & -\overline{\boldsymbol{R}}_1 & 0 & 0 & 0 \\ * & * & * & * & * & -\overline{\boldsymbol{R}}_2 & 0 & 0 \\ * & * & * & * & * & * & -\varepsilon\boldsymbol{I}_1 & 0 \\ * & * & * & * & * & * & * & -\varepsilon\boldsymbol{I}_2 \end{pmatrix} < 0 \tag{6.84}$$

式中，$\boldsymbol{\Phi}_1 = \boldsymbol{X}\boldsymbol{A}^{\mathrm{T}} + \boldsymbol{A}\boldsymbol{X} + \overline{\boldsymbol{S}}_1 + \overline{\boldsymbol{R}}_1$；$\boldsymbol{\Phi}_2 = \boldsymbol{X}\boldsymbol{A}_0^{\mathrm{T}} - \boldsymbol{Y}^{\mathrm{T}}\boldsymbol{B}_0^{\mathrm{T}} + \boldsymbol{A}_0\boldsymbol{X} - \boldsymbol{B}_0\boldsymbol{Y} + \overline{\boldsymbol{S}}_2 + \overline{\boldsymbol{R}}_2 + \varepsilon\boldsymbol{D}_1\boldsymbol{D}_1^{\mathrm{T}} + \varepsilon\boldsymbol{D}_2\boldsymbol{D}_2^{\mathrm{T}}$；$\boldsymbol{X} = \boldsymbol{C}^{\mathrm{T}}(\boldsymbol{C}\boldsymbol{C}^{\mathrm{T}})^{-1}\boldsymbol{U}_1(\boldsymbol{C}\boldsymbol{C}^{\mathrm{T}})^{-1}\boldsymbol{C} + \boldsymbol{C}^{\perp\mathrm{T}}\boldsymbol{U}_2\boldsymbol{C}^{\perp}$；$\boldsymbol{I}_1$、$\boldsymbol{I}_2$ 为适维的单位矩阵；"$*$"表示对称位置元素的转置。观测器以及控制律增益矩阵分别为 $\boldsymbol{K} = \overline{\boldsymbol{K}}(\boldsymbol{U}_1(\boldsymbol{C}\boldsymbol{C}^{\mathrm{T}})^{-1})^{-1}$，$\boldsymbol{L} = \boldsymbol{Y}\boldsymbol{X}^{-1}$。

证明： 设正定的李雅普诺夫函数为

$$\boldsymbol{V}(\boldsymbol{x}(t), \hat{\boldsymbol{x}}(t), t) = \boldsymbol{\xi}^{\mathrm{T}}(t)\boldsymbol{P}\boldsymbol{\xi}(t) + \int_{t-\tau^{\mathrm{sc}}}^{t} \boldsymbol{\xi}^{\mathrm{T}}(w)\boldsymbol{S}\boldsymbol{\xi}(w)\mathrm{d}w + \int_{t-\tau^{\mathrm{ca}}}^{t} \boldsymbol{\xi}^{\mathrm{T}}(w)\boldsymbol{R}\boldsymbol{\xi}(w)\mathrm{d}w \tag{6.85}$$

式中，$\boldsymbol{P} = \begin{pmatrix} \boldsymbol{P}_1 & 0 \\ 0 & \boldsymbol{P}_1 \end{pmatrix}$、$\boldsymbol{S} = \begin{pmatrix} \boldsymbol{S}_1 & 0 \\ 0 & \boldsymbol{S}_2 \end{pmatrix}$、$\boldsymbol{R} = \begin{pmatrix} \boldsymbol{R}_1 & 0 \\ 0 & \boldsymbol{R}_2 \end{pmatrix}$ 均为正定对称矩阵。则有一阶导数

$$\begin{aligned} \dot{\boldsymbol{V}}(\boldsymbol{x}(t), \hat{\boldsymbol{x}}(t), t) = &\dot{\boldsymbol{\xi}}^{\mathrm{T}}(t)\boldsymbol{P}\boldsymbol{\xi}(t) + \boldsymbol{\xi}^{\mathrm{T}}(t)\boldsymbol{P}\dot{\boldsymbol{\xi}}(t) + \boldsymbol{\xi}^{\mathrm{T}}(t)\boldsymbol{S}\boldsymbol{\xi}(t) \\ &- \boldsymbol{\xi}^{\mathrm{T}}(t - \tau^{\mathrm{sc}})\boldsymbol{S}\boldsymbol{\xi}(t - \tau^{\mathrm{sc}}) + \boldsymbol{\xi}^{\mathrm{T}}(t)\boldsymbol{R}\boldsymbol{\xi}(t) - \boldsymbol{\xi}^{\mathrm{T}}(t - \tau^{\mathrm{ca}})\boldsymbol{R}\boldsymbol{\xi}(t - \tau^{\mathrm{ca}}) \end{aligned} \tag{6.86}$$

将式（6.83）代入式（6.86）整理可得

$$\begin{aligned} \dot{\boldsymbol{V}}(\boldsymbol{x}(t), \hat{\boldsymbol{x}}(t), t) = &(\overline{\boldsymbol{A}}\boldsymbol{\xi}(t) + \overline{\boldsymbol{B}}\boldsymbol{\xi}(t - \tau^{\mathrm{sc}}) + \widetilde{\boldsymbol{B}}\boldsymbol{\xi}(t - \tau^{\mathrm{ca}}))\boldsymbol{TP}\boldsymbol{\xi}(t) \\ &+ \boldsymbol{\xi}^{\mathrm{T}}(t)\boldsymbol{P}[\overline{\boldsymbol{A}}\boldsymbol{\xi}(t) + \overline{\boldsymbol{B}}\boldsymbol{\xi}(t - \tau^{\mathrm{sc}}) + \widetilde{\boldsymbol{B}}\boldsymbol{\xi}(t - \tau^{\mathrm{ca}})] + \boldsymbol{\xi}^{\mathrm{T}}(t)\boldsymbol{S}\boldsymbol{\xi}(t) \\ &- \boldsymbol{\xi}^{\mathrm{T}}(t - \tau^{\mathrm{sc}})\boldsymbol{S}\boldsymbol{\xi}(t - \tau^{\mathrm{sc}}) + \boldsymbol{\xi}^{\mathrm{T}}(t)\boldsymbol{R}\boldsymbol{\xi}(t) - \boldsymbol{\xi}^{\mathrm{T}}(t - \tau^{\mathrm{ca}})\boldsymbol{R}\boldsymbol{\xi}(t - \tau^{\mathrm{ca}}) \\ = &\boldsymbol{\zeta}^{\mathrm{T}}(t)\boldsymbol{\Psi}\boldsymbol{\zeta}(t) \end{aligned} \tag{6.87}$$

式中，$\boldsymbol{\zeta}^{\mathrm{T}}(t) = [\boldsymbol{x}^{\mathrm{T}}(t) \quad \hat{\boldsymbol{x}}^{\mathrm{T}}(t) \quad \boldsymbol{x}^{\mathrm{T}}(t - \tau^{\mathrm{sc}}) \quad \hat{\boldsymbol{x}}^{\mathrm{T}}(t - \tau^{\mathrm{sc}}) \quad \boldsymbol{x}^{\mathrm{T}}(t - \tau^{\mathrm{ca}}) \quad \hat{\boldsymbol{x}}^{\mathrm{T}}(t - \tau^{\mathrm{ca}})]$；且

$$\Psi = \begin{pmatrix} A^{\mathrm{T}}P_1+P_1A+S_1+R_1 & 0 & 0 & 0 & 0 & -P_1BL \\ * & A_1^{\mathrm{T}}P_1-L^{\mathrm{T}}B_1^{\mathrm{T}}P_1^{\mathrm{T}}+P_1A_1-P_1B_1L+S_2+R_2 & P_1KC & P_1KC & 0 & 0 \\ * & * & -S_1 & 0 & 0 & 0 \\ * & * & * & -S_2 & 0 & 0 \\ * & * & * & * & -R_1 & 0 \\ * & * & * & * & * & -R_2 \end{pmatrix}$$

故当 $\Psi<0$ 成立时，有 $\dot{V}<0$，则系统是渐近稳定的。将 $\Psi<0$ 分别左乘、右乘 $\mathrm{diag}\{P_1^{-1},$ $P_1^{-1},P_1^{-1},P_1^{-1},P_1^{-1},P_1^{-1}\}$，并令 $P_1^{-1}=X$，$LP_1^{-1}=Y$，$P_1^{-1}S_1P_1^{-1}=\bar{S}_1$，$P_1^{-1}S_2P_1^{-1}=\bar{S}_2$，$P_1^{-1}R_1P_1^{-1}=\bar{R}_1$，$P_1^{-1}R_2P_1^{-1}=\bar{R}_2$，则有

$$\begin{pmatrix} XA^{\mathrm{T}}+AX+\bar{S}_1+\bar{R}_1 & 0 & 0 & 0 & 0 & -BY \\ * & XA_1^{\mathrm{T}}-Y^{\mathrm{T}}B_1^{\mathrm{T}}+A_1X-B_1Y+\bar{S}_2+\bar{R}_2 & KCX & KCX & 0 & 0 \\ * & * & -\bar{S}_1 & 0 & 0 & 0 \\ * & * & * & -\bar{S}_2 & 0 & 0 \\ * & * & * & * & -\bar{R}_1 & 0 \\ * & * & * & * & * & -\bar{R}_2 \end{pmatrix}<0 \quad (6.88)$$

由于式（6.88）是关于矩阵 K 和 X 的双线性矩阵不等式（BMI），是非凸的，无法直接求解。因此利用引理 6.4 给式（6.88）一个等式约束

$$XC^{\mathrm{T}}=C^{\mathrm{T}}H^{\mathrm{T}} \tag{6.89}$$

且 $H=U_1(CC^{\mathrm{T}})^{-1}$，矩阵 U_1 为适当维数的正定矩阵，由引理 6.4 可得

$$X=C^{\mathrm{T}}(CC^{\mathrm{T}})^{-1}U_1(CC^{\mathrm{T}})^{-1}C+C^{\mathrm{T}\perp\mathrm{T}}U_2C^{\mathrm{T}\perp} \tag{6.90}$$

式中，U_2 为适当维数的正定矩阵。然后令 $KH=\bar{K}$，可得

$$\begin{pmatrix} XA^{\mathrm{T}}+AX+\bar{S}_1+\bar{R}_1 & 0 & 0 & 0 & 0 & -BY \\ * & XA_1^{\mathrm{T}}-Y^{\mathrm{T}}B_1^{\mathrm{T}}+A_1X-B_1Y+\bar{S}_2+\bar{R}_2 & \bar{K}C & \bar{K}C & 0 & 0 \\ * & * & -\bar{S}_1 & 0 & 0 & 0 \\ * & * & * & -\bar{S}_2 & 0 & 0 \\ * & * & * & * & -\bar{R}_1 & 0 \\ * & * & * & * & * & -\bar{R}_2 \end{pmatrix}<0 \quad (6.91)$$

控制器系数表示为 $A_1=A_0+D_1F_1(t)E_1$，$B_1=B_0+D_2F_2(t)E_2$，代入式（6.91），然后拆解成确定部分和不确定部分，确定部分可以表示为

$$\begin{pmatrix} XA^{\mathrm{T}}+AX+\bar{S}_1+\bar{R}_1 & 0 & 0 & 0 & 0 & -BY \\ * & XA_0^{\mathrm{T}}-Y^{\mathrm{T}}B_0^{\mathrm{T}}+A_0X-B_0Y+\bar{S}_2+\bar{R}_2 & \bar{K}C & \bar{K}C & 0 & 0 \\ * & * & -\bar{S}_1 & 0 & 0 & 0 \\ * & * & * & -\bar{S}_2 & 0 & 0 \\ * & * & * & * & -\bar{R}_1 & 0 \\ * & * & * & * & * & -\bar{R}_2 \end{pmatrix} \quad (6.92)$$

与 $D_1F_1(t)E_1$、$D_2F_2(t)E_2$ 有关的不确定部分可以表示成 $M+M^T$，其中

$$M = \begin{pmatrix} 0 & 0 & 0 & 0 & 0 \\ 0 & D_1F_1^TE_1X-D_2F_2^TE_2Y & 0 & 0 & 0 & 0 \\ 0 & 0 & 0 & 0 & 0 \\ 0 & 0 & 0 & 0 & 0 \\ 0 & 0 & 0 & 0 & 0 \\ 0 & 0 & 0 & 0 & 0 \end{pmatrix}$$

利用引理 6.3，可以得到如下不等式：

$$M+M^T \leqslant \varepsilon \begin{pmatrix} 0 & 0 \\ D_1 & -D_2 \\ 0 & 0 \\ 0 & 0 \\ 0 & 0 \\ 0 & 0 \end{pmatrix} \begin{pmatrix} 0 & 0 \\ D_1 & -D_2 \\ 0 & 0 \\ 0 & 0 \\ 0 & 0 \\ 0 & 0 \end{pmatrix}^T + \varepsilon^{-1} \begin{pmatrix} 0 & E_1X & 0 & 0 & 0 & 0 \\ 0 & E_2Y & 0 & 0 & 0 & 0 \end{pmatrix}^T \begin{pmatrix} 0 & E_1X & 0 & 0 & 0 & 0 \\ 0 & E_2Y & 0 & 0 & 0 & 0 \end{pmatrix}$$

$$(6.93)$$

式 (6.91) 可以转化为

$$G_1 + \varepsilon^{-1} \begin{pmatrix} 0 & E_1X & 0 & 0 & 0 & 0 \\ 0 & E_2Y & 0 & 0 & 0 & 0 \end{pmatrix}^T \begin{pmatrix} 0 & E_1X & 0 & 0 & 0 & 0 \\ 0 & E_2Y & 0 & 0 & 0 & 0 \end{pmatrix} < 0 \qquad (6.94)$$

式中

$$G_1 = \begin{bmatrix} \Phi_1 & 0 & 0 & 0 & 0 & -BY \\ * & \Phi_2 & \overline{K}C & \overline{K}C & 0 & 0 \\ * & * & -\overline{S}_1 & 0 & 0 & 0 \\ * & * & * & -\overline{S}_2 & 0 & 0 \\ * & * & * & * & -\overline{R}_1 & 0 \\ * & * & * & * & * & -\overline{R}_2 \end{bmatrix}$$

$$\Phi_1 = XA^T + AX + \overline{S}_1 + \overline{R}_1$$

$$\Phi_2 = XA_0^T - Y^TB_0^T + A_0X - B_0Y + \overline{S}_2 + \overline{R}_2 + \varepsilon D_1D_1^T + \varepsilon D_2D_2^T$$

利用引理 6.1（舒尔补定理）可得式 (6.84)，定理 6.4 得证。

6.4.3　典型环节仿真

云控制系统的广义被控对象模型系数为

$$A = \begin{pmatrix} 0 & 1 \\ 0 & -1 \end{pmatrix}, B = \begin{pmatrix} 0 \\ 0.1 \end{pmatrix}, C = (1 \quad 0)$$

前向通道时延 τ^{ca} 和反馈通道时延 τ^{sc} 是动态随机变化的，服从均匀分布，即 τ^{ca}，$\tau^{sc} \in [0.2,0.8]$。

云控制器模型中的观测器区间系数矩阵为

$$A_1 = \begin{pmatrix} (-0.5 & 0.5] & [0.7 & 1.3) \\ (-0.3 & 0.3] & [-1.1 & -0.9) \end{pmatrix}, B_1 = \begin{pmatrix} (-0.6 & 0.6) \\ (-0.8 & 1) \end{pmatrix}, C = (1 \quad 0)$$

利用 MATLAB 的 LMI 工具箱，根据定理 6.4 可求得云控制器的观测器增益矩阵和控制律增益矩阵分别为 $K = (0.2977 \quad 0.2868)^{\mathrm{T}}$，$L = (1.0332 \quad 0.1940)$。对云控制器作用下，具有云端和网络端不确定性的云控制系统进行仿真分析，可得被控对象状态曲线和控制器输出信号曲线如图 6.17 所示。由图 6.17 可知，在云控制器的作用下，被控对象状态曲线和控制信号曲线收敛，说明具有网络端和云端不确定性的云控制系统稳定，考虑各种不确定性而设计的云控制器能够补偿这些不确定性对系统的影响，具有良好的动态性能。

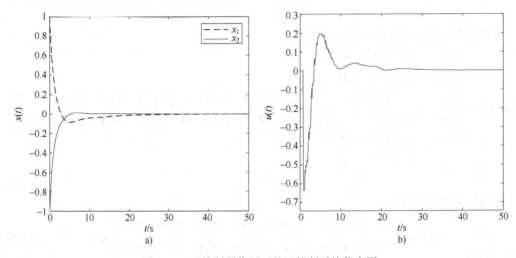

图 6.17 云控制器作用下的云控制系统仿真图

a）被控对象状态曲线 b）控制器输出信号曲线

6.5 习题

6.1 简述云控制系统的不确定性分解策略，分析产生不确定性的原因。

6.2 云端时延由哪些因素引起的？与控制系统性能是什么关系？

6.3 云控制系统中的网络传输时延由哪些因素引起？与网络控制系统的传输时延的区别与联系是什么？

6.4 前向通道时延和反馈通道时延为什么要分开考虑？对系统的影响分别是什么？

6.5 对比云控制系统和网络控制系统时延模型的区别与联系。

6.6 简述极点配置设计方法。

6.7 已知连续被控对象的状态空间模型为

$$\begin{cases} \dot{x}(t) = Ax(t) + Bu(t) \\ y(t) = Cx(t) \end{cases}$$

其中，$A = \begin{pmatrix} 0 & 1 \\ 0 & -0.1 \end{pmatrix}$，$B = \begin{pmatrix} 0 \\ 0.1 \end{pmatrix}$，$C = (1 \quad 0)$。性能指标要求：云控制系统阶跃响应的超调量 $\delta\% \leq 10$，调节时间 $t_s \leq 2\,\mathrm{s}$。要求在考虑前向通道时延最大值 $\tau_{\max}^{\mathrm{ca}} = 50\,\mathrm{ms}$ 和反馈通道时延最大值 $\tau_{\max}^{\mathrm{ca}} = 50\,\mathrm{ms}$ 的情况下，用极点配置设计方法设计云控制器。

6.8 简述李雅普诺夫稳定性原理。

6.9　什么是线性矩阵不等式方法？有什么优点？

6.10　考虑下面的系统

$$A^{\mathrm{T}}XA-X+I<0$$

其中，$A=\begin{pmatrix} 0.5 & -0.2 \\ 0.1 & -0.7 \end{pmatrix}$，利用线性矩阵不等式方法找出矩阵 $X>0$，满足该系统要求。

6.11　已知连续被控对象的状态空间模型为

$$\begin{cases} \dot{x}(t)=Ax(t)+Bu(t) \\ y(t)=Cx(t) \end{cases}$$

其中，$A=\begin{pmatrix} -4 & 2 \\ 5 & -7 \end{pmatrix}$，$B=\begin{pmatrix} 2 \\ -9 \end{pmatrix}$，$C=(1 \quad -1)$。设采样周期 $T=0.1\,\mathrm{s}$，假设前向通道时延最大值 $\tau_{\max}^{\mathrm{ca}}=10\,\mathrm{ms}$ 和反馈通道时延最大值 $\tau_{\max}^{\mathrm{ca}}=10\,\mathrm{ms}$。要求基于离散域李雅普诺夫稳定性定理，使用线性矩阵不等式方法设计云控制器，使系统渐近稳定。

6.12　已知连续被控对象的状态空间模型为

$$\begin{cases} \dot{x}(t)=Ax(t)+Bu(t) \\ y(t)=Cx(t) \end{cases}$$

其中，$A=\begin{pmatrix} 0 & 1 \\ -1 & -2 \end{pmatrix}$，$B=\begin{pmatrix} 0 \\ 1 \end{pmatrix}$，$C=(1 \quad 0)$。假设前向通道时延和反馈通道时延动态随机变化，即 τ^{ca}，$\tau^{\mathrm{sc}}\in[0.2,0.5]$。要求考虑多种云不确定性，基于连续域李雅普诺夫稳定性定理，使用线性矩阵不等式方法设计包含观测器和控制律的云控制器，使系统渐近稳定。观测器的参数矩阵元素使用区间数表示，中点值与被控对象模型参数相同，且变化宽度均取为 0.1。

6.13[*]　试深入分析云端不确定性（包括时延特性）产生的原因。

6.14[*]　试在离散域采用极点配置设计方法设计云控制器。

第7章 云控制系统设计实例

云控制系统的设计实例以温室大棚生产环境作为对象，设计并实现了一种基于云控制器的温室环境控制系统。其基本功能包括：实现温室大棚现场的数据采集与上传工作，接收来自云控制器反馈的控制量并执行；依靠系统监控端，实现对温室环境的历史数据和控制量的管理、查询、分析、实时显示等，同时可选择不同的控制方式对温室环境进行控制；依靠云服务器后端框架维护与支持系统运行和数据存储，该部分主要包括通信端设计、数据库的设计以及控制算法的实现。

本章通过温室环境云控制系统这一设计实例的介绍，便于读者了解和掌握构建实际云控制系统的硬件与软件开发的基本流程，为今后开发更加完善且实用化的云控制系统奠定基础。

7.1 云控制系统总体结构

温室种植在现今的农业生产中占有重要地位，但是在温室环境的管理上，大多数依旧采用凭经验施肥灌溉的传统生产模式，对农业的可持续性发展是不利的。随着信息技术的飞速发展，农业信息化技术也得以不断发展，使得智慧农业即温室环境监控系统在农业及农村信息化建设中展现出巨大的应用前景。

目前可用的温室环境监控系统可以分为两个大类，分别为基于本地集中器的环境监测系统和基于远程服务器的环境监测系统。

1）基于本地集中器的环境监控系统：在该监控系统下，所有的传感器通过总线的形式连接到位于现场的控制柜上，控制柜上具有显示屏，可以显示当前整个温室环境中采集器的信息；同时，这种形式的监控系统也具有控制的功能。对于该模式下的监控系统来说，其优点在于节约了人力和物力，同时也给农作物提供了相对适合的温室环境；缺点是仍然需要管理人员到现场进行环境参数的设置。

2）基于远程服务器的环境监控系统：相比于以集中器为核心的监控系统来说，该模式的系统在原系统的基础上增加了远程服务器的环节，使得现场温室环境下的数据可以上传至远端的服务器中，是目前温室环境监测系统里比较主流的趋势。但是在该模式下，仅有远程的监督功能，无法在线进行远程控制，控制效果的实现仍在本地；另外，其远程监控的计算机系统需要自己搭建。

因此，针对现有温室环境控制系统存在的问题，本节按照云控制系统所需的功能，对系统进行整体设计，包括整个系统所涉及的硬件部分和软件部分。

图7.1为所设计的温室环境云控制系统总体结构，主要由三部分组成：现场端、云服务器端和监控端，由此结构产生的闭环系统控制结构图如图7.2所示。

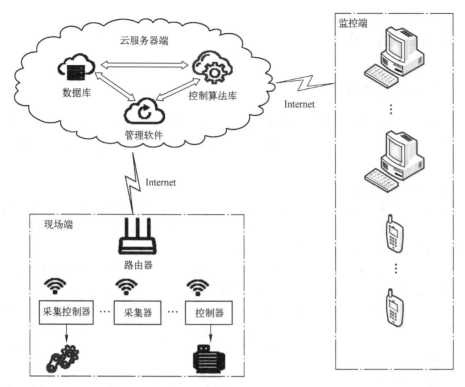

图 7.1 云控制系统总体结构

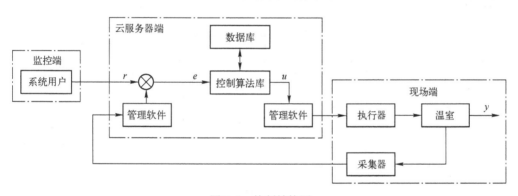

图 7.2 控制结构图

1）现场端：该部分包括采集器和控制器（也可称为执行器），是整个控制系统的采样和执行环节，两种类型的单元通过路由器连入互联网并与云服务器进行通信。为方便设计和维护，一般将采集器和控制器集成在一起，称为采集控制终端。

2）云服务器端：该部分包括管理软件、数据库以及控制算法库，是整个控制系统的控制器部分，其中控制算法库负责整个控制系统控制量的计算，之后通过管理软件发送给位于现场的控制器进行控制，同时接收下一时刻采集器上传的信息，数据库用于对关键参数和环境数据进行记录。

3）监控端：该部分通过浏览器向管理软件发送请求，之后读取数据库数据并显示，也可以进行控制命令设置。

7.2 云控制系统实现

7.2.1 终端系统硬件设计

本节的内容是云控制系统现场端的采集和控制终端设计，包含硬件部分设计和软件程序设计，主要包括网络通信芯片电路、温湿度传感器电路、I²C 接口电路、电源管理电路和电动机驱动电路等部分。

1. 采集控制终端功能结构

采集控制终端主要用于采样和执行，为了增加系统硬件的普适性，将所有的功能均设计在一块电路板上，这样的好处是方便更换，同时容易改变整个系统在现场端的结构。一般也可以将系统的采集控制终端称为集中器。

集中器位于现场，与传统的采集器、执行器和集中器相比，此集中器具有无线通信功能，且该通信方式基于 TCP/IP，利用 Wi-Fi 和 Internet，因此集中器必须有连接网络和解析通信数据的功能。除了此功能外，所设计的集中器与传统的采集器、执行器或集中器一样，应具有采集、控制和显示等功能。根据上述功能，集中器的功能结构如图 7.3 所示。

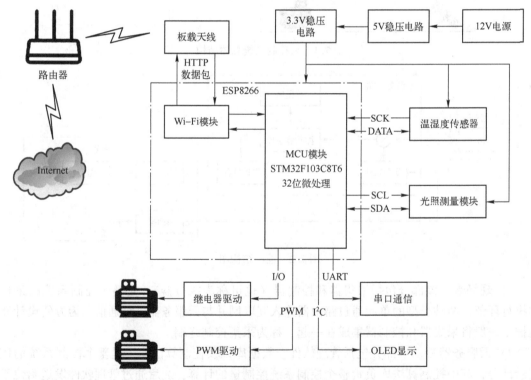

图 7.3 云控制系统集中器功能结构

所设计的集中器单元由 STM32F103C8T6 作为中央处理器单元，该芯片内置 TARM 32 位的 Cortex™-M3 CPU，该微处理器主频为 72 MHz，完全满足实时性的要求。此外，该芯片内置 TCP/IP 和 Wi-Fi 协议，完全满足集中器的功能需求。中央处理器单元在整个集中器中的功能主要有以下两点。

1）接收来自路由器的 HTTP 数据包并负责解析，同时也负责将要发送的数据打包发送至互联网上。

2）通过温湿度传感器读取协议和 I²C 协议进行传感器数据读取，同时也会用 I/O 口或具有 PWM 波功能的端口驱动相应的驱动电路，完成执行器的功能。集中器板载的温湿度传感器使用 SHT10，其自身具有信号处理电路，与 STM32 的通信仅需要时钟线和数据线；光照强度测量模块使用 B-LUX-V30B 环境光传感器，集中器与该模块通过 I²C 接口进行通信。

2. 微处理器选型

微处理器是集中器单元的控制核心，不仅要完成传统控制系统中需要完成的输出和采样工作，还要负责解析来自 Internet 上的 HTTP 数据及发送 HTTP 数据包。此外，还需完成对显示屏等人机接口的支持。要想顺利实现这些功能，并且达到良好的控制效果，就必须选择一款性能优越的微处理器。

对于所要设计的集中器而言，首先考虑的处理器为具有 ARM 构架的处理器，例如，常用的 M3 架构的 STM32F1 系列或者 M4 架构的 STM32F4 系列，其资源丰富，且资料众多，虽然在对于网络数据的解析方面，其资料与应用一直是短板。但是利用现有的 ESP8266 模块作为配合，可解决 STM32F103C8T6 在网络数据解析方面的劣势。

表 7.1 详细介绍了其 SOC 特性以及该芯片的外设资源，图 7.4 为 STM32F103C8T6 的实物图。

表 7.1　STM32F103C8T6 的 SOC 特性与模块外设

SOC 特性	模块外设
内置 Cortex™-M3 32 位微处理器	3 路 UART
内置 TCP/IP 和 Wi-Fi 协议栈	2 路 ADC
内置 2 路 12 bit 高精度 ADC	2 路 SPI
2 ms 之内唤醒、连接并传递数据包	2 路 I²C
内置 64 KB 的闪存处理器	37 路 I/O 引脚

图 7.4　STM32F103C8T6 实物图

由于本设计的重难点在通信方面，结合上述比较，虽然 STM32F103C8T6 的网络解析能力较差，但是其在资源与相关资料方面是其他微处理器所不能比拟的，因此选用 STM32F103C8T6

芯片作为集中器的中央处理单元。

综上所述，在该系统中，集中器的主控部分由 STM32F103C8T6 组成，该部分电路图如图 7.5 所示。

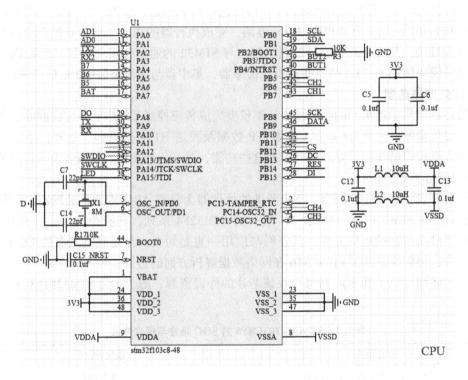

图 7.5　主控电路图

3. Wi-Fi 通信模块电路设计

ESP8266 是一款超低功耗的 UART-Wi-Fi 透传模块，拥有较为理想的封装尺寸和低能耗技术，专为手持等移动设备和物联网应用场景设计，可将用户的物理设备连接到 Wi-Fi，进行互联网或局域网通信，实现相应联网功能。

ESP8266 模块的工作模式支持 STA／AP／STA+AP 三种。

1）STA 模式：ESP8266 模块通过无线路由器连接到互联网，手机或计算机通过互联网对设备进行远程控制。

2）AP 模式：ESP8266 模块作为热点，手机或计算机直接与模块进行通信，实现局域网无线控制。

3）STA+AP 模式：两种模式的共存模式，即可通过互联网控制，实现各类控制的无缝切换，方便操作。

该部分电路图如图 7.6 所示。

4. OLED 显示屏电路设计

为了更加直观地显示被测数据以及设备之间的连接情况，采用六针 OLED 双色显示屏来进行相关数据与设备情况的显示。实物图如图 7.7 所示。

集中器采用外接的方式与该模块进行通信，该部分接口电路如图 7.8 所示。

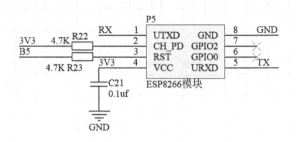

图 7.6　Wi-Fi 模块电路图

图 7.7　OLED 模块实物图

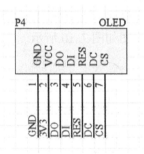

图 7.8　OLED 模块电路图

5. 电源设计

集中器硬件电路中共需要两种电压，分别是 5 V 和 3.3 V。设计引入 12 V 电压，经过稳压电路转换为 5 V 与 3.3 V，其中 3.3 V 电压给主控、温湿度传感器、OLED 显示屏和串口供电；5 V 电压给二氧化碳传感器、光照强度传感器供电，同时 12 V 电压还作为继电器控制的输出电压。

图 7.9 是该部分的设计电路，在 5 V 稳压电路中，本设计选择 LM2940 进行电压转换。选择该芯片的主要原因是它可以提供最大到 1 A 的输出电路，且其输入电压范围为 6.25~26 V，方便进行硬件电路电源的更换；该电路在其典型电路的基础上增加了几个输出电容，目的是更好地滤波以及防止突然的供电不足对系统产生的影响。在 3.3 V 稳压电路中，选择

LM1117 稳压芯片。该芯片最大可提供 800 mA 的电流，同时其具有低压差的特性，保证了主控电路供电的稳定性。

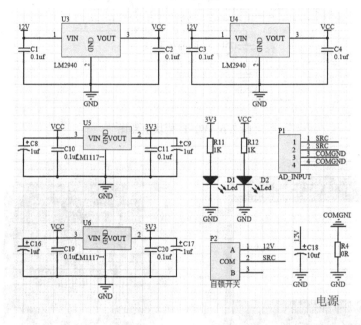

图 7.9 电源电路图

考虑到大棚环境的复杂程度以及集中器的无线便捷特性，在此提出两种供电方式，即选用电池和外接电源，分别对应集中器中的采集器和控制器这两种工作状态。根据集中器需要的不同工作状态，利用开关切换供电模式，下面分别介绍集中器工作在采集数据和执行控制两种情况下的供电策略，其策略示意图如图 7.10 所示。

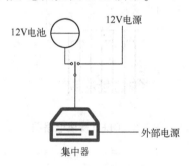

图 7.10 供电策略示意图

1）当集中器工作在采集状态下时，为了保证对于大棚各处数据的准确采集以及放置位置的灵活性，采用 12 V 可充电锂电池组进行供电。

此供电方案可以保证采集终端灵活悬挂放置在温室大棚的各处，可充电电池组更换便捷且可边充电边工作，大大增强了采集终端的工作持续性和稳定性。

2）当集中器工作在执行控制状态下或者外接控制执行设备时，为了保证驱动能力满足要求和系统工作稳定性，利用开关进行供电模式切换，采用引入外接电源的供电模式；此时除了接入 12 V 电压利用电源稳压电路进行 5 V 和 3.3 V 供电外，根据执行设备所需电压，引入外部电源。

此供电方案可以保证执行设备的稳定运行,保证了足够的驱动能力。

6. SHT10 温湿度传感器电路

瑞士 Sensirion 公司生产的 SHTxx 系列单片数字温湿度集成传感器,采用 CMOS 过程微加工专利技术,保证了产品具有极高的可靠性和优秀的长期稳定性。该传感器由 1 个电容式聚合体测湿元件和 1 个能隙式测温元件组成,并与 1 个 14 位 A/D 转换器以及 1 个 2-wire 数字接口在单芯片中结合,使得该产品具有能耗低、反应速度快、抗干扰能力强等优点。

SHT10 的特点如下。

1)相对湿度和温度的测量兼有露点输出。

2)全部校准,数字输出。

3)接口简单(2-wire),响应速度快。

4)超低功耗,自动休眠。

5)出色的长期稳定性。

6)超小体积(表面贴装)。

7)测湿精度为 ±45%RH,测温精度为 ±0.5℃(25℃)。

除了上述优点外,该传感器在通信时也会有 8 位的 CRC 校验,这样的通信方式保证了通信的稳定性。

图 7.11 为设计中 SHT10 温湿度传感器的硬件电路,其中数据线需要 1 kΩ 的上拉电阻,来保证空闲时刻的通信电平。

7. 光照强度传感器模块

光照强度传感器选用 B-LUX-V30B 环境光传感器,其实物图如图 7.12 所示。

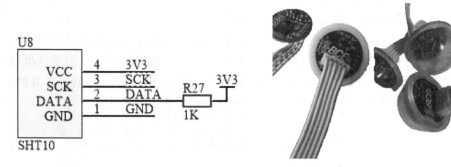

图 7.11 SHT10 电路　　　　　图 7.12 B-LUX-V30B 模块实物图

集中器采用外接的方式与该模块进行通信,通信协议为 I^2C 协议,该部分接口电路如图 7.13 所示。

8. 继电器与 PWM 波驱动电路

设计中使用两种驱动电路进行执行器的驱动:一种是继电器驱动电路,另一种是 PWM 波驱动电路。下面分别对两种电路进行介绍。

(1)继电器驱动电路

图 7.14 所示是集中器的板载继电器驱动电路,其中继电器采用 HJR4102-5 V,其最大触电电压为 AC 240 V 或 DC 60 V,最大触点电流为 5 A,完全满足本系统的要求。

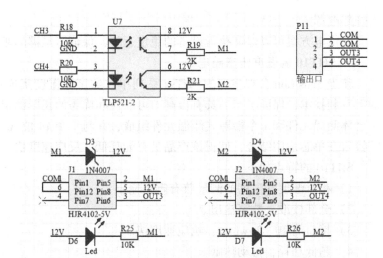

图 7.13 I²C 接口电路

图 7.14 继电器驱动电路

除了上述要点以外，决定该电路是否可用的另一个要素就是光耦。设计中把 TLP521 系列的光耦放在驱动电路与主控电路之间，一方面是为了进行电路的隔离，防止电流反灌，损坏主控；另一方面是进行电压转换，将 3.3 V 的 I/O 口电压转为 5 V 电压。但是这中间存在光耦转换效率的问题，即光耦是否能够转换高频的信号。实践发现，光耦的转换频率主要与负载端有关，即 R19 与 R21，这里选用 2 kΩ 的电阻值，这样阻值下的光耦可进行转换的频率为 1~2 kHz，满足系统的要求。

（2）PWM 波驱动电路

图 7.15 为本设计的板载 PWM 波驱动电路。在该部分电路中，使用 BTS7971（也有很多代替产品，其引脚均一致）作为主要的驱动芯片。该芯片内部是两个 CMOS 组成的半桥驱动电路，两个半桥就可以组成一个全桥驱动电路，好处是可以控制电动机的正反转。芯片的 VS 端是供电端，这里把此处设置为空节点，可供用户进行电压的输入；但是这里仅仅可以输入直流电压，且电压范围为 0~45 V，足够驱动大多数直流电动机的运转。芯片的 IN 端是输入端，用于接收 PWM 波信号；INH 端是使能端，这里表示一直使能。

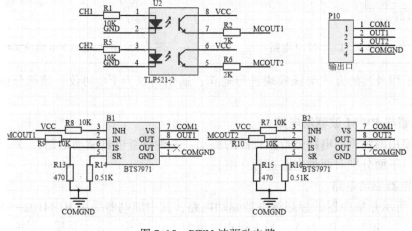

图 7.15 PWM 波驱动电路

7.2.2 终端系统软件设计

集中器的软件结构图如图 7.16 所示，根据功能主要分为三大模块，分别是 Wi-Fi 模块、采集定时模块以及 HTTP POST 模块，下面分别对各模块进行软件设计说明。

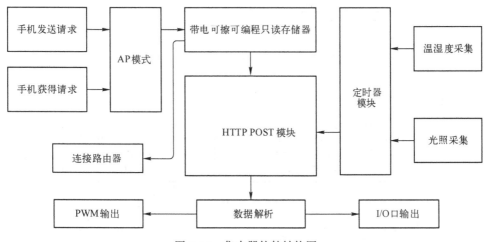

图 7.16 集中器软件结构图

1. Wi-Fi 模块设计

由于现场端的数据要送入云服务器中，因此首先集中器要连入路由器中，之后才能将数据送入目标服务器中。因此在系统初始化阶段，要有一段连入路由器的过程，该过程的程序流程图如图 7.17 所示。

在采集器和控制器初始化的阶段，MCU 首先会读取 EEPROM 中存储的信息，其中包括用户设置的 SSID 名称、Password、设备 ID、设备类型、目标地址和监听端口号；之后使用该 SSID 和 Password 进行 Wi-Fi 连接，尝试登录路由器；此后分为两个过程，这两个过程比较相似，但是对应的情况是不同的。过程 1 是如果 20 s 内没有接入路由器中，则设备开启热点模式，其名称和密码将会显示在液晶屏中；用户通过手机 Wi-Fi 连入该热点后，登录液晶屏中显示的链接网址，设备将会向手机端发送 HTML 界面，其中包含要接入的路由 SSID、Password，以及设备 ID、目标地址等的输入栏；用户用手机填写后，单击"Configure"按钮提交，提交后的信息将以 HTML 的形式发回到设备中；设备接收到之后进行解析，将相应位置的内容解析之后重新写入 EEPROM 中；对于此时解析出的 SSID 和 Password，设备立即使用它们连接路由，之后返回判断是否连接。过程 2 是 20 s 内成功接入路由器之后，设备也会开启热点模式，同时等待用户的接入；但是不同的是此时用户接入后将不必设置路由的 SSID 和 Password，仅仅设置其他必要的信息即可。

该部分实际效果图如图 7.18 所示，其中图 7.18a 是设备的初始化界面，图 7.18b 是尝试登录路由器界面。当设备 20 s 之后无法连接路由器时，设备转换到图 7.18c，此时设备开启 AP 模式，手机可以在 Wi-Fi 列表中搜索到名为 NEUYUN_Config 的热点。连入之后用浏览器登录 192.168.4.1 将会在手机端得到图 7.18d 的设置界面，在该界面中填写对应信息后提交给设备，设备用提交的路由器名称和信息进行连接。图 7.18e 是设备连入路由器成功的界面。

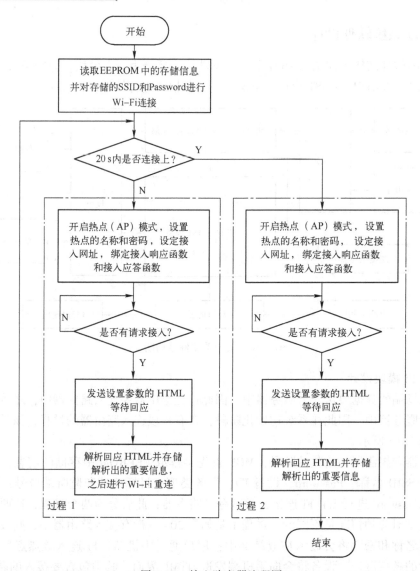

图 7.17　接入路由器流程图

2. 定时采集终端程序设计

位于现场端的集中器最基本的功能为环境数据的采集，因此该部分程序设计也是整个硬件部分最基本的部分。本小节简单介绍其执行流程。

图 7.19 所示为采集程序的流程图，对于不同的传感器，程序对其的采样频率是不同的，其中采样周期根据传感器手册中的数据更新频率而定。对于温湿度传感器，其采样周期为 100 Hz，而对于光照强度传感器，其采样周期为 10 Hz。除了上述的采样任务外，主循环中将会一直对采集到的数据进行显示，以供查看。

3. HTTP POST 程序设计

当集中器通过初始化阶段，并成功接入路由器之后，集中器就需要将定时采集到的数据发送至云服务器中，并等待云服务器发回的控制量数据。该过程主要依靠 HTTP POST 模块完成，其程序流程图如图 7.20 所示。

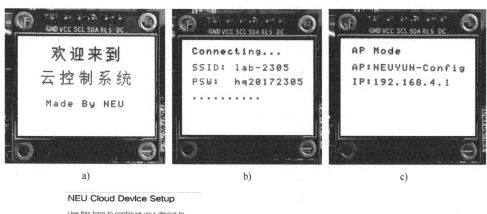

图 7.18　Wi-Fi 初始化实际效果图

a）初始化页面　b）尝试登录路由器界面　c）登录不成功开启 AP 模式

d）手机端设置页面　e）设备成功连接至路由器

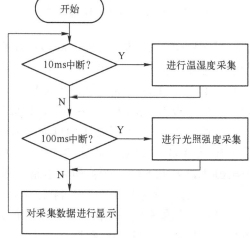

图 7.19　采集程序流程图

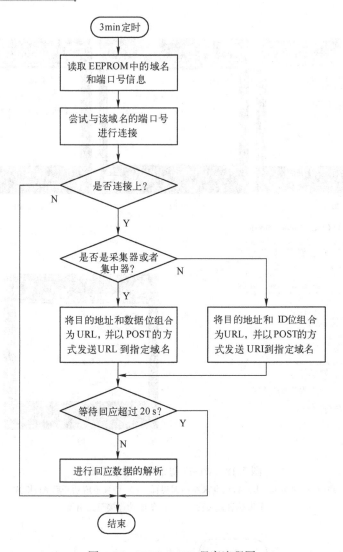

图 7.20 HTTP POST 程序流程图

该模块的运行周期为 3 min，因为温室环境为大滞后的慢过程系统，所以并不需要太快的采样与控制。当 3 min 定时到达时，程序先从 EEPROM 中读取到用户设置的域名与端口号，之后通过 Wi-Fi 模块尝试与该域名下的该端口号进行连接，如果连接失败，则结束该过程；如果连接成功，则判断设备是否为采集器或者集中器，如果是，则将目的地址、设备 ID 与数据位组成 URL 的形式，通过 POST 的方式发送到目标域名中，例如，本设计的目标地址为/gweb/Controller，设备 ID 为 A001，数据为温度 20.5℃，湿度为 50%，则最终的 URL 形式为/gweb/Controller？ID＝A001&T＝20.5&H＝50；如果不是，则仅仅在目标地址后面加入 ID 信息，之后通过 POST 方式发送；发送 URL 后会等待服务器端的回复，如果 20 s 内没有等到服务器的回复，则直接结束；如果有服务器的回复，则进行数据解析，数据解析较为简单，仅仅是依照协议进行数据的复现，这里不再详述。

7.2.3 无线网络系统设计

本设计的关键之一就是现场端的设备脱离线缆，摆脱束缚，使得传感器、控制器的放置与安置更适合于复杂的农业生产环境。而如何达到这一目标，则需要对无线网络系统布局进行设计。

目前成熟的无线网络通信方式按传输距离来划分，在局域无线网络范畴内，有广泛应用于可穿戴、家庭、企业等场景的蓝牙、Wi-Fi、ZigBee、sub1G 等；针对广域无线网络，有专门应用于低速率、低功耗、广覆盖物联网业务的 LoRa、NB-IoT、eMTC 等。

1）LoRa：LoRa 是 Long Range 的缩写，属于无线通信技术中的一种，其典型特点是距离远、功耗低，传输速率相对较低，可视为网络通信中的物理层实现。LoRa 对应的产品就是收发器芯片，主要处理二进制数据流。LoRaWAN 是在 LoRa 物理层传输技术基础之上的以 MAC 层为主的一套协议标准，对应 OSI 七层模型中的数据链路层（MAC 层）。LoRaWAN 消除了具体硬件的不兼容性，同时还实现了多信道接入、频率切换、自适应速率、信道管理、定时收发、节点接入认证与数据加密、漫游等特性，是 LPWAN 通信技术中的一种，是美国 Semtech 公司采用和推广的一种基于扩频技术的超远距离无线传输方案。这一方案改变了以往关于传输距离与功耗的折中考虑方式，为用户提供一种简单的能实现远距离、长电池寿命、大容量的系统，进而扩展传感网络。目前，LoRa 主要在全球免费频段运行，包括 433 MHz、868 MHz、915 MHz 等，具有远距离、低功耗（电池寿命长）、多节点和低成本的特性。

2）NB-IoT：基于蜂窝的窄带物联网（Narrow Band Internet of Things，NB-IoT）成为万物互联网络的一个重要分支。NB-IoT 构建于蜂窝网络，只消耗大约 180 kHz 的带宽，可直接部署于 GSM 网络、UMTS 网络或 LTE 网络，以降低部署成本、实现平滑升级。NB-IoT 是 IoT 领域一个新兴的技术，支持低功耗设备在广域网的蜂窝数据连接，也被叫作低功耗广域网（LPWAN）。NB-IoT 支持待机时间长、对网络连接要求较高设备的高效连接。据资料 NB-IoT 设备电池寿命可以提高至少 10 年，同时还能提供非常全面的室内蜂窝数据连接覆盖。

3）ZigBee：ZigBee 是一项开放性的全球化标准，专为 M2M 网络而设计。该技术具有低成本、低功耗的特点，是许多工业应用的理想解决方案；同时具有低延迟和低占空比特性，允许产品最大限度地延长电池寿命。ZigBee 协议提供 128 位 AES 加密，此外，该技术还支持 Mesh 网络，允许网络节点通过多个路径连接在一起。ZigBee 无线技术最常用的应用场景是智能家居设备领域，该技术将多个设备同时连接在一起的能力使其成为家庭网络环境的理想选择，用户可以实现智能锁、灯光、机器人和恒温器等设备之间的相互通信。

4）Wi-Fi：Wi-Fi 是使用无线电波（RF）来实现两个设备之间相互通信的技术，常用于将计算机、平板计算机和手机等设备连接到路由器从而实现上网。实际上，它可以用于任何两个硬件设备的连接。Wi-Fi 是由 IEEE 制定的运行在 802.11 标准的本地无线网络，既可以使用全球 2.4 GHz UHF 频段，也可以使用 5 GHz SHFISM 无线电频段。Wi-Fi 联盟认证一些产品，允许将其标记为"Wi-Fi 认证"。为了获得该认证，产品必须通过联盟的互操作性认证测试。802.11b、802.11g 和 802.11n 在 2.4 GHz ISM 频段上运行，该频段容易受到一些蓝牙设备以及一些微波炉和移动电话的干扰。

5）蓝牙和 BLE：蓝牙和低功耗蓝牙（BLE）是用于短距离数据传输的无线技术，经常用于连接用户手机和平板计算机等小型设备，例如，用于各种语音系统。低功耗蓝牙比标准蓝牙功率更小，可用于健身跟踪器、智能手表或者其他连接设备的小型硬件，以实现无线数据传输，且不会严重影响用户手机中的电池电量。

考虑到农业生产环境的偏僻与恶劣，以及设计成本与应用稳定性，本设计的无线网络主要基于 ESP8266 这样一款 UART-Wi-Fi 透传模块，该模块支持标准的 IEEE 802. 11b/g/n 协议，内置完整的 TCP/IP 协议栈。用户可以使用该系列模块为现有的设备添加联网功能，也可以构建独立的网络控制器。

无线网络系统通信设计示意图如图 7.21 所示。无线网络通信主要依靠 ESP8266 模块作为中间载体，无线路由器与其配合，将集中器与远方的云服务器连接起来，使得现场端与云端形成数据通路，为后续的数据上传、控制信号回传等，打下了稳定的系统基础。

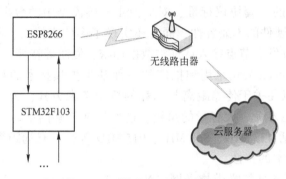

图 7.21　无线网络系统通信设计

图 7.22 是所使用的 ESP8266 模块应用与单片机连接的实物示意图。大致上来看，首先模块为 3. 3 V 电压供电，连接 GND 与 3. 3 V 供电，另外将使能端与 RST 端置高位；然后将串口通信双方的串口通信线进行连接，即单片机的 RX 连接 ESP 的 TXD，单片机的 TXD 连接 ESP 的 RXD。

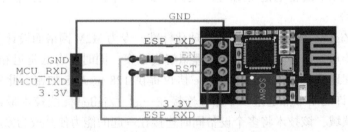

图 7.22　ESP8266 典型应用连接图

7.3　云端系统设计

7.3.1　云平台组建

本节主要介绍基于 MVC（Model-View-Controller）编程模式设计的云服务器端结构，同时介绍其执行的流程。

1. 基于 MVC 编程模式的云服务器框架

本设计中基于 MVC 编程模式的云服务器框架如图 7.23 所示，该框架主要描述的是现场的集中器端与云服务器端的通信，其数据流的走向如图中箭头所示，下面对图中各要点部分进行详细介绍。

1）现场集中器端：集中器主要有三个任务，第一是数据采集；第二是命令执行；第三是数据发送以及接收数据解析。在实际的执行过程中，采集模块负责对环境数据采集，定时器模块负责触发固定周期的定时任务，该任务是将采集模块采集到的环境数据发送给 HTTP POST 模块，然后将数据进行打包，具体是写为带有地址和数据的 URL 形式，之后通过 POST 的方式发送给云服务器。该过程进行完成后，模块将自动进行阻塞，等待云服务器的回应；当服务器返回的数据被 HTTP POST 模块接收到后，模块会结束阻塞状态，因为服务器返回的数据可能是 HTML 语言的字符串，也可能是 JSON 数据格式的数据块，所以需要数据解析模块对接收到的信息进行解析，之后进行解析后控制量的执行。

2）云服务器端：服务器端的设计是严格基于 MVC 框架的，其中管理软件标签所包含的部分是框架中的控制器（C）部分，算法库标签所包含的部分是框架中的模型（M）部分，框架中的视图（V）部分是现场集中器端。服务器端需要完成的任务主要有三个，第一是进行 POST 数据的接收、解析、打包及发送；第二是进行算法库算法的调用并得到结果；第三是将 POST 的数据与算法计算所得数据一起写到数据库中。在实际的执行过程中，管理软件一直会等待 POST 信息的到来，一旦有信息到来，MVC 框架会自动调用 POST 方法（这里类似于嵌入式中的按键中断），在 POST 方法中会对提交的信息进行解析，并调用相应的算法进行运算，其运算的结果将会和提交上来的信息一起写入数据库的相应数据表中；随后，服务器软件将会把算法运算的结果封装为 HTML 语言或者 JSON 数据格式发送回请求端（现场集中器）。

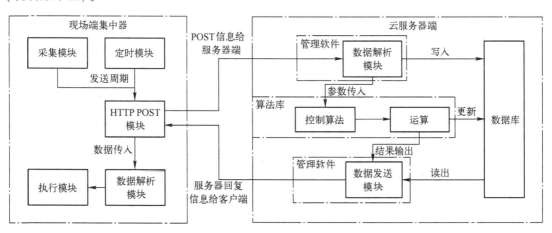

图 7.23　基于 MVC 编程模式的云服务器框架

2. 基于 MVC 编程模式的云服务器程序设计

基于云服务器框架进行相应的程序设计，这里主要对该云服务器端的流程进行详细的解释与说明，如图 7.24 所示。

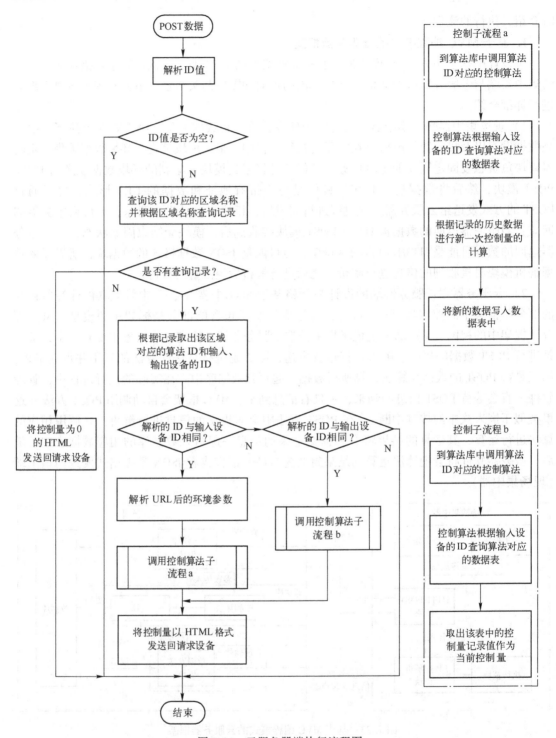

图 7.24　云服务器端执行流程图

当来自网络上的数据提交至 MVC 框架时，MVC 会触发一个 POST 线程，在该线程中，服务器端程序将做如下五部分工作。

1）解析 POST 数据的字段为 ID 的部分，如果该解析值为空，即 POST 上来的数据并不符合通信格式，则结束该线程；不为空则执行第 2）步。

2）根据解析的 ID 到记录"区域"信息的数据表中查询该设备 ID 所在的区域，如果数据表中有相应的记录，则进行第 3）步；如果没有，则将控制量为 0 的 HTML 发送回请求设备。

3）根据查询到的记录数据，解析出该区域对应的控制算法 ID 与输入/输出设备对应的 ID。

4）判断当前解析出的 ID 是否是输入设备（即采集器），如果是输入设备，就要对提交的数据做二次解析，解析出设备提交上的温室环境数据，随后调用控制算法子流程 a；如果当前 ID 的设备不是该区域的输入设备，则判断是否是输出设备（即执行器），如果是输出设备，则调用控制算法子流程 b；如果也不是输出设备，则直接结束线程（一般情况下不会出现这样的情况）。

5）将第 4）步中得到的控制量以 HTML 语句发回给请求设备。

上述流程为云服务器端的执行流程图，其中有两点需要说明。

1）在创建数据表时，控制算法数据表名是以区域输入设备 ID 与控制算法的名称组成，例如，A001 设备为区域内算法输入设备 ID，控制算法选择为 PID，则控制算法数据表名为 A001 pid，因此不管是什么设备提交数据，首先应到记录"区域"的数据表中查询到该区域输入设备的 ID 与控制算法 ID，之后才能执行控制算法信息。

2）在对区域进行数据添加时，每个设备都将具有以自己 ID 为表名的数据记录表，本设计在实现该部分功能时，将输入设备和输出设备的数据记录表字段设置为一致，而在数据表更新的操作上，仅在区域输入设备提交数据时进行两个数据表的更新。对于不同性质的设备，服务器在执行时会采用不同的控制算法子流程，不同的子流程所进行的操作是不同的。下面以 PID 算法对两个流程进行说明。

对于流程 a，主要有以下四个步骤。

1）根据记录的算法 ID 到算法库中调用对应的控制算法，将输入设备 ID 与算法名称组合得到算法数据表的名称（这里假设数据表名为 A001 pid）。

2）根据表名得到记录的历史数据，以增量式 PID 为例将会得到控制的设定值 r，PID 三个控制参数 kp、ki、kd，最近时刻计算得到的输出量 u，$k-1$ 时刻的误差值 lasterror，$k-2$ 时刻的误差值 preverror。

3）根据上述变量进行当前时刻控制量的计算。

4）将当前时刻得到的数据进行数据表数据的更新，如输出量 u、$k-1$ 时刻的误差、$k-2$ 时刻的误差等。

对于流程 b，主要有以下三个步骤。

1）根据记录的算法 ID 到算法库中调用对应的控制算法，将输入设备 ID 与算法名称组合得到算法数据表的名称（这里假设数据表名为 A001 pid）。

2）根据表名得到记录的历史数据，将会得到控制的设定值 r，PID 三个控制参数 kp、ki、kd，最近时刻计算得到的输出量 u，$k-1$ 时刻的误差值 lasterror，$k-2$ 时刻的误差值 preverror。

3）将第 2）步中得到的输出量作为当前控制量。

由上述步骤可以看出，算法数据表的每次更新发生在现场采集器提交环境数据的时候，当现场执行器提交数据时，服务器仅仅把上次计算出的控制量取出并发送。

7.3.2 控制算法软件

在过程控制系统中，标准的 PID 控制仍然是应用最为广泛的控制方法。将连续 PID 控制器进行离散化，即可求得近似高效的离散 PID 控制器，并由计算机加以实现。

连续 PID 控制器的传递函数为

$$D(s) = \frac{U(s)}{E(s)} = K_p\left(1 + \frac{1}{T_i s} + T_d s\right) \tag{7.1}$$

式中，K_p 为比例系数；T_i 为积分时间常数；T_d 为微分时间常数。采用后向差分变换法，将式（7.1）离散化，并经过数学变换，得到

$$\Delta u(k) = \left[K_p(1-z^{-1}) + K_i + K_d(1-2z^{-1}+z^{-2})\right]e(k) \tag{7.2}$$

式中，$K_i = K_p T/T_i$ 为积分系数；$K_d = K_p T_d/T$ 为微分系数。

根据温室环境累计效应的特点，将温室环境中的温度、湿度等被控量控制在一定区域范围内即可，因此对上述 PID 控制算法进行修改，采用带死区的 PID 控制，则 PID 控制器中的 $e(k)$ 修改为 $e'(k)$，其表达式为

$$e'(k) = \begin{cases} 0, & |e(k)| \leqslant |e_0| \\ e(k), & |e(k)| > |e_0| \end{cases} \tag{7.3}$$

式中，死区 e_0 是个可调参数，具体数值可根据农作物习性设定。

进一步改进 PID 的控制性能，提高其对各种温室环境控制的适应能力，实际中还采用了分段 PID 控制策略。其原理如下：在 PID 控制器运行前，控制器首先检测设定值 $r(t)$ 的大小，即所需温度、湿度的大小，根据 $r(t)$ 的大小选择 K_p、K_i、K_d 参数库中对应的 PID 参数，并改变 PID 控制器中 K_p、K_i、K_d 配值，然后根据设定值 $r(t)$ 与系统输出实际值 $y(t)$ 的差值 $e(t)$ 的大小进行 PID 控制。

最终，将带死区 PID 与分段式 PID 相结合，得到了适应温室大棚所使用的 PID 控制器，其控制系统原理图如图 7.25 所示。

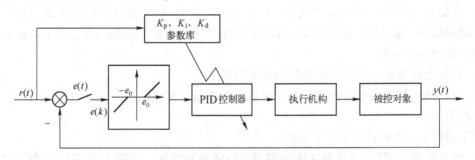

图 7.25　带死区的分段式 PID 控制原理图

7.3.3 数据库设计

本设计给出的云控制系统在采样和控制环节是分开且独立的，因此数据库的设计就显得尤为重要。数据库涉及各个设备的类型、算法的绑定等相关方面，是整个云控制系统中较为关键的一环。本节主要对所设计的数据库进行介绍。

1. 用户数据表

本设计最终是面向用户的，在登录系统的时候，用户的验证环节是必要的，因此数据库中要有记录用户信息的数据表。数据表的详细内容见表 7.2。

表 7.2　用户表单字段及说明

字 段 序 号	字 段 名 称	字 段 解 释
1	name	用户名
2	password	用户密码

2. 区域数据表

由于一个用户可能有多个区域安装所设计的系统，因此对于一个用户，对应一个区域管理的数据表。数据表的详细内容见表 7.3。

表 7.3　区域表单字段及说明

字 段 序 号	字 段 名 称	字 段 解 释
1	user	用户名
2	name	区域名称
3	date	区域的建立日期
4	deviceCnt	该区域下属的设备数
5	controlID	该区域绑定的算法编号
6	inputDevice	作为算法输入的设备名称
7	outputDevice	作为算法输出的设备名称

3. 算法库数据表

在设计中，用户可以在客户端网页上对该区域使用何种算法进行设置，因此需要有数据表记录当前系统中存在的算法以及算法名称。数据表的详细内容见表 7.4。

表 7.4　算法库表单字段及说明

字 段 序 号	字 段 名 称	字 段 解 释
1	id	算法编号
2	name	算法名称
3	input	输入数据个数
4	output	输出数据个数

4. 设备数据表

设计中每个区域下有不止一个设备，同时由于每个设备有不同的类型，因此需要有一个数据表用来记录相关信息。数据表的详细内容见表 7.5。

表 7.5　设备表单字段及说明

字 段 序 号	字 段 名 称	字 段 解 释
1	region	区域名称
2	id	设备名称
3	kind	设备类型
4	samplekind	采集类型
5	controlkind	控制类型

　　该表中，kind 字段主要描述该设备是什么类型的设备，在本设计中有三种类型设备，分别是采集器、控制器和集中器，采集器专门负责采集数据，控制器专门负责控制，集中器负责采集和控制。samplekind 字段主要描述该设备采集什么数据量，如温湿度、二氧化碳浓度；controlkind 字段主要描述该设备的驱动方式，如继电器控制、PWM 波控制，其中继电器控制为 0-1 控制，而 PWM 控制相对于继电器控制为连续控制。

7.3.4　管理软件设计

　　在本系统中，Web 管理软件主要用于用户与云服务器进行交互、查看与设定，其主要操作分为四类，分别是登录云服务器、添加区域、设备绑定、算法及算法参数设定，图7.26 所示是四种操作的算法流程图。

　　图 7.26a 是 Web 前端的登录流程，该过程先获取到用户输入的账户密码，之后到数据库中进行查询；有则跳转到下一个界面，没有则提示用户"用户或密码不正确"并刷新界面。

　　图 7.26b 是 Web 前端添加区域流程图，当用户单击"添加区域"按钮后，页面将会弹出对话框，用户需输入区域的名称，同时对话框中将有下拉菜单显示当前算法库中的算法名称；用户选择后，单击"添加"按钮，系统将会把用户的选择写入数据库，成功将提示添加成功并刷新界面，否则将提示失败并刷新界面。

　　图 7.26c 是 Web 前端添加设备流程图，当用户单击"添加设备"按钮后，页面将弹出对话框，用户需要输入设备编号、设备类型等信息，用户选择后，单击"添加"按钮，系统会在数据库中查找该编号的信息；如果没有，则写入用户的信息到数据库并刷新界面，否则提示用户该编号已经存在并刷新界面。

　　图 7.26d 是 Web 前端绑定控制算法参数流程图，当用户单击"控制算法"按钮后，页面将弹出对话框，此时系统将会根据"添加区域"操作时选择的控制算法显示其需要的输入/输出数；随后用户在下面的选项中选择各个参数对应的设备号（由于一个设备上可能挂有多个传感器或者具有多种驱动电路，因此可能每个输入或输出均绑定在同一设备号下）；最后设定该系统环境参数的设定值，单击"确定"按钮，系统将会把用户的设定值保存在数据库中并刷新界面。

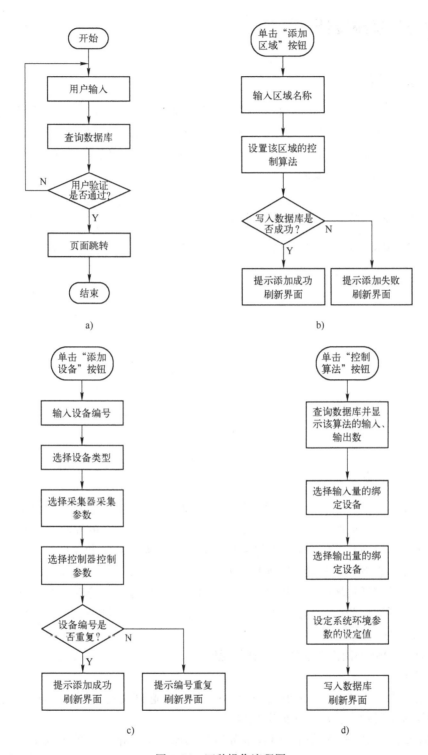

图 7.26 四种操作流程图

a) Web 前端的登录流程 b) Web 前端添加区域 c) Web 前端添加设备 d) Web 前端绑定控制算法参数

7.4 监控端系统设计

7.4.1 PC 监控端

系统监控端网页主要是面向管理员和监控人员开发，具有添加用户、注销用户、修改和管理用户信息等基本功能；同时，还可对区域设备进行绑定设置、对数据进行曲线显示、进行数据监控等功能。监控网站登录后的页面如图 7.27 所示，这里是基于 WampServer V2.5.1 所构建的 PHP 服务器进行开发的。

图 7.27 PC 监控端首页

7.4.2 移动监控端

随着智能手机出现，用户更希望通过手机来管理、监控温室大棚的生产状况，这样可以节省时间和提高效率，同时可以给用户更加直观的展示和更人性化的界面。这里采用当下手机操作系统中的 Android 系统开发相应的 APP，名称为"温室环境数据监控平台"，包含的功能有采集数据的查看显示和其他附加功能的控制。

常规功能主要包括局域网和广域网状态下实现数据采集显示、传感器查看和运行状态查看。附加功能包括数据分析、报警工单查看、视频监控和异常报警查看。APP 登录页及首页示意图如图 7.28 所示。

下面对整个 APP 的两部分功能进行详细说明。

（1）常规功能

常规功能主要是指 APP 核心功能，对温室环境监控起到关键作用。常规功能包括数据采集、传感器和运行状态，功能详细说明如下。

1）数据采集：数据采集是指访问云服务器数据库，将数据库中关于温室的各类数据，比如温湿度、光照强度等，在手机 APP 中以图表或者文字的形式进行显示，供用户随时随地进行查看，掌握较详细的生产情况。

2）传感器：传感器部分是指通过手机 APP 访问云服务器数据库端，将温室各个传感器的运行状态显示在手机中，以便在数据采集中出现问题时，查看问题是否与传感器本身运行状态相关。

3）运行状态：运行状态是指整个温室大棚环境变量的实时变化状态，利用其可以整体监控大棚的运行环境，确保正常生产。

图 7.28 温室环境数据监控平台登录页及首页

（2）附加功能

附加功能主要是指一些与正常生产关系不是很大的功能，实际应用还有待推进。这些功能可以辅助用户进一步了解温室状况，方便对现场进行管理和指令下达。附加功能包括报警工单、数据分析、视频监控和异常报警，功能详细说明如下。

1）报警工单：报警工单是指连接云服务器，读取服务器中存储的设备的历史报警信息，供用户了解设备历史运行情况，掌握设备运行规律。

2）数据分析：数据分析是指使用内部编写的算法，将从云端服务器读取的数据，进行分析整理，得到数据变化规律。

3）视频监控：视频监控是指用户可利用温室大棚环境内的摄像头，将视频数据通过APP 调用，实时观察大棚环境。

4）异常报警：异常报警页面主要显示现场各个设备的即时报警情况，有助于用户发现问题，并及时解决。

7.5 系统运行情况分析

完成整个系统设计后，为验证其可靠性与实用性，将整个系统用于某温室大棚，本节演示了从添加区域到实际运行的过程。

7.5.1 添加控制区域

当用户想要对一个新的区域进行监控时，登录系统 Web 前端，输入注册的账号、密码就可以进入初始界面，在初始界面的左边单击"区域添加"，之后单击"添加区域"按钮，通过这两步操作，就可以看到如图 7.29 所示对话框。在该对话框中输入区域的名称，如 LAB3，在"控制算法"中可以选择当前服务器算法库中存在的算法，这里选择 PID 控制算法。

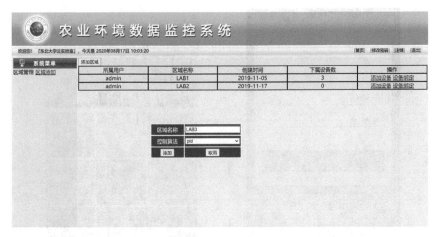

图 7.29　添加控制区域

7.5.2　添加区域设备

当用户添加区域完毕后，页面将出现如图 7.30 所示的列表。单击"添加设备"，就可以看到设备的设置对话框，其中按照各栏目中的提示或者选项填写即可。这里将"设备编号"写为 A001，"设备类型"默认为数控终端，"采集器种类"选择温湿度采集器，"控制器种类"选择 PWM 波控制器。单击"添加"按钮，则页面会提示添加成功。

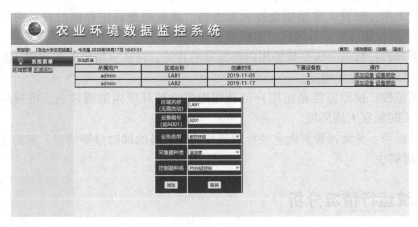

图 7.30　添加区域设备

7.5.3　添加设备绑定

单击"设备绑定"，就可以看到绑定设备的对话框，如图 7.31 所示，其中"区域名称"

和"算法名称"都将根据之前用户的选择生成，这里不再设置，"输入设备"和"输出设备"都需要用户手动输入，这里均设置为 A001，控制参数设置为 $k_p = 4.0$，$k_i = 2.0$，$k_d = 0.5$，温度设为 25℃。单击"确定"按钮，页面将弹出绑定成功。

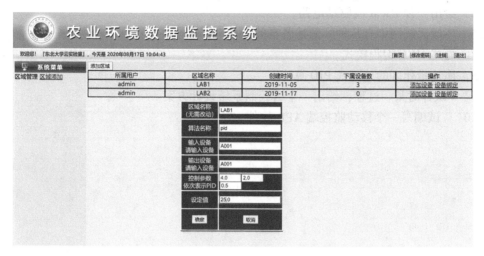

图 7.31　设备绑定

7.5.4　实际控制效果

经过前面三个步骤的设置，将编号为 A001 的设备放入实际的温室大棚中并将设备设置完毕后，该设备就可以完成对该温室环境的监控了。经过一段时间的运行，这里截取了运行过程中的一段时间数据，数据的曲线图如图 7.32 所示。通过带死区的分段式 PID 控制算法，最终能够较好地将环境参数中的温度值调节到设定值 25℃附近。

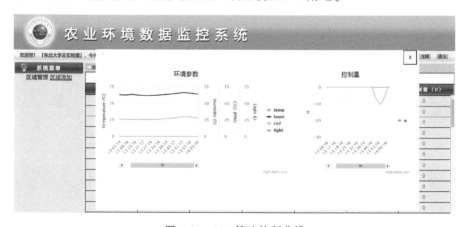

图 7.32　PID 算法控制曲线

7.6　习题

7.1　简述温室环境云控制系统中各部分的作用。

7.2 简述 STM32 芯片的特性。

7.3 Wi-Fi 的含义是什么？有哪些常用 Wi-Fi 芯片？

7.4 温湿度传感器有哪些？简述 SHT10 温湿度传感器特点。

7.5 给出一种 PWM 波驱动电路。

7.6 广域无线网络有几种？简述各自的特点。

7.7 简述 MVC 编程模式。

7.8 简述带死区的分段式 PID 算法。

7.9* 试针对某一过程，给出一个云控制系统设计方案。

7.10* 试编写一个移动监控端 APP 软件。

第8章 VR技术基础

本章研究虚拟现实（VR）技术的基础知识，通过VR开发中需要解决的主要技术问题进行展开说明。VR系统给用户全方位的沉浸感受和多重感官刺激，需要依靠相关技术支撑才能得以实现，其核心的关键技术主要包括动态环境建模技术、立体显示和传感器技术、系统开发工具应用技术、实时三维计算机图形技术和系统集成技术五大项。为了从外观和物理特性等方面来对现实世界的物体进行建模，使其呈现于虚拟场景中，必须进行实物虚化；同样，为将建模好的虚拟场景呈现给用户，使用户看到的虚拟物体逼真，必须进行虚物实化。VR技术的一项重大突破就是用手来代替键盘和鼠标，因此借助各种专用的设备可以获得大范围的基于手势的交互操作，这就成为人与计算机交互的一种重要手段。VR技术的实现是基于计算机相关技术的，在其发展过程中涉及许多关联技术，比如计算机仿真、计算机图形、人工智能、5G通信和大数据等。最后，本章介绍了VR系统设计的开发流程。

8.1 VR基本概念

VR技术是20世纪90年代以来兴起的一种新型信息技术，它与多媒体、网络技术并称为三大前景最好的计算机技术。它以计算机技术为主，利用并综合计算机图形技术、多媒体技术、仿真技术、传感技术、显示技术、伺服技术和人工智能技术等多种高科技的最新发展成果，通过计算机及其相关设备来产生一个逼真的三维视觉、触觉、嗅觉等多种感官体验的虚拟世界，从而使处于虚拟世界中的人产生一种身临其境的感觉。

所谓虚拟现实，就是虚拟和现实相互结合。从理论上来讲，VR技术是一种可以创建和体验虚拟世界的计算机仿真系统，它利用计算机生成一种模拟环境，使用户沉浸到该环境中。本质上VR技术就是利用现实生活中的数据，通过计算机技术产生的电子信号，将其与各种输出设备结合使其转化为能够让人们感受到的现象。这些现象可以是现实中真真切切的物体，也可以是肉眼所看不到的物质，而通过三维模型表现出来。因为这些现象不是直接所能看到的，而是通过计算机技术模拟出来的现实中的世界，故称为虚拟现实。

VR技术的目标是力图使用户在计算机所创建的逼真的视觉、听觉、触觉一体化的三维虚拟环境中处于一种"全身心投入"的感觉状态，并可以使用必要的特定装备，以自然状态与虚拟环境中的客体对象发生交互，相互影响，从而改变了过去人类除了亲身经历，就只能间接了解环境的模式，因此有效地扩展了人们的认知手段和领域。

一般提及的虚拟现实是指狭义上的虚拟现实，即VR；而广义上的虚拟现实除了VR以外，还包括增强现实（Augmented Reality，AR）和混合现实（Mix Reality，MR），三者合称"泛虚拟现实"。泛虚拟现实产业以计算机技术为核心，通过将虚拟信息构建、叠加，再融合于现实环境或虚拟空间，从而形成交互式场景的综合计算平台，这便是"泛虚拟现实技术"的核心。

具体来说，就是建立一个包含实时信息、三维静态图像或者运动物体的完全仿真的虚拟空间，虚拟空间的一切元素按照一定的规则与用户进行交互。而 VR、AR、MR 三个细分领域的差异，就体现在虚拟信息和真实世界的交互方式上。这个虚拟空间既可独立于真实世界之外（使用 VR 技术），也可叠加在真实世界之上（使用 AR 技术），甚至与真实世界融为一体（使用 MR 技术）。AR 是增强现实，它通过计算机技术，将虚拟的信息应用到真实世界，真实的环境和虚拟的物体实时地叠加到了同一个画面或空间而同时存在。AR 将虚拟的 3D 图像映射到真实环境中，比如用手机扫描一些 AR 的二维码，手机屏幕上就会出现与现实环境叠加的 3D 画面，还会随着手机镜头的移动同步变换位置，使其看起来像是真实环境中存在一样。VR 则不同，比如现在比较火的 VR 眼镜，戴上眼镜后，里面的环境完完全全是用计算机制作的虚拟场景，沉浸感更强。

VR 技术的三个主要特征为沉浸性（Immersion）、交互性（Interactivity）和想象性（Imagination），如图 8.1 所示。

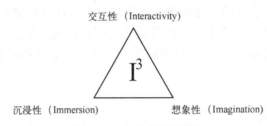

图 8.1　VR 技术主要特征

1）沉浸性。沉浸性是指用户感受到被虚拟世界所包围，好像完全置身于虚拟世界中一样。VR 技术最主要的技术特征是让用户觉得自己是计算机系统所创建的虚拟世界中的一部分，使用户由观察者变成参与者，沉浸其中并参与虚拟世界的活动。理想的虚拟世界应该达到使用户难以分辨真假的程度，甚至超越真实。

2）交互性。交互性的产生，主要借助于 VR 系统中的特殊硬件设备（如数据手套、力反馈装置等），使用户能通过自然的方式，产生同在真实世界中一样的感觉。当使用者进行某种操作时，周围的环境也会做出某种反应。如使用者接触到虚拟空间中的物体，那么使用者手上应该能够感受到；若使用者对物体有所动作，物体的位置或状态也应改变。

3）想象性。想象性指虚拟的环境是人想象出来的，同时这种想象体现出设计者相应的思想，因而可以用来实现一定的目标。想象可以理解为使用者进入虚拟空间，根据自己的感觉与认知能力吸收知识，发散拓宽思维，创立新的概念和环境。

VR 系统主要由检测模块、反馈模块、传感器模块、控制模块和建模模块构成，如图 8.2 所示。检测模块检测用户的操作命令，并通过传感器模块作用于虚拟环境。反馈模块接收来自传感器模块信息，为用户提供实时反馈。传感器模块一方面接收来自用户的操作命令，并将其作用于虚拟环境；另一方面将操作后产生的结果以各种反馈的形式提供给用户。控制模块则是对传感器进行控制，使其对用户、虚拟环境和现实世界产生作用。建模模块获取现实世界组成部分的三维表示，并由此构成对应的虚拟环境。在这五个模块的协调作用下，最终实现对现实的虚拟与信息传播。

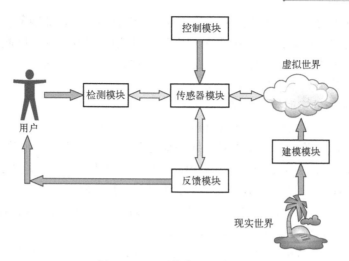

图 8.2　VR 系统典型组成环节

8.2　VR 关键技术

VR 技术并不是一项单一的技术，而是多种技术综合后产生的。其核心的关键技术主要有动态环境建模技术、实时三维图形绘制技术、触摸和力量反馈技术、自然交互技术、碰撞检测技术等。这些技术都可以属于计算机技术的一部分，因此，计算机技术是 VR 技术的核心技术基础。

8.2.1　动态环境建模技术

动态环境建模技术是 VR 中比较核心的技术，其目的是获取实际环境的三维数据，并根据应用的需要，利用获取的三维数据建立相应的虚拟环境模型。但是，在不需要进行建模而是依赖现实图像的 VR 传播中不需要运用到这一项技术。借助动态环境建模技术完成建模需求时，可以在不接触的条件下对视觉建模任务有效完成，其建设的基础主要是图像与建模结合起来的建模技术与算法，能够有效地将实际物体虚拟化，同时也可以在某种程度上将虚拟物体转化为实体，通过将虚拟与现实进行结合来实现节省建模数量的新型建模需求。实物虚化属于一种映射技术，可以有效地对环境信息进行收集，同时还能完成构建模型、定位声源等任务；虚物实化也是一种关键技术，可以使使用者在虚拟环境之中获取真实的感官认知。

在实际的环境模拟中，经常需要模拟各种各样的物体，当物体比较多而且较为集中时，需要采用图形和图像相结合的混合建模方法。此外，在模型建立过程中，需要为建立的几何体进行贴图，在动态模拟中，还需要观察物体的各个角度。因此，基于上述原理，对于复杂的环境模拟及复杂模型的建立除了利用好一些三维设计工具外，还需要借助于软件开发工具（如 3ds Max 的脚本语言）开发一些新的功能模块，集成一些已有的其他软件的功能。

8.2.2　实时三维图形绘制技术

实时三维计算机图形技术是 VR 传播时效性的具体保证。实时三维图形绘制技术指利用计算机为用户提供一个能从任意视点及方向实时观察三维场的手段，它要求当用户的视点改变时，图形显示速度也必须跟上视点的改变速度，否则就会产生迟滞现象。由于三维立体图包含比二维图形更多的信息，而且虚拟场景越复杂，其数据量就越大。因此，当生成虚拟环境的视图时，必须采用高性能的计算机及设计好的数据组织方式，从而达到实时性的要求。实时三维图形绘制技术具体包括以下内容。

1. 基于几何图形的实时绘制技术

为了保证三维图形的显示能实现刷新频率不低于 30 帧/s，除了在硬件方面采用高性能的计算机外，还必须选择合适的算法来降低场景的复杂度（即降低图形系统处理的多边形数目）。目前，用于降低场景的复杂度，以提高三维场景的动态显示速度的常用方法有预测计算、脱机计算、场景分块、可见消隐和细节层次模型等，其中细节层次模型应用较为普遍。

1）预测计算。根据物体的各种运动规律，如手的移动，可在下一帧画面绘制之前采用预测的方法推算出手的位置，从而减少由输入设备所带来的延迟。

2）脱机计算。由于 VR 系统是一个较为复杂的系统，在实际应用中可以尽可能将一些可预先计算好的数据进行预先计算并存储在系统中，这样可加快需要运行时的速度。

3）场景分块。将一个复杂的场景划分成若干个子场景，各个子场景间几乎不可见或完全不可见。

4）可见消隐。场景分块技术与用户所处的场景位置有关，而可见消隐技术则与用户的视点关系密切。使用这种方法，系统仅显示用户当前能"看见"的场景，当用户仅能看到整个场景中很小部分时，由于系统仅显示相应场景，此时可大大减少所需显示的多边形的数目。然而，当用户"看见"的场景较复杂时，这种方法作用就不大。

5）细节层次模型。所谓细节层次模型，是对同一个场景或场景中的物体使用具有不同细节的描述方法得到的一组模型。

2. 基于图像的绘制技术

基于图像的绘制技术是采用一些预先生成的场景画面，对接近于视点或视线议程的画面进行交换、插值与变形，从而快速得到当前视点处的场景画面。

与基于几何的传统绘制技术相比，基于图像的实时绘制技术的优势在于：①图形绘制技术与场景复杂性无关，仅与所要生成画面的分辨率有关；②预先存储的图像（或环境映照）既可以是计算机生成的，也可以是用相机实际拍摄的画面，还可以两者混合生成，它们都能够达到满意的绘制质量；③对计算机的资源要求不高，可以在普通工作站和个人计算机上实现复杂场景的实时显示。

目前，基于图像的绘制技术主要有两种：全景技术和图像插值及视图变换技术，此外还有基于分层表示及全视函数等方法。

1）全景技术。全景技术是指在一个场景中的一个观察点用相机每旋转一下角度拍摄得到一组照片，再在计算机中采用各种工具软件拼接成一个全景图像。它所形成的数据较小，对计算机配置要求低，适用于桌面式 VR 系统，建模速度快；但一般一个场景只有一个观察点，因此交互性较差。

2）图像插值及视图变换技术。在上面所介绍的全景技术中，只能在指定的观察点进行漫游。现在，研究人员可以根据在不同观察点所拍摄的图像，交互地给出或自动得到相邻两个图像之间对应，采用插值或视图变换的方法，求出对应于其他点的图像，生成新的视图，根据这个原理可实现多点漫游的要求。

8.2.3　触摸和力量反馈技术

在 VR 环境中增加触觉感知将有助于增强系统的真实感和沉浸感，并提高虚拟任务执行成功的概率。触觉感知包括触摸反馈和力量反馈所产生的感知信息。

触摸感知是指人与物体对象接触所得到的全部感觉，是触摸觉、压觉、振动觉和刺痛觉等皮肤感觉的统称。所以，触摸反馈代表了作用在人皮肤上的力，它反映了人类触摸的感觉，或者是皮肤上受到压力的感觉；而力量反馈是作用在人的肌肉、关节和筋腱上的力。

限制触摸和力量反馈技术发展的最主要原因是人类对自身感觉的产生机制还知之甚少。除此之外，还局限于以下几个技术方面的问题。

（1）技术分析比较复杂

触觉传感器需要提供关于物体接触表面的几何性质、表面平滑度、温度和几何构造等多种信息，而它们在触觉反馈的传感过程中要使用整个人体皮肤和内部器官。由于人体感官的复杂性，使得触觉反馈系统需要包含大量种类各异的传感器（最少有 200 种类型）才能较真实地模拟人类的触觉，这在现阶段是几乎无法实现的。如何正确描述多种触觉和力的反馈，是现今 VR 系统正在探索解决的问题。

（2）性能要求较高

除了对所有传感渠道提出实时、并行处理的要求外，对 VR 的触摸/力量反馈设备还必须有一些特殊的要求。

1）虚拟力量反馈装置应保证安全、可靠、恰当，特别是要避免力量反馈伤害到操作者。

2）反馈执行器应在提供足够力的同时，保持其轻便性。如果执行器很笨重，那么用户很快就会厌倦。轻便性同时还意味着要便于安装，因此反馈装置应该是桌面式的、内包含的，且无须其他的支持结构、管道和电线。

3）触摸反馈和力量反馈虽然是两种感知，但不是相互排斥的，而是互补的。因此，理想的触觉反馈系统与设备，应该具有一个能同时提供力量和触摸两种反馈的设备，才更符合要求。虽然目前已研制成了一些这样的触摸/力量反馈产品，但它们大多还是粗糙的和实验性的，距离真正的实用尚有一定的距离。

8.2.4　自然交互技术

1. 手势识别

手势是一种较为简单、方便的交互方式，也是人体语言的一个非常重要的组成部分，是包含信息量最多的一种人体语言，与语言及书面语等自然语言的表达能力相同。因而在人机交互方面，由于其生动、形象、直观，因此手势完全可以作为一种手段，且具有很强的视觉效果。在手势语言（见图 8.3）的帮助下，参与者可以用手势表示前进或后退，同时还可以指定行走的方向，这样就能方便地在虚拟世界中漫游。

手势识别系统根据输入设备的不同，主要分为基于数据手套的识别和基于视觉（图像）的手势识别系统两种。基于数据手套的手势识别系统，就是利用数据手套和空间位置跟踪定位设备来捕捉手势在空间运动的轨迹和时序信息，对较为复杂的手的动作检测，包括手的位置、方向和手指弯曲度等，并可根据这些信息对手势进行分类，因而较为实用。这种方法的优点是系统的识别率高，缺点是做手势的人要穿戴复杂的数据手套和空间位置跟踪定位设备，相对限制了人手的自由运动，并且数据手套、空间位置跟踪设备等输入设备价格比较昂贵。

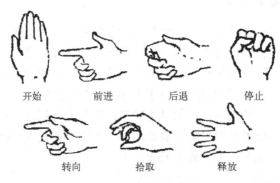

图 8.3 手势语言范例

基于视觉的手势识别是从视觉通道获得信号，有的要求手要戴上特殊颜色的手套，有的要求戴多种颜色的手套来确定手的各部位。通常采用摄像机采集手势信息，由摄像机连续拍摄手部的运动图像后，先采用轮廓的办法识别出手上的每一个手指，进而再用边界特征识别的方法区分每一个较小的、集中的手势。该方法的优点是输入设备比较便宜，使用时不干扰用户，但识别率比较低，实时性较差，特别是很难用于大词汇量的复杂手势识别。

手势识别技术的研究不仅能使 VR 系统交互更加自然，而且还能有助于改善和提高聋哑人的生活学习和工作条件，也可以应用于计算机辅助哑语教学、电视节目双语播放、虚拟人的研究、电影制作中的特技处理、动画制作、医疗研究和游戏娱乐等诸多方面。

2. 面部表情识别

人对面部表情的识别是人与人交流中传递信息的重要手段，然而要让机器能看懂人的表情却不是一件容易的事。迄今为止，计算机的表情识别能力还与人们的期望相差较远，但是，从现阶段的研究成果中仍然能感受到这项技术的魅力所在。计算机面部表情的识别技术通常要分为三个步骤进行，即表情的跟踪、表情的编码和表情的识别。

1）面部表情的跟踪。为了识别表情，首先要将表情信息从外界摄取回来。现阶段比较典型的例子是由 Sim-Graphics 开发的虚拟演员系统。

2）面部表情的编码。要使计算机能识别表情，就要将表情信息以计算机所能理解的形式表示出来，即对面部表情进行编码。

3）面部表情的识别。表情之间存在着相互渗透和融合，很难明确地划分为不同的种类。根据人的面部器官在不同表情时产生的变化，对表情的识别采用可二叉树分类器方案。

3. 眼动跟踪

眼动跟踪技术的基本工作原理是利用图像处理技术，使用能锁定眼睛的特殊摄像机，通过摄入从人的眼角膜和瞳孔反射的红外线连续地记录视线变化，从而达到记录、分析视线追踪过程的目的。常见的视觉追踪方法有眼电图、虹膜-巩膜边缘、角膜反射、瞳孔角膜反射和接触镜等几种。

视线跟踪技术可以弥补头部跟踪技术的不足之处，同时又可以简化传统交互过程中的步骤，使交互更为直接，因而，目前多被用于军事领域（如飞行员观察记录等）、阅读以及帮助残疾人进行交互等领域。

客观而论，目前 VR 技术所取得的成就，绝大部分还局限于扩展了计算机的接口能力。

仅仅是刚刚开始涉及人的感知系统和肌肉系统与计算机的交互作用问题，还根本未涉及"人在实践中所得到的感觉信息是怎样在人的大脑中存储和加工处理成为人对客观世界的认识"的过程。

8.2.5　碰撞检测技术

在虚拟世界中，由于用户与虚拟世界的交互及虚拟世界中物体的相互运动，物体之间经常会出现相碰的情况。为了保证虚拟世界的真实性，就需要 VR 系统能够及时检测出这些碰撞，产生相应的碰撞反应，并及时更新场景输出，否则就会发生穿透现象。正是有了碰撞检测，才可以避免诸如人穿墙而过等不真实情况的发生，影响虚拟世界的真实感。在虚拟世界中关于碰撞，首先要检测到有碰撞发生时碰撞的位置，其次是计算出发生碰撞后的反应，所以说碰撞检测是 VR 系统中不可缺少的部分。

在虚拟世界中通常有大量的物体，并且这些物体的形状复杂，要检测这些物体之间的碰撞是一件十分复杂性的事情，其检测工作量较大；同时由于 VR 系统中有较高实时性的要求，要求碰撞检测必须在很短的时间（如 30~50 ms）完成，因而碰撞检测成为 VR 系统与其他实时仿真系统的瓶颈，是 VR 系统研究的一个重要技术。

为了保证虚拟世界的真实性，碰撞检测必须有较高的实时性和精确性。所谓实时性，基于视觉显示的要求，碰撞检测的速度一般至少要达到 24 次/s；而基于触觉要求，碰撞检测的速度至少要达到 300 次/s 才能维持触觉交互系统的稳定性，只有达到 1000 次/s 才能获得平滑的效果。而精确性的要求则取决于 VR 系统在实际应用中的要求，比如对于小区漫游系统，只要近似模拟碰撞情况，此时，若两个物体之间的距离比较近，而不管是否实际有没有发生碰撞，都可以将其当作是发生了碰撞，并粗略计算其碰撞发生的位置。而对于如虚拟手术仿真、虚拟装配等系统的应用时，就必须精确地检测碰撞是否发生，并实时地计算出碰撞发生的位置，并产生相应的反应。

此外，系统集成技术也是 VR 传播必不可少的一项技术，包括信息的同步技术、模型的标定技术、数据转换技术、数据管理模型、识别和合成技术等。由于 VR 中包括大量的感知信息和模型，因此系统的集成技术也起着至关重要的作用。

8.3　VR 实物虚化和虚物实化

如图 8.4 所示，VR 系统的主要工作流程是将现实世界中的事物转换至虚拟场景中，进而呈现给用户，捕捉用户的交互行为，并做出反应，其主要包括虚物实化和实物虚化两个环节。

图 8.4　虚拟现实系统环节

实物虚化是在虚拟世界中描绘现实世界中事物的过程。在 VR 技术中，必不可少的实物虚化技术有几何造型建模、物理行为建模等，它们将从外观和物理特性等方面来对现实世界的物体进行建模，并呈现于虚拟场景中。

虚物实化则是将建模好的虚拟场景呈现给用户的过程。这一过程需要某些特定的技术和工具的支持，如要使用户看到三维的立体影像，需要依靠视觉绘制技术；要使用户看到的虚拟物体逼真，需要真实感绘制技术的帮助；要使用户听到三维虚拟的声音，需要三维声音渲染技术；要使用户感受真实的触感，需要力触觉渲染技术。

此外，VR 技术还包括用户与虚拟场景进行交互的过程中所需的人机交互等相关技术。这些 VR 的基本技术也是 AR、MR 等应用的基础，但是 AR 和 MR 涉及现实世界和虚拟世界的叠加，还需要一些配准技术和标定技术的支持来保证叠加的准确性。

8.3.1　实物虚化技术

实物虚化是现实世界向三维虚拟空间的一种映射，是将现实世界的事物转换成虚拟空间中的物体的过程。在 VR 中，做好将现实世界映射到虚拟空间的工作是为用户提供逼真的虚拟世界的前提，这需要对现实世界中的物体进行建模，一般的方式有形状外观的几何造型建模和物理行为建模等。

虚拟环境的建立是 VR 技术的核心内容。虚拟环境是建立在建模基础之上的，只有设计出反映研究对象的真实有效的模型，VR 系统才有可信度。虚拟环境建模的目的是获取实际环境的三维数据，并根据应用的需要，利用获取的三维数据建立相应的虚拟环境模型。

在当前应用中，环境建模一般主要是三维视觉建模，可分为几何造型建模和物理行为建模。其中，几何造型建模是基于几何信息来描述物体模型的建模方法，它处理对物体的几何形状的表示，研究图形数据结构的基本问题；物理行为建模，包括物理建模和行为建模，物理建模涉及物体的物理属性，而行为建模反映研究对象的物理本质及其内在的工作机理。

1. 几何造型建模

几何造型建模是指对虚拟环境中的物体的形状和外观进行建模。其中，物体的形状由构造物体的各个多边形、三角形和顶点等确定，物体的外观则由表面纹理、颜色以及光照系数等确定。虚拟环境中的几何模型是物体几何信息的表示，因此，用于存储虚拟环境中几何模型的模型文件需要包含几何信息的数据结构、相关的构造与操纵该数据结构的算法等信息。

通常几何造型建模可通过人工几何建模和数字化自动化建模这两种方式实现。人工几何建模包括"通过图像编程工具或虚拟现实建模软件建模"和"利用交互式的绘图、建模工具来进行建模"两种方法。

（1）通过图像编程工具或虚拟现实建模软件建模

以编程形式进行建模是常用方法，常见工具包括 OpenGL、Java3D 等二维或三维的图像编程接口，以及类似 VRML 的虚拟现实建模语言。这类编程语言或接口一般都针对 VR 技术的建模特点设计，拥有内容丰富且功能强大的图形库，可以通过编程的方式轻松调用所需要的几何图形，避免了用多边形、三角形等图形来拼凑对象的外形这样枯燥、烦琐的程序，能有效提高几何建模的效率。

（2）利用交互式的绘图、建模工具来进行建模

常用的交互式绘图、建模工具包括 AutoCAD、3ds Max、Maya 和 Autodesk 123D 等。与编程式的建模工具不同，在使用交互式绘图、建模工具时，用户通过交互式的方式进行对象的几何建模操作，无须编程基础，非计算机专业人士也能够快速学会使用。但是，虽然用户

可以交互式地创建某个对象的几何图形，然而并非所有要求的数据都以 VR 要求的形式提供，实际使用时某些内容需要手动或通过相关程序导入。

在数字化自动建模方面，三维扫描仪是常用设备，它可以用来扫描并采集真实世界中物体的形状和外观数据。利用三维扫描仪来对真实世界中的物体进行三维扫描，即可实现数字化自动建模。例如，激光手持式三维扫描仪，它配备了一个激光闪光灯和两个工业相机，并且自带校准能力。对物体进行三维扫描操作时，物体被闪光灯的激光线照射，由于物体表面的各个部位曲率不同，光线照射到物体上发生反射、折射，两个工业相机将捕捉下这瞬间的三维扫描数据。这些数据再经过相关软件进行分析后，可快速转换为三维模型。

2. 物理行为建模

物理行为建模包括物理建模和行为建模两部分，其主要作用是使得虚拟世界中的物体具备和现实世界类似的物理特征（物理建模），并且使其运动方式遵循客观的物理规律（行为建模）。

物理建模是对虚拟环境中的物体的质量、惯性、表面纹理（光滑或粗糙）、硬度、变形模式（弹性或可塑性）等物体属性特征的建模。较之几何造型建模，物理建模属于 VR 系统中较高层次。在此过程中需要结合计算机图形学技术和物理学知识，尤其需要关注力反馈方面的问题，典型的物理建模方法有分形技术和粒子系统两类。

（1）分形技术

分形是指组成部分以某种方式与整体相似的形体，通常具备自相似性和迭代性。“树”就是生活中较为典型的自相似结构，一棵树由很多根树枝组成，如果忽略树叶个体间的区别，当拉近和树枝的距离时，每一根树枝看起来也像一棵大树，这种自相似称为统计意义上的自相似。

自相似结构可用于复杂的、不规则外形物体的建模。该技术首先被用于河流和山体的地理特征建模。举个简单的例子，可利用三角形来生成一个随机高度的地形模型，取三角形三边的中点并按顺序连接起来，将三角形分割成 4 个三角形，在每个中点随机地赋予一个高度值，然后递归上述过程，就可产生相当真实的山体。

（2）粒子系统

粒子系统是一种典型的物理建模系统，它能利用简单的体素来完成复杂物体的运动建模。体素是构造物体的原子单位，体素的选取决定了建模系统所能构造的对象范围。粒子系统主要由大量称为粒子的简单体素构成，每个粒子具有位置、速度、颜色和生命期等属性，这些属性可根据动力学计算和随机过程得到。常用粒子系统建模制作的效果有火焰、水流、雨雪、旋风、喷泉等现象及动态的物体建模。

将几何建模与物理建模结合起来，仅仅能让一个虚拟的物体“看起来像”，但若要让它“看起来真”，就需要让它的运动和行为模式符合客观规律。例如，将桌上的物体移出桌面，它由于具有质量而受地球引力做自由落体运动，而不是悬浮着停留在空中，这是物体行为符合运动学和动力学规律的直观体现。这一过程就称为行为建模。

在建立行为模型时，为满足虚拟现实的自主性，除了对用户行为直接做出反应的行为模型以外，还需要考虑与用户输入无关的行为模型。所谓虚拟现实自主性的特性，简单地说是动态实体的活动、变化以及与周围环境和其他动态实体之间的动态关系，它们不受用户的输入控制（即用户不与之交互）。例如，战场仿真虚拟环境中，直升机的螺旋桨不停地旋转；

虚拟场景中的鸟在空中自由地飞翔，当人接近停留在地面上的鸟时，它们要飞远等行为。

行为建模技术主要研究的是物体运动的处理和对其行为的描述，体现了虚拟环境中建模的特征。也就是说，行为建模就是在创建模型的同时，不仅赋予模型外形、质感等表现特征，同时也赋予模型物理属性和"与生俱来"的行为和反应能力，并且服从一定的客观规律。所以说，行为建模技术才真正体现了 VR 的特征。

8.3.2 虚物实化技术

虚物实化是将建模好的虚拟世界呈现给用户的过程，包括视觉、听觉甚至触觉等多感官的综合呈现。虚物实化的过程主要涉及视觉绘制、并行绘制、声音渲染和力触觉渲染等技术。

1. 视觉绘制

（1）人类视觉系统

要了解视觉绘制的原理与方法，首先要了解和研究人类视觉系统，掌握人类视觉系统的特点。

众所周知，人类的双眼能够感受到立体的图像，并且能感受物体与观察者的距离。这主要是大脑利用两只眼睛看到的图像位置的水平位移得到的。例如，A、B 两个物体出现在人类眼睛视场中，物体 A 位于物体 B 的后面。当目光集中于物体 B 的一个特征点时，眼睛会聚焦在一个固定点 F 上。此时由于人类左眼瞳孔和右眼瞳孔之间有一定的距离（这个距离被称为内瞳距），两只眼睛到聚焦点 F 之间的连线会产生一定的角度。一般情况下，内瞳距固定，这个角度会随着观察物体的靠近或远离而变大或变小。这个角度的变化体现到人眼观察到的内容上，就是两只眼睛看到的固定点 F 的位置会不同，因此物体在人类左眼和右眼中呈现出的影像会有一定的水平位移，这个位移被称为图像视差。

VR 的图形显示设备如果能够产生同样的图像视差，就能使虚拟物体在人眼中形成立体的显示效果，也能使人眼能够理解虚拟现实中的深度。为了产生这样的图像视差，VR 的图形显示设备需要分别输出两幅轻微位移的图像到两只眼睛。如果有两个显示设备（如立体显示头盔）分别输出不同的图像，这样的效果很容易办到。如果只有一个显示设备，就要采取分时或分光等技术一次产生两种图像分别输出到两只眼睛。

（2）立体显示

由于内瞳距的存在，人类眼睛在观察物体时，两只眼睛看到的图像是有差别的，两幅不同的图像被输送至大脑，形成了有景深的立体图像，这就是立体成像的原理。根据这个原理，可通过分色技术、分光技术、分时技术和光栅技术等来进行立体显示，其基本思路都是产生两幅轻微位移的图像分别输送到两只眼睛，技术的不同主要在于如何使得两只眼睛在看同一个画面时接收到不同的图像。

（3）真实感实时绘制

在 VR 视觉绘制中，仅仅依靠立体显示技术来生成三维立体影像是不够的，虚拟世界的物体需要能依据对用户的输入实时生成和改变，这样才能产生"真实感"。这就涉及真实感绘制和实时性绘制相关的技术。

"真实感"一般指几何真实感、光照真实感和行为真实感。几何真实感指虚拟世界中的物体应该拥有与真实世界的物体非常相似的几何外观；光照真实感一般是指虚拟世界中的物体在光源照射下产生的明暗变化或镜面反射等效果，要与真实世界中相一致；行为真实感指建立的对象的表现符合真实世界的客观规律。真实感绘制技术一般会受到硬件条件和图形处理算法的限制。

真实感绘制的主要任务是模拟真实物体的物理属性，即物体的形状、光学性质、表面纹理和粗糙程度，以及物体间的相对位置、遮挡关系等，常采用纹理映射、环境映射与反走样技术来增加虚拟物体显示的逼真程度。

1）纹理映射主要是通过提升虚拟物体表面细节处的真实度来使得物体更加逼真，主要方式是在虚拟物体的几何表面上贴上细腻的纹理图像，使得物体在表面的细节处和真实物体更加相似。这种方式实质上是将三维模型转换为一个个局部的二维表面来进行纹理贴图，从而完成一个三维模型的纹理映射过程。

2）环境映射用来实现虚拟物体光照等的作用下拥有的物体表面镜面反射、明暗变化和规则透视等与真实世界相一致，它的实际实现过程仍是用纹理图像贴于物体表面的方式来完成的。

3）走样是指图像由于像素太低而部分失真的现象。相对地，反走样就指的是用提高图像像素密度的方式来减少图像失真的方法。反走样的一种具体方法是以两倍的分辨率绘制图形，再由像素的平均值计算正常分辨率的图形；另一种方法是计算每个相邻元素对一个像素点的影响，再将其加权求和得到最终像素值。

要做到"实时性"一般有以下三点要求：①虚拟世界中的画面更新速度必须足够快，要至少达到人眼察觉不出画面闪烁的效果；②必须对虚拟世界中物体的姿态和位置进行实时计算并动态进行绘制，以满足描述其姿态变化和运动的需要；③必须对用户的输入及时做出相应的反应，以满足虚拟现实系统的交互性。

实时绘制技术的任务就是在一定时间内完成三维虚拟场景的绘制（具体见前述 8.2.2节）。一般的虚拟场景绘制的流程是先进行几何外形和轮廓的绘制，然后利用纹理映射、环境映射来渲染真实感，最后进行实时的画面输出。这对计算机的硬件和软件都有较高的性能要求，计算机需要有足够的运行速度和强大的图形显示能力。

2. 并行绘制

所谓并行绘制是指同时对多个图形，或者同一图形的不同部分进行绘制，以充分利用计算资源，避免计算资源闲置，让所有计算资源的利用率都尽可能地提高。为了充分发挥并行绘制的优势，首先需要详细了解图形绘制流水线，然后有针对性地设计并行绘制方法。

（1）图形绘制流水线

虚拟现实中的图形绘制，是应用视觉绘制的各种相关技术原理，基于计算机的软件和硬件，将虚拟世界中的三维几何模型转变为二维的场景并呈现给用户的一个过程。一般图形绘制是按照几个较为固定的阶段进行，这种工作方式与工厂的生产流水线类似，把一个重复的过程分成若干子过程，子过程之间相对独立，所需要的计算资源也都有所不同。

（2）并行绘制方法

考虑到图形绘制阶段化的特点以及绘制过程的流水线结构，可应用到图形绘制过程中的并行绘制方法有流水线并行、数据并行和作业并行。流水线并行是最常见、最易实现的并行方法。图形绘制流水线分为几个固定阶段，一些不同的阶段可能会占用不同的软件、硬件资源，所以可以采用流水线并行执行的方式提高资源的利用率，从而提高绘制效率。

数据并行方法中，数据会被划分成子数据流，在一些相同的处理模块上对这些子数据流进行处理。数据并行方法的优点是绘制流水线阶段数不会影响并行的效果，但它会受制于系统中的通信带宽，以及相同处理模块的数目。作业并行主要应用在流水线中有独立分支的情况。如果一条图形绘制流水线有多个独立分支，就能在绘制流水线中用多个进程对某些独立分支进行处理，使其并行执行。作业并行的瓶颈在于流水线中独立分支的数量以及独立模块之间的差异性。

（3）并行图形绘制系统的实现

并行图形绘制系统需要有相应的硬件设备支持才能真正发挥作用。当前，主要有基于高端多处理器与高性能图形工作站以及基于 PC 集群两种方式来构建并行图形绘制系统。用高端多处理器和高性能图形工作站实现并行图形绘制系统是最为传统的方式，如 SGI 采用 Sort-middle 方法实现的 Infinite Reality 系统，通过顶点总线对像素片段生成器进行广播，每秒可绘制 700 万个三角面片。此外，UNC 采用 Sort-last 方法实现的 PixelFlow 系统，采用全图像合成方法实现了可伸缩的并行图像处理，并采用像素流结构实现真实感图像的绘制。

另一方面，随着高性能微机图形卡的出现，基于 PC 集群构建并行图形绘制系统已成为新趋势。相较于高端处理器与高性能图形工作站，PC 集群价格低廉，性能也很可观。

3. 声音渲染

良好的声音渲染能提升沉浸感，使用户真正体验到"身临其境"。VR 系统的声音渲染技术是在对人类的听觉系统充分了解之后，利用人类听觉系统的特性开发完成的。人类能够轻易地分辨出声音是从什么方向传来，这种在空间中定位声源的方法，主要通过对各种声音线索进行识别和判断。大脑根据声音的强度、频率和时间线索判断下述三个变量，从而确定声源位置。

1）方位角线索。声音从声源出发，以不同的方向在空气介质中传播，经过衰减以及人的头脑反射和吸收过程，最后到达人的左右耳，左右耳因此感受到不同的声音。声音在空气中的传播速度是固定的，那么声音将先到达距离声源比较近的那只耳朵，然后到达另一只耳朵，因为声音传播至两耳的距离不同，声音到达两只耳朵的时间也不同。大脑估计声源方位角的第二个线索是声音到达两只耳朵的强度，声音到达较近耳朵的强度比较远耳朵的强度大，这种现象称为头部阴影效果。

2）仰角线索。如果在对头部进行建模时，把耳朵表示成简单的前方声源小孔，那么对于时间线索和强度线索都相同的声源，则会导致感觉倒置或前后混乱，比如应当位于用户身后的声源，用户可能感觉位于前面。但在现实中，耳朵并不是简单的小孔，而是有着一个非常重要的结构——外耳（耳廓）。声音经外耳反射后进入内耳，来自用户前方的声音与头顶的声音有不同的反射路径。声音在被外耳反射时，一些频率被放大而另一些被削弱。声音和耳廓反射声音之间的路径随仰角而变化，大脑则通过感受不同的频率声音被放大或削弱的程度来推断声源的仰角。

3）距离线索。大脑利用对给定声源的经验知识和感觉到的声音响度来估计声源的距离。平移头部时声音方位角的变化是大脑做出判断的一个重要线索，与运动视差类似，方位角变化大，说明声源距离近；方位角变化小，则声源距离远。另一个重要的距离线索是来自声源的声音与经过周围环境（墙、地板或天花板等）第一次反射后的声音强度之比。这主要是因为声音的能量以距离的二次方衰减，而反射的声音不会随距离的变化发生太大变化。

4）头部相关的传输函数。虽然大脑判断声源位置的方法是相同的，但是人类个体之间存在巨大的差异性。同样的声源，同样的位置，而两个人所听到的声音未必相同。而衡量这一差异的就是头部相关的传输函数。

三维虚拟声音能够在虚拟场景中使用户准确地判断出声源的精确位置，符合人们在真实世界中的听觉方式，其技术的价值在于使用多个音箱模拟出环绕声的效果。

人们生活中常常听到立体声的概念，立体声就是指有空间立体感的声音。自然界中的各种声音都是立体声，但是这些立体声如果被采集下来，经过一系列的处理后再重放出来，所有的声音都只由一个扬声器播放出来，这时候的声音就不再是立体声了，而被称为单声。立体声技术就是指将采集到的立体声经过一定处理，最后重放的时候还能够恢复一定程度的立体感，最常见的方式就是采用多扬声器的方式来营造声音从四面八方传来的空间立体感。

三维虚拟声音技术的任务是在虚拟场景中能使用户准确地判断出声源的精确位置，且符合人们在真实境界中的听觉方式。三维虚拟声音与人们所熟悉的立体声有所不同，但就目的而言，都是为了尽可能地重现真实的三维空间的声音。就整体效果而言，立体声来自听者面前的某个平面，而三维虚拟声音来自围绕听者双耳的一个球形中的任何地方，即声音出现在头的上方、后方或前方。但虚拟声音在双声道立体声的基础上不增加声道和音箱，把声场信号通过电路处理后播出，使听者感到声音来自多个方位，产生仿真的立体声场。例如，战场模拟训练系统中，当听到对手射击的枪声时，就能像在现实世界中一样准确且迅速地判断出对手的位置。

三维虚拟声音实现的技术关键是营造出声源来自于四面八方的幻觉，这需要结合人体听觉系统的生理特点以及心理声学的原理来对环绕声进行特定的处理。

4. 力触觉渲染

力触觉是除视觉和听觉之外最为重要的感觉，是人类认识外界环境并与环境进行交互的重要手段。在用户与虚拟场景的交互之中加入力触觉类的交互，会使得虚拟环境变得更加逼真，它极大地增强了可视化场景的真实性。

8.4　VR 人机交互设备

一般的跟踪、探测设备都具有简单、紧凑和易于操作等优点，但由于它们自身构造的限制，使操作者手的活动自由度仅限于桌上的一个小区域中，减弱了它与虚拟世界交互作用的直观性。VR 技术的一项重大突破就是用手来代替键盘、鼠标，作为人与计算机交互的一种重要手段。借助各种专用的设备，操作者不但可以获得大范围的基于手势的交互操作，同时可以通过身体各个部位的运动来感知，增加了人在虚拟空间中的自由度和灵活性。

8.4.1　数据手套

数据手套（Data Glove）是 VPL 公司在 1987 年推出的一种传感手套的专有名称，目前已经是一种被广泛使用的传感设备。它是一种戴在用户手上的虚拟的手，用于与 VR 系统进行交互，可在虚拟世界中进行物体抓取、移动、装配、操纵和控制，并把手指伸屈时的各种姿势转换成数字信号送给计算机，计算机通过应用程序来识别出用户的手在虚拟世界中操作时的姿势，执行相应的操作。在实际应用中，数据手套还必须配有空间位置跟踪定位设备，来检测手的实际位置和方向。

现有的多种数据手套之间的区别主要在于采用的传感器不同，目前典型的数据手套有以下几种。

1）Data Glove 手套。它是由 VPL Research 公司设计的，曾经是当时最有名的感应手套，它采用轻质的富有弹性的 Lycra 材料制成，采用光纤作为传感器，用于测量手指关节的弯曲程度。光纤传感器体积小、重量轻，可方便地安装在手套上。数据手套的标准配置是每个手指上有两个传感器，控制装在手指背面的两条光纤环，一副数据手套就装有 10 个传感器，用来测量手指主要关节的弯曲程度。

2）Cyber Glove 手套。它是由 Cyber Glove VT 公司研制的，在手套上织有多个由两片应变电阻片组成的传感器，在工作时检测成对的应变片电阻变化。当手指弯曲时一片受到挤压，另一片受到拉伸，使两个电阻片的电阻分别发生变化，通过电桥换算出相应的电压变化，再把此数据量送入计算机中处理，从而检测到各手指的弯曲状态。

3）Dexterous Hand Master 手套。它是由 Exos 公司设计的，这是一金属结构的传感手套，通常安装在用户的手臂上，其安装及拆卸过程相对比较烦琐，在每次使用前需进行调整。在每个手指上安装有 4 个位置传感器，共采用 20 个霍尔传感器安装在手的每个关节处。Dexterous Hand Master 传感手套响应速度快、分辨率高、精度高，但价格较高，常用于精度要求较高的场合。

8.4.2　数据衣

数据衣是为了让 VR 系统识别全身运动而设计的输入装置，采用与数据手套同样的原理制成的，主要应用在一些复杂环境中，对物体进行跟踪和对人体运动进行跟踪与捕捉。

数据衣将大量的光纤安装在一件紧身衣上，可以检测人的四肢、腰部等部位的活动，以及各关节（如手腕、肘关节）弯曲的角度。它能对人体大约 50 多个不同的关节进行测量，通过光电转换，将身体的运动信息送入计算机进行图像重建。

由于每个人的身体差异较大，存在着如何协调大量传感器之间实时同步性能等各种问题。这种设备目前正处于研发阶段，但随着科技的进步，必将有较大的发展。

8.4.3　三维控制器

三维控制器主要包括三维空间鼠标（3D Mouse）和力矩球（Space Ball）。三维空间鼠标可以完成虚拟空间中 6 自由度的操作，其工作原理是在鼠标内部安装超声波或电磁发射器，利用配套的接收设备可检测到鼠标在空间中的位置与方向。三维空间鼠标与其他设备相比其成本低，常应用于建筑设计等领域。

力矩球的中心是固定的，并装有 6 个发光二极管，球有一个活动的外层，也装有 6 个相应的光接收器。当使用者用手对球的外层施加力或力矩时，根据弹簧形变的法则，6 个光传感器测出 3 个力和 3 个力矩的信息，并将信息传送计算机，即可计算出虚拟空间中某物体的位置和方向等。力矩球通常被安装在固定平台上，可以用手做扭转、挤压、压下、拉出和来回摇摆等操作。它采用发光二极管和光接收器来测量力，通过安装在球中心的几个张力器来测量出手施加的力，并将数据转化为 3 个平移运动和 3 个旋转运动的值送入计算机中。

8.4.4　三维模型数字化仪

三维模型数字化仪又称为三维扫描仪或三维扫描数字化仪，是一种先进的三维模型建立设备。它利用 CCD 成像、激光扫描等手段实现物体模型的取样，同时通过配套的矢量化软件对三维模型数据进行数字化，如图 8.5 所示。它特别适合于建立一些不规则三维物体模型，如人体器官和骨骼模型、出土文物、三维数字模型的建立等，在医疗、动植物研究、文物保护等 VR 应用领域有广阔的应用前景。

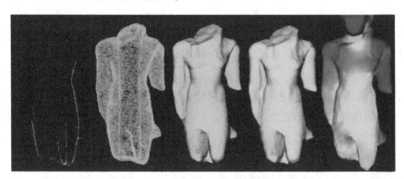

图 8.5　三维模型数字化仪扫描石膏像

三维模型数字化仪的工作原理如下：由三维模型数字化仪向被扫描的物体发射激光，通过摄像机从每个角度扫描并记录下物体各个面的轮廓信息；安装在其上的空间位置跟踪定位设备也同步记录下三维模型数字化仪的位置及方向的变换信息，将这些数据送入计算机中；再采用相应的软件进行处理，得到与物体对应的三维模型。

8.5　VR 发展过程中相互促进的关联技术

由于 VR 技术的实现是基于计算机相关技术的，因此它并不孤单，在其发展道路上，有许多的关联技术，比如计算机仿真、计算机图形学、人工智能、5G 通信技术和大数据技术等，与 VR 技术紧密联系，相互促进，共同发展。

（1）计算机仿真

计算机仿真是一种描述性技术，是一种定量分析方法。通过建立某一过程或某一系统的模式，来描述该过程或系统，然后用一系列有目的、有条件的计算机仿真实验来刻画系统的特征，从而得出数量指标，为决策者提供关于这一过程或系统的定量分析结果，作为决策的理论依据。而 VR 技术是一种可以创建和体验虚拟世界的计算机仿真技术，它利用计算机生成一种结合了多源信息融合、交互式的三维动态视景和实体行为的模拟环境，并使用户沉浸到该环境中，以直接观察的方式获得最直观的仿真结果。

（2）计算机图形学

计算机图形学是一种使用数学算法将二维或三维图形转化为计算机显示器的栅格形式的科学。简单地说，计算机图形学的主要研究内容就是研究如何在计算机中表示图形，如何用计算机进行图形的计算、处理和显示的相关原理与算法。VR 技术与计算机图形学是包含关系。VR 即做一个虚拟的"现实"出来，除了计算机图形学需要做的视觉方面的展示外，还要将图形渲染出的效果再呈现为 3D 画面，以被人眼直接观察到，同时 VR 还包括听觉、触觉、嗅觉等视觉之外感官的反馈。

（3）人工智能

人工智能是研究、开发用于模拟、延伸和扩展人的智能的理论、方法、技术及应用系统的一门新的技术科学，是计算机科学的一个分支。它试图揭示人类智能的本质，并生产出一种新的、能以人类智能相似的方式做出反应的智能机器，该领域的研究包括机器人、语言识别、图像识别、自然语言处理和专家系统等。人工智能和 VR 的关系，简单来说，人工智能是创造接受感知的事物，而 VR 是一个创造被感知的环境。人工智能的事物可以在 VR 环境中进行模拟和训练。随着时间的推移，人工智能会使得虚拟世界中的环境更真实，让虚拟的人更像人，让虚拟的场景更逼真。

（4）5G 通信

第五代移动电话通信标准，也称第五代移动通信技术，通常被缩写为 5G。它是 4G 之后的延伸，5G 网络的理论下行速率为 10 Gbit/s（相当于下载速率 1.25 GB/s）。网络传输的发展不断带动终端的革新，从 PC 到功能手机，再到智能手机的演进都离不开网络传输技术的发展。同时，VR 也需要 5G 的支持，在 VR/AR 技术中，语音识别、视线跟踪、手势感应等都需要低时延处理，这也同时要求网络时延必须足够低。所以，超高速的、超低时延的 5G 网络就为 VR 走进人们的日常生活铺平了道路。

（5）大数据技术

大数据是指无法在一定时间范围内用常规软件工具进行捕捉、管理和处理的数据集合，是需要新处理模式才能处理的，具有更强的决策力、洞察力和流程优化能力的海量、高增长率和多样化的信息资产，而大数据技术就是对这些海量的数据进行处理和分析。从表面上看，大数据技术和 VR 技术好像没有关联，其实不然，VR 可以从很多方面改变大数据。比如，大数据将变为沉浸式，在 2D 屏幕可视化大量数据几乎是不可能完成的任务，但 VR 提供了一种可能性。

8.6　VR 产品开发

在进行 VR 内容设计时，首先需要明确设计的目标和原则，在此基础上，再进一步完成设计与开发的整个流程。

8.6.1　设计目标和原则

1. VR 内容设计目标

1）使用户有"真实"的体验，通过构建一个虚拟的世界，使用户完全沉浸在这个虚拟世界中，理想的虚拟环境应达到使用者难以分辨真假的程度，这种沉浸感的意义在于可以使用户集中注意力。为了达到这一目标，VR 系统就必须具有多感知的能力，理想的 VR 系统应具备人类所具有的一切感知能力，包括视觉、听觉、触觉，甚至味觉和嗅觉。

2）系统要能提供方便的、丰富的，主要是基于自然技能的人机交互手段。这些手段使得参与者能够对虚拟环境进行实时地操纵，能从虚拟环境中得到反馈信息，也便于系统了解使用者关键部位的位置和状态等各种系统需要获取的数据。同时应高度重视实时性，人机交互时如果存在较大的延迟，则容易与人的心理经验不一致，就谈不上以自然技能进行交互，也很难获得沉浸感。为达到实时性的目标，高速计算和处理必不可少。

2. VR 内容设计原则

1）目的性。在进行 VR 内容开发之前应明确开发内容的定位，即开发的内容是面向用户的还是面向体验的。如果是面向用户的内容设计，那么就应该明确所开发内容服务的用户群体，以用户为中心，根据用户的潜在需要进行内容上的设计。如果是面向体验的内容设计，那么就应该首先设想好开发的内容希望给用户带来什么样的体验，然后再对内容进行详细设计。

2）舒适性。设计一个让人感觉舒适的体验是最重要的原则。VR 可能会混淆用户的大脑，因为用户的身体是静止的，但用户可能正在观察一个正在移动的环境。提供一个固定的参考点，如移动时与用户保持同步的地平线或仪表板，可帮助缓解眩晕。如果在 VR 应用设计中有较多动作，如加速、缩放、跳跃等，这些动作必须由用户控制。就像在现实世界中一样，人们在过小、过大或高空的环境中很容易感到不舒服，所以在进行 VR 应用设计时了解并掌握尺度非常重要。在虚拟环境中有很多方法可以引导使用者感受空间尺度，包括音频和光线等非空间方法。音频可以用于空间定位，而光线可以用来揭示路径。用户与 VR 系统的互动需要尽可能自然和直观，VR 系统应该为用户提供以自然技能等方式与数字世界进行交互，而不是要求用户适应现有技术支持的有限互动。

3）创造性。在开发 VR 应用时，不应该不假思索地在虚拟世界中简单直接复制现实环境。用户更期望能在虚拟世界中体验更加炫彩斑斓、充满想象力的世界。例如，谷歌 Daydream 团队开发的一款名为 Fruit Salad 的切水果模拟器，用户可以站在砧板旁边，用虚拟的水果刀切水果。如果将整个虚拟场景设计为厨房环境，那么整个体验就会有些无聊；但如果将场景设计为天空环境，让抽象的巨型水果漂浮在四周，效果就好多了。

4）想象性。由于 VR 系统中仍然缺乏完整的触觉反馈系统，考虑到联觉现象即其中一种感觉的刺激导致另一种感觉的自动触发，声音是用户触摸物体时提供反馈的好方法。利用 3D 声音技术可以让用户判断声音是来自上方、下方还是后方。巧妙地利用声音反馈也可以提高整个系统的沉浸感，给用户带来更加真实的体验。相对于文字提示，用户更喜欢系统能通过声音进行提示。所以在进行 VR 内容开发时应试图将内容中涉及的文字提示转化为声音提示，从而给用户带来更好的用户体验。

5）可靠性。VR 应用的可靠性意味着该应用在测试运行过程中有能力避免可能发生的故障，且一旦发生故障后，具有摆脱和排除故障的能力。随着 VR 应用规模越做越大，应用也会越来越复杂，其可靠性越来越难保证。VR 应用的可靠性也直接关系到应用的生存发展竞争能力，如何提高可靠性是 VR 内容设计的重要考虑因素。

6）健壮性。健壮性又称鲁棒性，是指软件对于规范要求之外的输入能够判断出这个输入不符合规范要求，并有合理的处理方式。VR 应用的健壮性直接影响了用户在使用 VR 应用时的体验。因为不能强制要求用户输入规范的内容，所以在进行 VR 内容设计时应考虑用户可能的输入，并对不符合规范的输入设计合理的处理方式。

8.6.2　VR 开发流程

首先通过调研，分析待开发的 VR 内容各个模块的功能。因为开发过程中涉及的具体虚拟场景的模型和纹理贴图都来源于真实开发策划场景，所以应事先通过摄像技术采集材质纹理贴图和真实场景的平面模型，并利用 Photoshop、Maya 或 3ds Max 来处理纹理和构建真实建模开发场景的三维模型。然后将三维模型导入 Unity3D、UE4 等 VR 开发引擎，在 VR 开发引擎中通过音效、图形界面、插件和灯光等设置渲染，编写交互代码，最后发布。

（1）需求分析

对于每一个开发的 VR 内容，都应该先进行需求分析，需求的充分程度直接影响后续的开发进度和质量。无论是 VR 应用还是其他应用软件，都应该以用户为中心，服务于用户。因为投入虚拟的资源是有限的，不能把所有的功能都实现，所以需要对功能进行取舍。通过充分的需求分析，对欲实现的功能进行分级，优先实现等级高的功能，等级低的功能作为后续的功能进行开发或不进行开发，这样才能实现以有限的资源获得最大的效益。

（2）开发策划

根据需求分析的结果，对整个开发过程进行策划。首先针对整个 VR 应用进行整体的开发策划，然后挑选关键部分做进一步的更详细的开发策划。对每一个欲实现的功能进行详细的研究探讨，得出实现这一功能的详细方案。

（3）建模开发

根据开发策划得到的结果进行建模开发。建模是指构建场景的基本要素，在建模过程中同时进行模型的优化，一个好的 VR 项目不仅要运行流畅，给人以逼真的感觉同时还要保证模型不能过于庞大。在建模的过程中可以使用制作简模的策略，即删除相交之后重复的面来实现减小模型大小的目的。

（4）交互开发

模型建立后，就可以开始进行交互开发。交互开发也是 VR 项目的关键。Unity 3D 等 VR 开发引擎负责整个场景中的交互功能开发，是将虚拟场景与用户连接在一起的开发纽带，协调整个 VR 系统的工作和运转。三维模型在导入 Unity 3D 之前，必须先导入材质，然后再导入模型，以防止丢失模型纹理材质。

（5）渲染

在整个 VR 内容开发过程中，交互是基本，渲染是关键。一个好的 VR 项目，除了运行流畅之外，场景渲染的好坏也会影响整个项目。一个好的、逼真的场景能给用户带来完全真实的沉浸感，用户也更容易认可真实感优秀的 VR 项目。基本渲染都是通过插件来完成的，在需要高亮的地方设置 shader，而渲染开发得到的效果就是看到台灯能真正感受到发亮的效果。

（6）测试与发布

经过以上步骤的迭代开发，即可得到一个完整的 VR 应用。然后需要对该 VR 应用进行测试，并对未通过测试的部分进行修改，直到该 VR 应用通过所有的测试。接下来就可以发布该 VR 应用了。

8.6.3　VR 内容制作方式

VR 内容的制作方式大致分为建模工程师利用建模软件进行手工建模、静态建模和全景拍摄三种。

1. 手工建模

手工建模指建模工程师根据 VR 内容开发的、需要利用 3D 建模软件进行的建模工作，常用的 3D 建模软件有 3ds Max、XSI、Maya、Blender、Cinema 4D、Mudbox 和 ZBrush 等。

（1）3ds Max

3ds Max 是由美国 Autodesk 公司旗下的 Discret 公司开发并推出的三维造型与动画制作软件。3ds Max 软件率先将以前仅能在图形工作站上运行的三维造型与动画制作软件移植到计算机硬件平台上，因此该软件一经推出就受到广大设计人员和爱好者的欢迎，获得了广泛的用户支持。

3ds Max 是集建模、材料、灯光、渲染、动画和输出等于一体的全方位 3D 制作软件，它可以为创作者提供多方面的选择，满足不同的需要。目前该软件广泛应用于电影特技、电视广告、游戏、工业造型、建筑艺术、计算机辅助教育、科学计算机可视化、军事、建筑设计和飞行模拟等各个领域。

（2）XSI

XSI 原名为 Softimage 3D，是 Softimage 公司（加拿大）开发的一款三维动画制作软件。动画控制技术是其强项，但其自有建模能力也很强大，拥有世界上最快速的细分优化建模功能。强大的创造工具让 3D 建模感觉就像在做真实的模型雕塑一般。Softimage XSI 凭借其先进的工作流程、无缝的动画制作以及领先业内的非线性动画编辑系统脱颖而出，出现在世人眼前。

Softimage XSI 是一个基于节点的体系结构，这就意味着所有的建模操作都是可以编辑的。它的动画合成器更是可以将任何动作进行混合，以达到自然过渡的效果。Sofimage XSI 的灯光、材料和渲染已经达到了一个较高的水平，系统提供的十几种光斑特效，可以延伸出千万种变化。

（3）Maya

Maya 是美国 Autodesk 公司出品的世界顶级的三维动画软件，并以建模功能强大著称。Maya 是目前世界上最为优秀的三维动画制作软件之一，它最早是美国的 Alias Wavefront 公司在 1998 年推出的三维制作软件。虽然在此之前已经出现了很多三维制作软件，但 Maya 凭借其强大的功能、友好的用户界面和丰富的视觉效果，一经推出就引起了动画和影视界的广泛关注，成为顶级的三维动画制作软件。

Maya 的操作界面及流程与 3ds Max 比较类似。Maya 功能完善、工作灵活、易学易用、制作效率极高、渲染真实感极强，是电影级别的高端制作软件，所以 Maya 自从其诞生起就被应用在多部国际大片的制作上。除了在影视动画制作的应用外，Maya 还可以应用在游戏、建筑装饰、军事模拟和辅助教学等方面。

（4）Blender

Blender 是款开源的跨平台全能三维动画制作软件，提供从建模、动画、材质、渲染，到音频处理、视频剪辑等一系列动画短片制作的解决方案。Blender 拥有便于在不同工作条件下使用的多种用户界面，内置绿屏抠像、摄像机反向跟踪、遮罩处理和后期节点合成等多种高级影视解决方案，同时还内置有卡通描边和基于 GPU 技术的 Cycles 渲染器。以 Python 为内建脚本，支持多种第三方渲染器。

Blender 可以被用来进行 3D 可视化，同时也可以被用来创作广播和电影级品质的视频，另外内置的实时 3D 游戏引擎，让制作独立回放的 3D 互动内容成为可能。完整集成的创作套件，提供了全面的 3D 创作工具包括建模、UV 映射、贴图、绑定、蒙皮、动画、粒子和其他系统的物理学模拟、脚本控制、渲染、运动跟踪、合成、后期处理和游戏制作。Blender 也提供了跨平台支持，它基于 OpenGL 的图形界面在任何平台上都是一样的，可以工作在所有主流的 Windows、Linux、macOS 等众多其他操作系统上。高质量的 3D 架构提供了快速高效的创作流程，小巧的体积，更便于分发。

（5）Cinema 4D（C4D）

Cinema 4D 由德国 Maxon Computer 开发，以极高的运算速度和强大的渲染插件著称，很多模块的功能在同类软件中代表着科技进步的成果，并且在用其描绘的各类电影中表现突出。随着技术越来越成熟，其受到越来越多电影公司的重视，可以预见，其前途必将更加光明。

Cinema 4D 应用广泛，在广告、电影和工业设计等方面都有突出的表现。在很多方面，可以将 C4D 作为 Maya 或 3ds Max 的替代工具，虽然没有后两者的影响力广泛，但 C4D 近年来的成熟趋势越发明显。相比于 Maya 和 3ds Max，C4D 会更加容易上手，可以更快捷、轻松地完成整个 3D 建模流程。

（6）Mudbox

Mudbox 由美国 Autodesk 公司开发，是雕刻与纹理绘画的结合。直观的用户界面和性能的创作工具，使人能够快速、轻松地制作复杂模型。其基本的操作方式与 Maya 相似，容易上手。传统雕刻师、新手或资深数字艺术家都能轻松地使用 Mudbox 功能集来提升生产力，用户可在几个小时内实现高效工作，而不是几个星期。

数字雕刻工具模仿了现实生活中的行为，能使用 Mudbox 中的工具就像捏制黏土一样简单直接。与那些经典的建模工具相比，Mudbox 在工作方式上略有不同：使用者需要从一个非常初始的模型（譬如一张脸或一只小动物等）开始一点点塑造外形，就像玩泥土模型那样。使用者可以捏造表面、凿刻沟壑，通过不断地调整来最终实现自己想要的效果。对于传统雕刻师等艺术家来说，这种方式显然更加符合习惯与直觉。

（7）ZBrush

ZBrush 是一个数字雕刻和绘画软件，它以强大的功能和直观的工作流程彻底改变了整个三维行业。在一个简洁的界面中，ZBrush 为当代艺术家提供了世界上最先进的工具。以实用的思路开发出的功能组合，不仅激发了艺术家的创作力，同时也产生了一种在操作时使用者会感到非常流畅的用户感受。ZBrush 是世界上第一个让艺术家感到无约束、自由创作的 3D 设计工具。它的出现完全颠覆了传统三维设计工具的工作模式，解放了艺术家们的双手和思维，告别过去那种依靠鼠标和参数来笨拙创作的模式，完全尊重设计师的创作灵感和传统的工作习惯。

ZBrush 将三维动画中间最复杂、最耗费精力的角色建模和贴图变成了小朋友玩泥巴那样简单、有趣的工作，设计师可以通过手写板或者鼠标来控制 ZBrush 的立体笔刷工具，自由自在地随意雕刻自己头脑中的形象。至于其他的拓扑结构、网格分布一类的烦琐问题都交由 ZBrush 在后台自动完成。它细腻的笔刷可以轻易塑造出皱纹、发丝、青春痘、雀斑之类的皮肤细节，包括这些微小细节的凹凸模型和材质。ZBursh 不但可以轻松塑造出各种数字生物的造型和肌理，还可以把这些复杂的细节导成法线贴图和展开的 UV 的低分辨率模型。

这些法线贴图和低分辨率模型可以被大型三维软件 Maya、3ds Max、Softimage XSI 等识别和应用。

在建模方面，ZBrush 可以说是一个极为高效的建模器。它进行了相当大的优化编码改革，并与一套独特的建模流程相结合，可以让艺术家制作出令人惊讶的复杂模型。无论是从中级到高分辨率的模型，艺术家的任何雕刻动作都可以瞬间得到回应，还可以实时进行不断地渲染和着色。对于绘制操作，ZBrush 增加了新的范围尺度，可以让艺术家给像素作品增加深度、材质、光照和复杂精密的渲染特效，真正实现了 2D 与 3D 的结合，模糊了多边形与像素之间的界限。ZBrush 是 Mudbox 的备选方案，相较于前者，ZBrush 提供了数量更为庞大的基础模型，同时也提供了更多笔刷，但在纹理喷涂和纹理烘焙方面的表现不如 Mudbox 优秀。

2. 静态建模

静态建模指对静态对象（主要包括道具及角色）实现快速图像采集并生成高精度、高还原度的通用 3D 模型，目前常用的静态建模方式包括三维激光扫描和拍摄建模两种。

（1）三维激光扫描

三维激光扫描是最精确的建模方式。该技术已经发展了近 30 年，目前已经发展到第三代产品，技术和解决方案都已经非常成熟，从杯子大小的物件到整个城市都有成熟的解决方案。一般的三维扫描仪厂商除了设备以外，还会有云数据处理软件。这类软件的主要功能就是通过图像算法降低云数据的数据量。还有一些智能识别功能，将常见的电缆、管道等对象识别成一个整体对象，通常这类软件的识别过程都需要人工辅助干预才能形成可以使用的场景数据。大场景的扫描建模对操作人员要求比较高，一般需要操作人员配合使用全站仪之类的测绘设备。

（2）拍摄建模

拍摄建模是目前最方便的建模方式。这种方式是指通过相机等设备对物体采集照片，经过计算机进行图形图像处理以及三维计算，从而全自动生成被拍摄物体的三维模型。通常物体模型的精度取决于图像精度，一般来说，保持与所摄对象距离越近，照片分辨率越高，照片质量也越好。电荷耦合器件（Charge Coupled Device，CCD）幅面越大，获取到的三维效果也越好。为了保证模型的顺利生成，必须要保证足够的重叠率。但重叠率不宜太高，太高会浪费图像，而且也会造成后续的模型计算缓慢或者内存过大导致建模计算失败；同样也不宜过低，过低会导致模型的计算出现孔洞或者因照片重叠率不够而无法建模。必须保证被拍摄的对象的每一个点至少在相邻两张照片里都能找到。

3. 全景拍摄

全景拍摄是指对被拍摄对象进行 720° 环绕拍摄，最后将所有拍摄得到的图片拼成一张全景图片，从而完成对被拍摄对象的建模任务。720° 全景指超过人眼正常视角的图像，即水平 360° 和垂直 360° 环视的效果，照片都是平面的，通过软件处理之后得到三维立体空间 360° 全景图像，给人以三维立体的空间感觉。

8.6.4　交互功能开发

VR 系统的主要交互方式包括真实场地、传感器、动作捕捉、触觉反馈、方向跟踪、手势跟踪和眼部追踪等，一个典型的交互功能开发过程大致分为以下五个步骤。

（1）前期交互功能分析与方案确定

对整个系统需要实现的交互功能进行前期分析，包括功能设计分析与特效实现设计分析两个部分，并根据分析结果安排具体开发流程与分工。

（2）模型数据导入

从建模工程师处获得三维模型文件，导入交互开发平台中。

（3）交互功能设计

按照前期确定的交互设计方案，以模块化设计方式在项目中编写独立功能模块，每一项功能调试完毕后，再加入下一个功能，确保整体交互程序的顺利运行以及各功能模块之间的配合与衔接。

（4）特效设计

使用交互开发平台中已有的特效模块对画面进行整体视觉效果的调整，并根据实际需求加入如雾效、粒子云层、动态喷泉水流以及立体声音效等效果。

（5）运行程序发布

在完成交互功能设计与整体功能测试之后，按照具体使用要求，发布成可执行文件，并且可根据使用环境连接外部控制器以及 VR 头戴式显示器使用。

8.6.5 VR 开发引擎

VR 引擎是给 VR 技术提供强有力支持的一种解决方案，主要用于 VR 内容的交互开发。目前主流的 VR 开发引擎是 Unity 3D 和 Unreal Engine，除此之外还有许多各具特点的 VR 引擎，可谓百花齐放。

（1）Unity 3D

Unity 3D 是由丹麦的 Unity Technologies 公司开发的一个让玩家轻松创建诸如三维视频游戏、建筑可视化、实时三维动画等类型互动内容的平台，是一个全面整合的专业游戏引擎。类似于 Director（Adobe 公司，美国）、Blender Game Engine 组件、Vitools 软件或 Torque Game Builder 等，Unity 3D 是一款把交互的图形化开发环境作为首要方式的软件。其编辑器可运行在 Windows 和 macOS 下，可发布游戏至 Windows、macOS、Wii、iPhone、WebGL（需要 HT-MLS）、Windows Phone 8 和 Android 平台，也可以利用 Unity Web Player 插件发布网页游戏，其支持 macOS 和 Windows 的网页浏览，它的网页播放器也被 macOS 所支持。

Unity 3D 是目前行业内应用较广的平台，具有功能丰富的用户操作界面，支持所有主流文件格式资源的导入，支持多种格式的音频、视频，对 DirectX 和 OpenGL 拥有高度优化的图形渲染支持。Unity 3D 的着色器系统整合了易用性、灵活性和高性能的特点，低端硬件也可流畅运行广阔、茂盛的植被景观，并且提供了具有柔和阴影与烘焙 lightmaps 的光影渲染系统。Unity 3D 主要使用脚本语言进行交互程序的编程，由于 Unity 3D 内置了 NVIDIA PhysX 物理引擎和 AI 人工智能，在游戏制作方面支持优秀的全实时多人游戏物理特效，以及在网络支持方面可实现从单人到多人联机游戏的开发制作。国内外目前在使用 Unity 3D 开发三维交互式房地产展示方面的应用也层出不穷，并逐步成为行业内的主流平台。

（2）Unreal

第一代虚幻游戏引擎（Unreal Engine，UE）在 1998 年由 Epic Games 公司（美国）发行。当时 Epic Games 公司为了适应游戏编程的特殊性需要，专门为虚幻系列游戏引擎创建了一种名为 Unreal Script 的编程语言，该语言让这个游戏引擎变得非常容易且使用方便，因而这个游戏引擎从一开始就名声大振。

Unreal 是 Unity 3D 的直接竞争者，同样有着出色的文档和视频教程。Unreal 较之其他竞争对手的一大优势是图形能力：Unreal 几乎在每个领域都更进一步，地形、粒子、后期处理效果、光影和着色器等都非常出色。

当然，还有其他一些 VR 引擎，如 CryEngine2、Source Engine、Cocos 3D、OGEngine 和无线 VR 引擎等。

8.7　习题

8.1　什么是 VR？其主要的三个特征是什么？

8.2　VR 关键技术有哪些？

8.3　VR 中的实时图形绘制技术主要包括哪些内容？

8.4　基于图形的绘制技术和基于图像的绘制技术有什么区别？

8.5　VR 中增加触觉感知的主要作用是什么？

8.6　自然交互技术主要包括哪几个方面？

8.7　VR 中研究碰撞检测的原因是什么？

8.8　碰撞检测的方法主要有哪些？

8.9　VR 实物虚化是什么？

8.10　几何造型建模主要包括哪两种方式？

8.11　物理行为建模主要包括哪两个方面？

8.12　VR 中的虚物实化是什么？

8.13　真实感实时绘制技术主要包括哪两个方面？

8.14　并行绘制指的是什么？

8.15　为什么要进行声音渲染，其作用是什么？

8.16　VR 的人机交互设备主要有哪些？

8.17　VR 发展过程中相互促进的关联技术主要有哪些？

8.18　VR 的设计原则一般是什么？

8.19　VR 内容的制作方式主要有哪些？

8.20　VR 中交互功能的一般开发步骤是什么？

8.21　VR 开发引擎主要有哪些？

8.22*　VR 系统开发的难点是什么？

8.23*　VR 技术在工业上的应用特点是什么？

8.24*　如何理解 VR 技术的诸多关联技术？

第9章 工业 VR 技术

本章研究工业虚拟现实（Industrial VR，IVR）技术，以连轧过程厚度控制（Automatic Gauge Control，AGC）虚拟仿真系统为例，通过对系统的功能需求和系统性能进行分析，确定 VR 技术在工业应用系统的开发流程及总体方案。在工业 VR 中产生的输入数据、中间数据以及结果数据，会涉及大量的数据交互和传输处理，通过在应用环境中设计和建立最优化的数据库模型及其应用系统，实现有效存储相关过程数据。对象虚拟模型是 VR 的关键，在 AGC-VR 系统中，把三维虚拟平台的模型抽象为由三维模型类、动作特性类、场景特性类和数据接口类元素构成的模型。时间管理是虚拟仿真运行管理中的一项核心内容，系统的时间特性直接影响对工业原型系统动态特性的分析和研究；同时，对象模型的校核、验证与验收也是伴随着仿真系统的设计、开发、运行和维护的整个生命周期过程的一项重要活动。

9.1 工业 VR 需求分析

9.1.1 总体需求分析

虚拟现实技术与工业的结合和应用需求越来越迫切，将 VR 技术应用于工业过程的设计、控制、服务、制造和演示等环节，通过数学模型和虚拟动画实现工业实际设备或生产线"软对象"建立，再将"软对象"作为设计或控制主体，在计算机上虚拟再现，仿真实际生产过程或动作流程，就可以无障碍、无阻滞地实现对三维立体空间事物的观察和操作，生动地模拟出实际的工业生产场景，甚至使不可能实现的条件变成可能，因此可以减小设计成本，降低设计风险，具有极其重要的现实意义。

工业 VR 技术以计算机网络技术、现代信息技术为依托，实现 VR 技术与现代先进制造技术的整合，是一种基于高度逼真的模拟化人机界面技术，具有网络化、交互性和高效性的特征。工业 VR 技术可以应用于许多工业领域。

1）产品设计。利用 VR 技术提供的语音识别和手势等输入设备，以及立体视觉、声音、触觉等反馈系统，可以实现设计者和设计对象的多感知交互，极大地节省了用于形状描述和尺寸精确定义的时间，为各类工程的大规模数据可视化提供了新的描述方法，从而缩短了产品开发时间，降低了开发费用，有利于实现产品的快速设计与开发。

2）安全训练。在一些高难度和危险的情境之下，可以运用 VR 技术进行训练。如应用于医疗手术训练的虚拟现实技术系统。

3）先进制造。在工业设计中的先进制造领域，可以运用 VR 技术，完善产品的设计，优化产品的性能，更好地提升设计效能。

4）建筑与艺术设计。在工业建筑及艺术设计领域，可以运用 VR 技术，将抽象思维转化为实体场景，极为有效地增强用户的真实体验。

目前，工业 VR 的应用场景正在不断演进，主要包括产品设计、运维巡检、远程协作、操作培训和数字孪生等。应用 VR 的产品设计可提供沉浸式空间实现多人的同步设计，所见即所得的设计方式极大简化了设计难度，提高了设计效率。VR 加上运维巡检实现了解放双手的工作方式，成为当前 VR 在工业生产中最成熟的落地应用场景，解决了在电网巡检、管路巡检等特殊场合下的痛点需求。应用 VR 的远程协作通过将现场工人的第一人称实时画面传递至远端，并可通过语音交互、AR 画面交互的方式将远端操作方式传递至现场操作人员眼前，实现了完全第一人称实时同步的协作方式，避免了两端信息不对称的远程配合困境。应用 VR 的操作培训通过所见即所得的沉浸感极大地提高了人员的培训效率，成为当前 VR 在工业生产中应用数量最多的方式。VR 以及数字孪生在虚拟空间中构建出与物理世界完全对等的数字镜像，成为将产品研发、生产制造和商业推广三个维度的数据全部汇集的基础。

9.1.2 AGC 系统功能需求分析

基于 VR 技术构建连轧过程厚度控制虚拟场景，仿真实际的工业生产过程，VR 系统需要实现的目标主要包括三个方面：一是能利用 VR 技术对连轧生产线进行虚拟仿真；二是能与上层应用服务保持数据交互和控制操作联动；三是将连轧过程厚度控制 VR 系统发布到网络上，并实现虚拟现实演示和管理。因此该 VR 平台的主要功能需求包括如下四个方面：三维模型建立、物理场景仿真、场景渲染以及信息交互。

（1）三维模型建立

连轧过程厚度控制 VR 系统的功能之一是用于相关人员的操作和培训，使之对连轧过程厚度控制具备初步的直观认识，并熟悉轧机的结构、各个零部件及整机的装配知识、运动原理等，因此只需根据轧机信息，建立其静态模型，然后进行组合装配。为了降低系统开发的成本，在不影响整体结构的前提下，可以对一些复杂结构进行简化处理。对轧制生产线进行 VR 全景建模，对轧制过程涉及的各个主要设备进行 3D 建模，达到让使用者身临其境的效果。连轧生产线的轧机作为场景中主模型之一，需要对机架、上下工作辊，以及轧制压力执行机构等部件进行细致建模和刻画，而背景则选用典型工厂环境背景模型。

（2）物理场景仿真

物理场景仿真是 VR 系统的核心模块，要求系统能够对物理场景进行模拟，并实时判断是否达到事件的触发条件，从而更改场景的状态和仿真数据，并且能够根据系统指令更新场景中的设备状态及环境信息。根据对现实环境的状态变化分析，将物理场景仿真分为场景信息和部件信息。其中，场景信息用来描述某一范围的场景状态信息，例如，该场景的设备信息、场景的实际状态；场景仿真是由一系列场景信息构成的，场景信息要求根据当前设备状态自动调节，实时更新，模拟较为真实的现实场景状况。部件信息主要用于对系统中所需的连轧线主要各部件信息进行描述，考虑到虚拟仿真平台所涉及的部件种类，需要对这些部件进行合理的抽象描述，使构建的仿真部件能够全面描述真实部件。

（3）场景渲染

AGC-VR 系统要求能够提供场景漫游，实时展示当前环境信息和虚拟场景，因此其主要特性之一就是 VR 场景渲染。当前主流虚拟开发引擎的不断发展，尤其是 Unity 3D 的组件式操作，可以让更多用户学习利用虚拟开发引擎进行 VR 开发，从而实现物理场景建模及虚拟交互，利用虚拟开发引擎的渲染特性和一些通用接口能快速实现各种场景渲染。

（4）信息交互

AGC-VR 系统需要与服务器进行交互，因此为了实现信息交互，需要采用统一的数据序列化方式及通信交互格式。鉴于虚拟引擎后台与网络服务器开发语言一般不同，AGC-VR 系统需要保证发送的信息能够被服务器理解，并能根据接收的指令对后台数据进行更新和处理。

9.1.3 AGC 系统性能需求分析

AGC-VR 系统性能需求主要包括场景渲染效果、系统资源消耗、系统可扩展性、可靠性和易用性等方面，下面依次进行分析。

（1）场景渲染效果

实时动态交互是 VR 技术的关键所在，因此要求本系统的场景必须提供流畅的交互画面，传输速率应高于 15 帧/s。目前常用的虚拟引擎图形刷新率一般为 50~60 帧/s，为保证画面流畅，在导入场景模型后，场景渲染的图形刷新率至少应为 15 帧/s 以上，最好为 20~30 帧/s。

（2）系统资源消耗

VR 中需要消耗大量计算机资源的行为主要有实时渲染、场景切换及数据序列化等，其中，实时渲染会占用计算机的大量 CPU、GPU 和内存资源。为保证 VR 系统的顺利运行，需要保证在系统正常运行时，各个资源消耗均应处于合理状态，例如，CPU 和内存资源消耗最高应在 50%以下。

（3）系统可扩展性

AGC-VR 系统目前只针对一种轧机模型单一功能进行开发，在实际应用过程中，可能需要涉及多种轧机模型，因此虚拟仿真平台需要考虑后续多种轧机模型多种复合功能虚拟现实的扩展问题，保证虚拟仿真平台的扩展性和复用性。

（4）可靠性和易用性需求

VR 系统投入使用时应保证成熟性，在一定时间内发生故障的频率应较低；即使发生异常，系统也应能够修复和重建，例如，当系统崩溃时，用户重启系统则可以重新加载。同时系统还应方便用户使用，界面设计简洁并且便于用户理解，反馈机制恰当合理，操作上尊重用户的使用习惯，符合用户预期。

9.2 工业 VR 系统结构

9.2.1 框架设计思想

一般工业 VR 框架主要遵循以下三个准则。

（1）模块化

对工业 VR 开发中的常用功能进行模块化封装，每个子模块在功能上均具有独立性。模块化会有效提高整个框架的稳定性，且模块化设计会使模块之间的耦合度非常低，一个模块的内部功能的修改和扩展不会影响到其他的模块，这样既能保证模块功能的不断改进，又能保持整个框架的整体架构不会发生变化。

（2）层次化

采用层次化的设计，整个框架分为基础层、通信层和应用层。基础层的主要功能是实现各个功能模块的封装；通信层负责基础层各个模块之间的通信工作；应用层的工作主要是由 VR 产品的开发者实现的，通过使用或扩展框架内的预留接口来完成具体的 VR 实验的开发。框架的层次化会使框架每个部分的功能主体更加明确，同时也有利于框架的升级和维护。

（3）可扩展性

模块化和层次化的设计为框架提供了很好的可扩展性。模块的功能独立，且不与其他模块直接通信，因此框架内在进行功能模块的封装时提供了扩展接口，开发者可以进行模块功能的扩展。另外，模块间的通信规则是由通信层制定的，开发者也可以在框架内基于通信规则扩展新的功能模块，因此框架和框架内模块都具有很好的可扩展性。

9.2.2　工业 VR 体系结构

很早之前的许多软件就已经使用客户端/服务器体系架构，也可以叫作主从架构，简称为 C/S（Client/Server）架构。C/S 架构是一种网络架构，这种架构是把客户端和服务器区分开来的。客户端在固定的时刻都会向服务器发出请求，服务器端也会做出相应的反应。C/S 架构可以将任务分配给客户端和服务器，两者共同完成任务。一般一些前台计算由客户端完成，一些复杂的计算则由服务器端完成，通过这种方式可以减少客户端和服务器端的通信时间和通信资源。

通过这种 C/S 体系结构，把以前完全在主机上完成的应用程序划分成两部分：一部分划分到客户端；另一部分划分到服务器。客户端应用程序可以完成信息的发送，用户在客户端输入请求信息，并验证信息的有效性，最后把请求信息发送给服务器端。通过服务器可以进行大计算量的任务，查询和管理大型的数据库等。这种方式使得系统效率得到提高，通信过程中的数据传输也减少，避免了网络的频繁拥堵，更好地保证了数据的一致性。

浏览器/服务器（Browser/Server，B/S）是一种三层体系结构，包括浏览器、Web 服务器和数据服务器三个部分。客户端只需要安装浏览器，用户通过浏览器和应用程序之间进行信息交互。浏览器把用户输入的信息发送给服务器端，服务器根据用户的请求信息完成任务，并把最后的结果返回给用户。应用程序的维护和升级都是在服务器端完成的，客户端不必进行应用程序的维护操作。

B/S 相比于 C/S 方式有很多优点。

1）所需硬件环境不同。C/S 大部分是在专用网络以及小范围环境上应用，局域网通过专门服务器提供链接和数据交换。B/S 则是建立在广域网上，没有专门的网络环境，比 C/S 适应范围更加广；B/S 结构在客户端只要有一个浏览器即可完成工作，而系统的安装、配置、维护和升级都是在服务器端完成的。

2）重用性不同。C/S 结构对程序的整体性要求较高，重用性很差；而 B/S 结构因为支持松耦合的概念，因此程序中各个成员的功能相对独立，能够很好地被重用。

3）系统维护不同。C/S 对整体性要求比较高，因此在修改或更新系统时比较困难；而且需要在计算机上安装专门开发的客户端软件，并对客户端软件进行安装、配置、维护和升级，尤其是当客户端软件需要升级时，需要对每个计算机上的客户端软件进行升级。而 B/S 因为是组件化的，修改或更新系统时只需要对相应的组件进行修改和更新即可；而且 B/S 架构不需要客户端软件的支持，只要在计算机上有一个浏览器即可，因此节省了大量需要安装、配置、维护和升级客户端软件所产生的费用。

4）安全要求。C/S 架构在安全、控制方面的能力很强，一般都是为一些固定的用户提供服务，在同一地区，安全性要求高，它的安全性与操作系统的安全性紧密相关；而 B/S 架构的安全性则相对不足，它所面向的用户群体是未知的，和操作系统的安全性关系不大。

5）接口不同。C/S 需要 Windows 平台之上的支持；B/S 因为只需要浏览器，且开发难度都不大，因此开发成本也比 C/S 小很多。

6）标准协议不同。C/S 结构需要多个协议共同完成任务，而 B/S 结构只需要 TCP/IP 即可。

因此，目前的工业 VR 系统开发一般选择 B/S 架构的体系结构。

9.3 数据库设计

数据管理是利用计算机技术对数据进行有效的收集、存储、处理和应用的过程。在工业 VR 的开发过程中，数据主要是虚拟现实数据，即在进行虚拟生产过程中产生的输入数据、中间数据以及结果数据。在进行 VR 开发的过程中，会涉及大量的数据交互和传输处理，如初始界面输入数据、工业参数设定数据、生产过程工艺数据和仿真结果数据等。

数据库的设计是指在给定一个应用环境的前提下，通过构建最优化的数据库模型，能够有效存储相关过程数据，从而满足用户的要求。

9.3.1 数据库设计基本步骤

1）数据库需求分析阶段：收集需求、分析需求，并根据分析出的需求得到数据字典和数据流图。

2）概念结构设计阶段：对收集到的需求进行综合分析、归纳总结与抽象化，从而形成概念模型，并用 E-R 图表示。

3）数据库逻辑结构设计阶段：将概念结构转化为数据模型，并且转化后的数据模型必须是数据库管理系统支持的数据模型。

4）数据库物理设计阶段：为逻辑数据结构选取合适的、符合实际环境的物理结构。

5）数据库实施阶段：为应用程序建立详细具体的数据库，把数据的信息录入数据库中，通过编写和调试好的应用程序测试数据库是否正常运行，正常运行后运行应用程序。

6）数据库运行和维护阶段：评价所设计的数据库是否符合应用程序的要求，如果不符合要求则修改、调整数据库，直到设计出的数据库能够符合应用要求为止。

9.3.2 数据库设计原则及方法

1. 实体之间的关系

实体之间的关系可以是一对一、一对多或多对多的关系。

1）实体之间一对一的关系：一对一的关系就是说实体之间的关系是一个对应一个，实体对象之间是一个对应一个之间的关系，例如，一个学生对应一个学号，一个学号只对应一个学生。

2）实体之间一对多的关系或者多对一的关系：一对多的关系就是说实体对象之间是一个对应多个的，例如，一个班级对应多个学生；多对一的关系就是说实体对象之间是多个对应一个的，例如，多个选择课程对应一个学生。

3）实体之间多对多的关系：实体之间多对多的关系就是说实体对象之间是多个对多个的，例如，一个工作人员可以有多个职位，一个工作职位也可以由多个人担当。

2. 主键和外键

在关系型数据库中，一条记录是由多个属性组成的，如果能够找到一个属性使之能够唯一性地确定这条记录，那么这个属性就是主键。外键的作用是用于关联数据库中的另外一张表，这个外键能够确定另外那一张表的记录，也就是说，这个表中的外键是另外那一张表的主键。

主键的设计原则如下。

1）主键的作用只是唯一性地确定一条记录，和用户没有关系。

2）主键是数据表中的一个列，通过主键可以提高数据库表的查找效率。

3）不要更改其他属性作为主键，因为主键的作用就是唯一地区分标记一条记录。

4）主键中不该包含那些随时会变化的属性。

5）主键是由数据库自动生成的，如果由用户去设置主键，那么就失去了主键的意义，而且设置过程中容易出错。

3. 三个范式在数据库表设计中的应用

范式的作用就是减少数据库中重复的数据项，减少数据库的冗余。通过范式可以使得数据在数据库中得到有效的、有规律的组织，从而使得数据库资源、数据库的利用率都能得到很大的提高。一个数据表在遵循较高的范式规则之前，必须先遵循较低的范式规则。

1）第一范式。关系模式中，属性已经是最小的成分，每个属性不可再拆分成其他的属性即属性原子性。在关系模型中如果一个属性已经不能够分成更小的属性，那么它满足第一范式。关系型数据库最基本的要求就是要满足第一范式，如果不满足第一范式就不是关系型数据库，因此第一范式是满足关系型数据库的基础。

2）第二范式。如果一个数据表要满足第二范式，那么它之前必须先要满足第一范式，因此数据表满足第一范式是满足第二范式的前提条件。第二范式中非主属性完全依赖于主属性，即消除非主属性对主属性的部分函数依赖关系。

3）第三范式。如果一个数据表要满足第三范式，那么它之前必须先要满足第二范式。因此，数据表满足第二范式是满足第三范式的前提条件，在此基础上消除表中的传递依赖。所谓传递依赖，就是指 $x{\rightarrow}y$，$y{\rightarrow}z$，那么可以得到 $x{\rightarrow}z$。

4. 正确认识数据冗余

数据冗余指的是不必要的、冗余的内容。最常见的是在数据库中，设计的数据结构、存储等方面不合理，造成信息重复。如果主键或者外键在不同的表中多次出现，这不是数据的冗余，只有当多次出现而不是主键或外键时，才叫数据冗余。这种情况下出现的冗余是低级的冗余，即重复性的冗余。高级冗余不具有重复属性，但会出现派生属性。

减少冗余的目的是提高数据处理的速度，在数据处理过程中只用那些低级的冗余才会增加处理的时间，因为同一个数据的输入地点、输入时间可以是不同的，所以设计时应提倡高级冗余避免低级冗余。

5. 三少原则

1）较少的数据库数据表。较少的数据表说明设计出来的 E-R 图是比较精确的，才会减少数据的冗余。

2）组成主键的属性应较少。主键的作用是唯一性地确定一条记录，只有主键中的字段少了，在查找的过程中才会节约更多的时间。

3）一个表中应有较少的数据字段。只有表中数据字段较少，才能减少数据的冗余和重复。

9.3.3　数据库结构设计

在数据库设计过程中，其结构设计是极富挑战性的一个环节，良好的数据库结构能大幅降低数据库数据冗余，提高数据访问效率，增强数据库应用程序的稳定性等。数据库结构设计必须依据系统功能分析和数据结构及分类设计。

按照工业 VR 的要求以及所涉及的信息，综合分析 VR 平台的各种设备内在联系以及设备之间的数据联系，进而建立数据库，以二维数据表的形式表示三维仿真平台的元素数据层面的各种逻辑联系，以及三维仿真平台和二维仿真平台的逻辑联系。

数据库表间有千丝万缕的联系，怎样保持数据准确、安全，做到数据条理清晰且能被正确地使用，同时又能降低使用和维护数据库的工作量和工作难度是亟待研究的问题。必须对各种数据的关系作界定，数据库是围绕所有设备构成的设备表为根节点展开的，表间通过设备 ID 作为主键实现一一对应的级联更新关系。在确定系统功能模块后，采用自底向上的方法对数据库进行概念结构设计，画出系统模块 E-R 图，然后将 E-R 图向关系模型转换，得到关系数据库中的数据表，最后给出数据库的数据字典。

9.4　工业 VR 中模型库建立

9.4.1　虚拟对象建模

模型是虚拟现实的关键，以 AGC-VR 系统开发为例，各种模型可以分为两类：有动作特性的模型和一般的模型。前者一般指轧制生产线上的各种设备，包括加热炉、传送辊道、热卷箱、机架轧辊、层流冷却和卷取机等设备，后者主要指生产线以外的厂房等地理环境。基于此，把三维虚拟平台的模型抽象为由三维模型类、动作特性类、场景特性类和数据接口类元素构成的模型。

1）三维模型类元素通过 3ds Max，组合不同的子模型来创建新的模型，并可以通过纹理和材质来增强其真实性。

2）动作特性类元素用于描述设备动作，如炉门开启、轧件传输、轧辊压下、卷取机卷入、热卷箱卷入和放出等；在三维场景中，为了增强真实性，这些功能可以通过支持关键帧的模型来实现。在具体显示过程中，通过关键帧之间进行插值处理来显示操作效果。

3）场景特性类元素用于描述水蒸气、热辐射等效果，在图元编辑器中，考虑采用子模型交替显示、纹理替换和增加特效的方式来实现。对于冒蒸汽、冒烟等，可以通过粒子系统的特效功能来实现。

4) 数据接口类元素提供虚拟现实对象和系统交互的数据接口。数据接口一般指 Unity 环境下用于记录和描述模型的各种相关信息的二维数据表, 并用于随后的平台间信息交互。

9.4.2 虚拟对象模型库建立

三维模型类元素采用 3ds Max 建模, 依据实际采集的图片资料和数据尺寸按照一定的比例建立各种仿真对象的模型, 设置各种模型的贴图、材质、位置和动画, 文件以 ∗.max 格式保存。将用 3ds Max 建立的三维模型, 利用 Unity 3D 自带的插件从 3ds Max 中导出并把三维模型保存为 ∗.nmo 格式文件, 以便在 Unity 3D 环境中编写脚本程序, 赋予三维模型动作特性。按照要求模型可以导出物体、角色和动作等, 并可定制导出物的各种属性, 如几何体选项、材质和纹理选项、动作选项和体型转换方式等。以此类推, 逐一完成模型建立, 按照一定标准对模型分类编号并放入模型库, 为后续开发做好准备工作。

如图 9.1 所示为建模流程图, 建立的功能类元素在 VT (Virtual Tool) 内以脚本 (∗.nms 格式文件)、VT 对象 (∗.com 格式文件) 和 Array (VT 环境下二维数据表) 等形式存在。由三维模型库元素和功能对象库元素生成各种三维仿真平台对象 (∗.nmo 格式文件)。

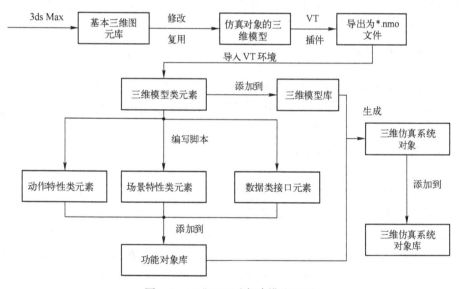

图 9.1 工业 VR 对象建模流程图

9.4.3 虚拟对象模型显示优化

通常一个工业 VR 系统中集中了多种设备及场景, 三维场景中的面数将超过几百万, 场景中采用粒子系统方法模拟着火、爆炸、烟雾等特殊效果和雨雪等气候条件, 粒子总数超过了十多万个。设备仿真、三维漫游和实时交互要求达到 15 ~ 25 帧/s 的速率。对于处理资源有限的显示终端, 这样的场景复杂度远远超出了系统处理能力。这样一个场景丰富、实体众多、运动规律复杂、特效多样的高度复杂的虚拟环境, 必须采用各种关键技术对虚拟现实平台进行优化, 着眼于研究模型优化, 实现提高运行效率、增加运行稳定性的优化目的。

目前，三维虚拟场景最大难点在于系统场景内模型绘制的真实感以及模型的实时绘制效率。为了达到更好的用户沉浸感，三维虚拟场景中所呈现的景物需要比较真实，因此在建立场景内的模型时需要构造得非常精细，这虽然可以增加模型的真实性，但对于如此精细而复杂的模型，由于机器性能的制约往往很难达到实时效果，这是人们很难接受的。一般来说，需要在模型的精细程度和绘制的速度之间取一个折中值，既要保证一定的绘制质量，又不造成用户在系统内漫游时的运动不适。因此在建立系统时，可以利用优秀的建模方法来减低场景的复杂度。

例如，对于一些有着相同结构的模型，采用实例技术构建会节省很多绘制片面的时间；使用粒子系统模拟雨雪效果，不仅逼真而且高效。在模型精细度要求不高的地方可以采用贴图、建议模型替代。同时，还可以运用场景优化技术来提高系统执行效率。例如，使用多层次细节技术的方法为场景生成不同的细节层次，以便在不同的显示参数下使用不同的细节层次进行绘制，从而大大减小了绘制的计算量，可以比较有效地提高系统的效率。

9.5　工业 VR 中仿真时间协调

时间管理是虚拟现实运行管理中的一项核心内容。对于工业 VR 系统来说，系统的时间特性直接影响对工业原型系统动态特性的分析和研究。

9.5.1　时间推进机制

在工业 VR 系统所基于的协同仿真框架中，由主节点负责整个仿真系统的时间推进服务，各个子节点负责节点内部时间的推进。协同仿真运行框架一般提供两种时间推进机制：基于事件驱动（event-driven）和基于时间步长（time-stepped）。对于事件驱动仿真应用，按时间戳顺序处理内部局部事件和接收到的外部事件，仿真应用的时间推进与其处理的事件时间戳时间一致；对于时间步长仿真应用，系统以固定大小的时间推进仿真时间，只有在当前时间步长内的仿真活动都完成后，系统才将仿真时间推进到下一仿真时间。协同仿真框架允许子节点采用与主节点不同的时间推进机制，即支持混合时间推进。

以 AGC 为例的工业 VR 系统，主体是对在连轧机中运行的带钢各个时间点的状态、特性进行模拟，其仿真过程是基于时间步长推进的；而对其进行控制的两级过程控制系统，是在此连续生产过程的基础上，按照采样周期的时间步长实施控制动作的。基于以上分析可知，协同仿真系统主节点应采用基于步长的时间推进机制。同时，在 AGC-VR 系统中还存在具有离散事件仿真特性的环节，如执行机构控制级的设备运行故障监测环节、过程优化控制级的物料跟踪环节等。考虑到与仿真系统整体周期性动作规律的配合，一般采用活动周期扫描法进行该环节的时间推进。

9.5.2　虚拟现实仿真时钟

所开发的 AGC-VR 系统中，所有参与仿真的对象都用软件算法建模，由这些软件模型构成一个闭合的虚拟现实环境，虚拟现实模型完全在独立的虚拟时空中运行，仿真的虚拟时空和自然时空没有信息交互。这时，仿真时间和自然时间也无须有任何约束。在此系统中，由仿真时钟控制整个系统的运行，作为系统时间推进及各节点模型同步的依据。

针对 AGC-VR 系统的系统组成及运行特点，下面给出了在确定该系统仿真时钟过程中几个关键量的选取原则。

（1）基准仿真周期的确定

作为 AGC-VR 系统的最底层仿真子系统，轧机及轧件的实体仿真系统要为上层的两级过程控制系统提供采样周期的基准值，进而确定整个仿真系统的运行时序。

为确定基准仿真周期，即实体仿真子系统的最上层节点的仿真周期，首先要确定构成实体仿真系统的各个子模型的仿真步长。由于是非时间约束的全数字仿真系统，除满足一定的仿真速度的要求外，对于仿真系统中的连续型实体仿真子系统，其仿真步长可完全根据仿真结果精度要求及仿真效果确定。

假设根据以上原则得到的子模型仿真步长集合为 $H_{L0} = \{ h_1, \cdots, h_i, \cdots, h_n \}$。

相应的子模型仿真周期集合为 $T_{L0仿} = \{ T_1, \cdots, T_i, \cdots, T_n \}$，有 $T_i = 1 / h_i$。

设实体仿真子系统中最耗时计算过程所历经的子模型的仿真周期集合为 $T_{MAX(耗时)} = \{ T_1, \cdots, T_j, \cdots, T_m \}$，则基准仿真周期根据下式确定：

$$T_{基准} \geqslant \sum_{j=1}^{m} T_j, \text{ 其中 } T_j \in T_{MAX(耗时)} \tag{9.1}$$

（2）控制系统采样周期的确定

在连轧机原型系统中，基础自动化级每 20 ms 从轧机设备获取轧制参数采样值，通过数模转换后供本级控制环节进行调节；过程优化控制级每 200 ms 收集基础自动化级提供的轧制力能参数实测值，进行优化计算。

由于数据动画可视化的需要，在建立的 AGC-VR 系统中，无法保证系统的运算速度与原型系统的运行速度保持一致，因此无须保证以上的采样周期设定值。但是，为了更加合理、有效地模拟动态轧制过程，使仿真系统表现出与原型系统相接近的动态特性，应采用等伸缩度法确定两级控制系统的动作周期。首先根据基准仿真周期，确定仿真系统中执行设备控制级（相当于原型系统的基础自动化级）的动作周期：

$$T_{L1仿} = NT_{基准} \tag{9.2}$$

其中，N 的选取依据以下原则：①满足执行设备控制级调节算法对采样值的采样频率的要求；②满足按此周期所进行的数据采集量不超出执行设备控制级的数据处理能力；③满足虚拟现实可视化的刷新要求。

然后按式（9.3）实现等伸缩度法确定过程优化级的动作周期：

$$\frac{T_{L1真}}{T_{L1仿}} = \frac{T_{L2真}}{T_{L2仿}} \tag{9.3}$$

式中，左边 $\dfrac{T_{L1真}}{T_{L1仿}}$ 表示执行设备控制级的真实采样周期与仿真动作周期的比例关系；右边 $\dfrac{T_{L2真}}{T_{L2仿}}$ 表示过程优化级的真实采样周期与仿真动作周期的比例。由两者比例相等原则，并结合式（9.2）的设定情况，即可得出 $T_{L2仿}$。

（3）系统仿真时钟的确定

上述原则给出了 AGC-VR 系统在应用层上对不同特点子节点模型的时间特性的设定方案。按照这个原则进行自底向上的设计，最终可得到位于协同仿真系统最顶层的主节点模型中各个子模型的仿真周期。

同理，可按照式（9.1）确定主节点的仿真周期。在工业 VR 的仿真系统运行过程中，由仿真系统框架的主节点负责按照已设定的时钟周期逐步推进系统仿真时间，因此由主节点的仿真周期便可确定整个协同仿真系统的仿真时钟。

9.5.3 系统运行时序

在工业 VR 的协同仿真框架的运行机制控制下，使仿真系统各个节点模型按照既定的仿真目标，合理而协调地完成所负责的仿真任务，是仿真系统设计的又一重要内容。为此，应以原型系统为参照，在掌握协同仿真系统时间特性、时钟推进原则的基础上，合理设计仿真系统应用层的运行时序。

图 9.2 给出了在已设定的执行设备控制级和过程优化控制级的仿真周期（图中分别用 T_1、T_2 表示）的基础上，为实现过程控制级的测量值收集与处理任务所进行的相关节点模型的动作时序设计。原型系统中，执行设备控制级以 20 ms 的频率利用数据采集设备获得轧机

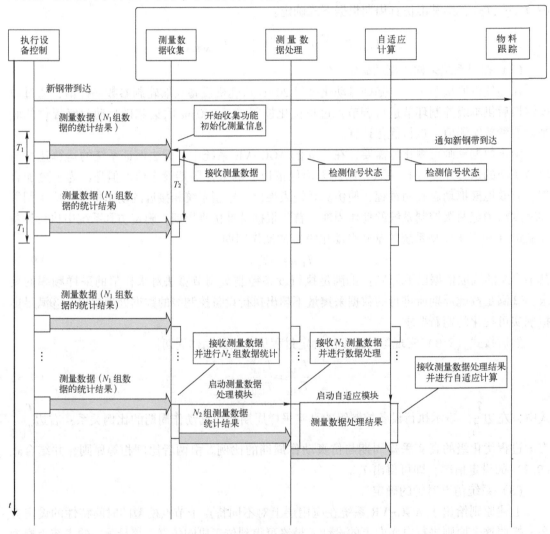

图 9.2　连轧过程仿真系统运行时序图

和带钢的状态数据，经过 10 次采集并进行统计处理后，以 200 ms 的频率送给过程优化控制级的测量值收集子模块；测量值收集子模块采集了 8 组有效数据后，将结果数据传送给测量值处理子模块；由自适应计算模块根据测量值处理子模块传送的数据及当前情况，判断是否进行自适应计算过程。

在仿真系统中，分别利用 T_1 与 T_2 的周期对应关系以及通过在测量值处理子模块中设计对周期点的查询功能，来实现以上描述的功能，主要动作时序与关键时间点的动作内容，如图 9.2 所示。

9.6　工业 VR 中对象模型校核、验证与验收

仿真模型的校核、验证与验收（Verification，Validation and Accreditation，VV&A）是伴随着仿真系统的设计、开发、运行和维护的整个生命周期过程的一项重要活动，其意义如下。

1）可以增强应用建模和仿真的信心。在建模和仿真开发过程中开展校核和验证，可以为建模和仿真应用于特定目的的可信度评估提供客观依据，从而增强建模和仿真应用的信心。

2）可以减少应用建模和仿真的风险。校核与验证可以尽早发现设计开发中存在的问题和缺陷，帮助设计人员修改模型设计和软件开发。

3）可以增强建模和仿真在未来的可用性。校核与验证在整个仿真生命周期中需要有完整的计划和记录，从而为建模和仿真未来的应用提供数据资料及历史文档。

4）可以降低成本。校核与验证可以尽早发现设计过程每一个阶段的错误，避免造成更大的连锁错误。降低错误的损失，减少更大错误发生的概率，从而降低系统的开发成本。

9.6.1　对象模型 VV&A 工作过程

对象模型 VV&A 的内容大致可分为以下工作过程。

1）定义 VV&A 要求。包括决定 VV&A 要达到的程度、采用 VV&A 的技术和其他的因素。

2）起草 VV&A 计划。确定 VV&A 任务，计划要强调建模和仿真的要求和限制，指定必要的建模工具和资源。

3）概念模型的校核和验证。应在进一步发展建模和仿真前，校核和验证概念模型，检查是否满足系统功能要求。

4）模型设计的校核和验证。检验依据概念模型建立的模型设计，确保模型设计正确地反映有效的概念和有关的要求。

5）对象仿真模型实现的校核和验证。用仿真模型的响应与实际已知的或期望的模型特性进行比较，确信建模和仿真的响应对应的应用目的足够有效。

6）对象仿真模型的验收。仿真模型 VV&A 的最终工作包括确认仿真模型的要求和性能，并确认仿真系统的限制条件，记录建模所用的历史数据等。

9.6.2 对象模型校核和验证主要技术方法

1. 对象模型校核的主要技术方法

对象模型校核是伴随建模和仿真全生命周期的一个循环往复的过程，其目的和任务是考核模型从概念模型形式转换成另一种计算机程序形式的过程是否具有足够的精度。常见的模型校核方法主要有以下五种。

1）静态检测。检查算法、公式的推导是否合理，仿真模型流程图是否合乎逻辑，程序实现是否正确。

2）动态调试。在模型运行过程中，通过考查关键因素或敏感因素的变化情况检查计算模型的正确性。

3）多人复核。由一人单独设计开发的仿真模型，可以请多人来检查，采用各种方法查找仿真模型中潜在的错误。

4）标准实例测试法。对于复杂的系统，在多数情况下，仅靠单一的检测方法并不能完全确定仿真模型的正确性和可靠性，必须经过许多标准实例的测试，通过多方面的校核和反复修改、优化，才能获得正确的仿真模型。用于测试的例子通常是典型和已知标准解的系统模型，因此将需要测试的仿真模型做适当的调整，使其成为已知标准解的典型系统的仿真模型，并将仿真结果同标准解相比较，以此来考核被测试系统模型的正确性。

5）软件可靠性理论测试法。仿真模型是一类用于专门目的的软件或计算机程序，因而除了在设计过程中遵循软件工程的思想方法和要求外，对于复杂系统的仿真程序，也可以利用软件可靠性理论和方法对其进行诊断与查错。

2. 对象模型验证的主要技术方法

对象模型验证的任务是根据特定的建模目的和目标，考查仿真模型在其作用域内是否准确地代表了原型系统。仿真系统只是对原型系统的一种相似或者近似，所以让仿真系统完全准确地再现原型系统是不可能的，而且这样做由于代价非常高昂而没有任何意义。针对一定的仿真目的，只要证明仿真模型的行为特性与原型系统的行为特性相比精度达到了要求，即证实仿真模型的输入/输出映射以足够的精度代表原型系统的输入/输出映射，就认为仿真模型是可以接受的。

仿真模型验证的常用方法有以下七种。

（1）图形比较法

图形比较法是一种比较直观的仿真模型验证方法，比较不同数据源的图形，最基本的方法是曲线法和误差图。曲线法是将仿真模型的输出曲线和实际系统的输出曲线放在一幅图上显示，比较两者的吻合程度；误差图是真实系统输出与仿真数据输出的偏离图，即真实系统的输出与仿真输出相减的误差图。

（2）专家经验评估法

专家经验评估法的指导思想是请熟悉和了解原型系统，且专业知识和经验丰富的专家和工程师对建立的仿真模型进行评估，包括检查仿真模型逻辑流程图，考查输入/输出及其内部特性，并根据经验对仿真模型的输出和实际过程输出进行比较。如果专家认为两类输出相差无几或者未能区分两类输出，就验证了仿真模型的有效性；否则，就需要进一步收集有价值的反馈信息，校正模型甚至重新建立模型，直至仿真模型得到认可为止。

这种评估方法的优点是过程简单，使用方便，是目前经常使用的主要验证模型的方法之一，比较适合于建模初期阶段或者对精度要求不高的情况。但是这种方法带有很大的主观性和非确定性，不同的专家会依据不同的评判标准，可能得出不同的结论。

（3）动态关联法

根据先验知识，提出某一关联性能指标，利用该性能指标对仿真模型输出与原型系统输出进行定性分析、比较，以此来验证仿真模型的输出和原型系统输出之间的动态关联性。

（4）灵敏度分析法

灵敏度分析通过改变仿真模型的一组敏感系数（输入参数或者模型内部参数值）来观察仿真模型的行为变化，考查仿真模型的有效性，帮助分析仿真模型中存在的问题。灵敏度分析法包括定性和定量两个方面。

1）定性分析。即当仿真模型的敏感系数在容许的某一个值附近变化时，模型输出是否在原型系统输出附近波动；当仿真模型的敏感系数接近于原型系统给定值时，两者的输出是否一致。

2）定量分析。即当前面的定性近似关系成立时，就可以设法确定输出的近似程度对输入（敏感系数）近似的定量依赖关系，即给出一种误差的定量分析表达式，依此来判断仿真模型是否有效。

（5）参数估计法

参数估计法主要是针对仿真模型的静态性能，考查仿真模型输出是否与相应的期望输出重合或者落入期望的区间内，主要包括点估计和区间估计方法。常用的点估计方法有频率法、矩估计法、最小二乘法和极大似然法等；常用的区间估计法主要是对正态总体参数的估计，包括均值的区间估计、方差的区间估计、两个正态总体均值差的区间估计，以及两个正态总体方差之比值的估计。

参数估计法用于仿真模型的验证时，由于参数估计的理论依据是大数定律和中心极限定理，所以要求样本容量足够大，样本观测值相互独立，否则有可能产生较大的误差。而且参数估计法有一个致命的弱点：当均值和方差这两组数据相同时，实际空间分布几何形态不同的两个总体有时分辨不出来。

（6）假设检验法

假设检验法是在与实际原型系统相同的条件下，给仿真模型输入信号，获得仿真模型在大样本情况下的静态输出值，用统计学方法的假设检验验证这些数据。这种方法主要用于仿真模型与原型系统之间静态性能特征参数的相容性检验，分为参数假设检验和非参数假设检验。

参数假设检验同参数估计之间存在一种对偶关系，主要讨论总体服从正态分布的情况，所构造的检验统计量服从正态分布、χ^2 分布、t 分布或 F 分布等，样本来自含有某个参数或参数向量的分布族，统计推断基于这些参数进行。而非参数假设检验对总体的分布类型不做任何假设，至多假设分布是连续的。

统计推断是针对总体分布的，也就是对总体分布做某种假设检验。假设检验采用的统计量都服从或近似服从典型分布规律，具有明显的统计意义，便于对仿真模型的验证结果进行定量分析。但是这种方法要求样本容量足够大，否则会产生较大的误差。这就要求在仿真模型验证时，必须进行大量重复性试验，来获得有关某一参数或某一性能的样本。

（7）时间序列和谱分析

将仿真模型输出与相应的参考输出看作时间序列，把仿真模型的动态输出和原型系统的动态输出都处理成广义平稳时间序列，分别估计它们各自的谱密度和互谱密度，并通过谱密度和互谱密度的异同反推输出时间序列的异同，这种验证方法可避免对仿真模型和原型系统的输出序列进行直接分析。

9.7 工业 VR 系统特性及建模方法

9.7.1 动态系统特性

通常所研究的系统都是动态系统，根据状态变化是否连续的特性，动态系统可分为连续型、离散型和连续/离散混合型三种。在工业 VR 中，以上系统被称为连续变量动态系统（Continuous Value Dynamic System，CVDS）、离散事件动态系统（Distributed Event Dynamic System，DEDS）、混合动态系统（Hybrid Dynamic System，HDS）。

严格意义上，在现实世界中的所有系统都是混合动态系统，但是在问题空间内系统的特性可能会发生变化，这种变化是由于研究的目的不同而引起的。例如，如果不考虑一个混合动态系统的连续变化特性，它将成为一个离散性系统。所以在研究系统过程中要首先明确研究目的，在精度允许范围内尽可能地降低研究的难度。图 9.3 表示系统特性在研究目的约束下的变化。

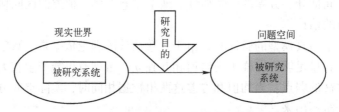

图 9.3　被研究对象在现实世界到问题空间的映射

在上述分类方法下，系统特性对计算机仿真方法的选择有决定性的影响。根据系统建模的理论及方法，可以将各种类型的系统按照已经对它们的认识程度画出如图 9.4 所示的型谱。谱的右端是白色，人们已经对这些系统的运行机理有了比较深入的了解，因此基本上可以通过演绎的方法来建立它们的数学模型，一般称为“白箱”。型谱的中间是灰色的，人们对这些系统的了解尚不甚清楚，因此要通过演绎与归纳相结合的方法来建立它们的数学模型，一般称为“灰箱”。而型谱的左端则是黑色的，人们对这些系统了解得还不清楚，主要是通过系统辨识的方法或数据收集和统计归纳方法来建立系统的数学模型，一般称为“黑箱”，由于数据掌握得不够多，所以模型的精度一般比较差。利用该型谱可以比较容易地确定系统的特性及其模型的形式。

认识程度	黑箱		灰箱		白箱
应用领域	经济社会	生理状态	空气污染水文液动	过程控制空间航空	动力学电子电路
性质	离散时间	集中参数	分布参数	集中参数	
模型形式	差分方程	常微分方程	偏微分方程	常微分方程	

图 9.4 虚拟现实模型型谱

9.7.2 工业 VR 系统数学建模

为了深入分析和掌握一个系统的内在规律，需要知道系统各个变量之间关系，而用来描述系统各个变量之间关系的数学表达式，称为系统的数学模型。用来描述系统内在规律的数学模型的形式有很多，基本可以分为两大类：连续变量动态系统数学模型和离散事件动态系统数学模型。

1. 连续变量动态系统的数学模型

对于连续变量动态系统，常用数学模型的有微分方程、传递函数、状态方程、传递矩阵、结构框图和信号流图等。本节主要讲述比较有代表性的微分方程和传递函数。

（1）微分方程

编写系统的微分方程，其目的在于确定系统各变量之间的函数关系。具体编写时，往往是从系统的各环节开始，先确定各环节的输入量和输出量，以便确定其工作状态，并写出环节的微分方程式；然后消去中间变量，最后求得系统的微分方程式。各环节和系统微分方程式的列写方法常用的有两种：一种是进行理论推导，这种方法是根据各环节所遵循的物理规律（如力学、运动学、电磁学、热学等）来编写；另一种是统计数据求取，即根据统计数据进行整理编写。在实际工作中，这两种方法是相辅相成的。一般来说，对于简单的环节或装置，多用理论推导；而对于复杂的装置，往往因涉及的因素较多，多用统计方法。由于理论推导是基本的、常用的方法，本书着重讨论这种方法。下面以几个典型例子展开相应说明。

例 9.1 图 9.5 所示为一机械位移系统，当外力 $f(t)$ 作用于系统时，图中所示各点的位移为 $x_1(t)$、$x_2(t)$、$x_3(t)$，试求该系统的运动方程式。

解：根据力平衡原理，作用于各部件的为同一外力 $f(t)$，而系统的总位移 $x_1(t)$ 为诸部件各位移之和。系统的运动方程式编写如下。

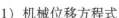

图 9.5 机械位移系统

1）机械位移方程式

$$x_1(t) = [x_1(t) - x_2(t)] + [x_2(t) - x_3(t)] + x_3(t) \qquad (9.4)$$

2）各部件的位移与作用力 $f(t)$ 的关系为

$$K_1[x_1(t) - x_2(t)] = f(t)$$

$$K_2\left[x_2(t)-x_3(t)\right]=f(t)$$

$$B\frac{\mathrm{d}x_3(t)}{\mathrm{d}t}=f(t)$$

式中，K_1 为弹簧 1 的弹性系数；K_2 为弹簧 2 的弹性系数；B 为阻尼器的阻尼系数。

3）系统运动微分方程式。将上面三式代入式（9.4）并整理得

$$x_1(t)=\left(\frac{1}{K_1}+\frac{1}{K_2}\right)f(t)+\frac{1}{B}\int f(t)\,\mathrm{d}t \tag{9.5}$$

令 $x_r(t)=f(t)$，$x_c(t)=x_1(t)$，式（9.5）可表示为

$$x_c(t)=\left(\frac{1}{K_1}+\frac{1}{K_2}\right)x_r(t)+\frac{1}{B}\int x_r(t)\,\mathrm{d}t$$

例 9.2 求电枢控制的他激直流电动机的微分方程式。

解：电枢控制的他激直流电动机是控制系统中常用的执行机构或被控对象。当电枢电压 u_d 发生变化时，其转速 n 以及转角 θ 会产生相应的变化。

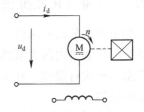

1）确定输入量和输出量。取输入量为电动机的电枢电压 u_d，即

$$x_r=u_d$$

取输出量为电动机的转速 n，即

图 9.6　直流电动机电枢电路

$$x_c=n$$

2）列写微分方程式。电动机的微分方程式由该装置的电枢回路微分方程式和转动部分微分方程式所决定。

电枢回路的微分方程式：由图 9.6 可写出电路平衡方程式为

$$e_d+R_d i_d+L_d\frac{\mathrm{d}i_d}{\mathrm{d}t}=u_d$$

式中，e_d 为电动机电枢反电动势；R_d 为电动机电枢回路电阻；L_d 为电动机电枢回路电感；i_d 为电动机电枢回路电流。

因为反电动势 e_d 与电动机的转速成正比，故

$$e_d=C_e n$$

式中，C_e 为电动机电动势常数；n 为电动机转速。

因此电枢回路微分方程可以改写为

$$C_e n+R_d i_d+L_d\frac{\mathrm{d}i_d}{\mathrm{d}t}=u_d \tag{9.6}$$

电动机的机械运动微分方程式：当略去电动机的负载力矩和黏性摩擦力矩时，电动机的机械运动微分方程式为

$$M=\frac{GD^2}{375}\frac{\mathrm{d}n}{\mathrm{d}t} \tag{9.7}$$

式中，M 为电动机的转矩；GD^2 为电动机的转动惯量。

由于电动机的转矩是电枢电流的函数，当电动机的激磁不变时，电动机转矩为

$$M=C_m i_d \tag{9.8}$$

式中，C_m 为电动机转矩常数。

式（9.6）~式（9.8）为电动机暂态过程的方程组，其中电枢电流和电动机转矩是中间变量。

3）消去中间变量。将式（9.7）代入式（9.8），得

$$i_d = \frac{GD^2}{375C_m} \frac{dn}{dt}$$

由此得

$$\frac{di_d}{dt} = \frac{GD^2}{375C_m} \frac{d^2n}{dt^2}$$

将 i_d 及 $\frac{di_d}{dt}$ 代入式（9.6）并整理，得

$$\frac{L_d}{R_d} \frac{GD^2}{375} \frac{R_d}{C_m C_e} \frac{d^2n}{dt^2} + \frac{GD^2}{375} \frac{R_d}{C_m C_e} \frac{dn}{dt} + n = \frac{u_d}{C_e}$$

令 $\frac{L_d}{R_d} = T_d$ 为电动机电磁时间常数，$\frac{GD^2}{375} \frac{R_d}{C_m C_e} = T_m$ 为电动机的机电时间常数。

则得

$$T_d T_m \frac{d^2n}{dt^2} + T_m \frac{dn}{dt} + n = \frac{u_d}{C_e} \tag{9.9}$$

式（9.9）为电动机的动态微分方程式。当以输入量 x_r 及输出量 x_c 代替 u_d 及 n 时，则其输入量和输出量的微分方程式为

$$T_d T_m \frac{d^2x_c}{dt^2} + T_m \frac{dx_c}{dt} + x_c = \frac{x_r}{C_e} \tag{9.10a}$$

以算子表示时，得

$$T_d T_m p^2 x_c + T_m p x_c + x_c = \frac{x_r}{C_e} \tag{9.10b}$$

4）当以电枢电压为输入量，电动机的转角 θ 为输出量 x_c 时，电动机的微分方程式列写如下。由于

$$\omega = \frac{d\theta}{dt}; \quad n = \frac{30\omega}{\pi}$$

式中，θ 为电动机转角；ω 为电动机角速度。

因此

$$n = \frac{30}{\pi} \frac{d\theta}{dt}$$

由此得以转角 θ 为输出量的微分方程式为

$$T_d T_m \frac{d^3\theta}{dt^3} + T_m \frac{d^2\theta}{dt^2} + \frac{d\theta}{dt} = 0.105 \frac{u_d}{C_e} \tag{9.11a}$$

或

$$T_d T_m \frac{d^3x_c}{dt^3} + T_m \frac{d^2x_c}{dt^2} + \frac{dx_c}{dt} = 0.105 \frac{x_r}{C_e} \tag{9.11b}$$

例 9.3　液压系统中的基本器件之一单向阀主要用来控制油液的单向运动，以普通单向

阀为例求其数学模型。

解： 水平放置的直通式单向阀运动方程为

$$m\frac{\mathrm{d}^2 x}{\mathrm{d}t^2} = (p_1 - p_2)A - Kx - F_f \tag{9.12}$$

式中，m、x 为阀心质量和位移；p_1、p_2 为单向阀进、出口压力；A 为液体作用面积，即流通面积；K、F_f 为弹性系数和预压缩所产生的预紧力。

实际上，单向阀一打开，其作用就相当于一个液阻元件，将单向阀的液阻简化成线性液阻，其模型形式（流量方程）为

$$q = \frac{1}{R}(p_1 - p_2) = G(p_1 - p_2) \tag{9.13}$$

式中，q 为通过单向阀的流量；R 为液阻；G 为液导；p_1、p_2 为单向阀进、出口压力。

（2）非线性数学模型线性化

在编写各环节的微分方程式时，常常遇到非线性问题。由于求解非线性微分方程比较困难，因此提出了非线性特性线性化问题。也就是说，如果能够进行某种近似，或者缩小一些研究问题的范围，那么大部分非线性特性都可以近似地作为线性特性来处理，这样就给研究控制系统的工作带来很大的方便。虽然这种方法是近似的，但在一定的范围内能够反映系统的特性，在工程实践中有很大的实际意义。

现以图 9.7 所示发电机励磁特性为例来说明。

图中的 A 点为励磁的工作点，励磁电流和发电机电压分别为 I_{f0} 和 U_{f0}。当励磁电流 i_f 变化时，电压 u_f 沿着励磁曲线变化。因而，ΔU_f 和 ΔI_f 不按比例变化，就是说 i_f 和 u_f 之间有非线性关系。但是，如果 i_f 在 A 点附近只做微小的变化，那么可以近似地认为 u_f 是沿着励磁曲线在 A 点的切线变化，即励磁特性用切线这一直线来代替，即

$$\Delta U_f = \tan\alpha_0 \Delta I_f$$

这样就把非线性问题线性化了。这种方法可以称为小偏差线性化。

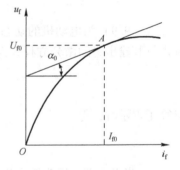

图 9.7　发电机励磁特性

线性化这一概念用数学方法来处理，就是将一个非线性函数 $y = f(x)$，在其工作点 (x_0, y_0) 展开成泰勒（Taylor）级数，然后略去二次以上的高阶项，得到线性化方程，用来代替原来的非线性函数。

对于具有一个自变量的非线性函数，设环节或系统的输入量为 $x(t)$，输出量为 $y(t)$，如果系统的工作点为 $y_0 = f(x_0)$，那么在 $y_0 = f(x_0)$ 附近展开成泰勒（Taylor）级数为

$$y = f(x_0) + \left(\frac{\mathrm{d}f(x)}{\mathrm{d}x}\right)_{x_0}(x - x_0) + \frac{1}{2!}\left(\frac{\mathrm{d}^2 f(x)}{\mathrm{d}x^2}\right)_{x_0}(x - x_0)^2 + \cdots$$

忽略二阶以上各项，可写成

$$y = f(x_0) + \left(\frac{\mathrm{d}f(x)}{\mathrm{d}x}\right)_{x_0}(x - x_0)$$

或

$$y - y_0 = K(x - x_0) \tag{9.14}$$

式中，$y_0 = f(x_0)$；$K = \left(\dfrac{\mathrm{d}f(x)}{\mathrm{d}x}\right)_{x_0}$。

这就是非线性元件或系统的线性化数学模型。

对于具有两个自变量的非线性函数，设输入量为 $x_1(t)$ 和 $x_2(t)$，输出量为 $y(t)$，系统正常工作点为 $y_0 = f(x_{10}, x_{20})$。在工作点附近展开成泰勒（Taylor）级数得

$$y = f(x_{10}, x_{20}) + \left[\left(\frac{\partial f}{\partial x_1}\right)(x_1 - x_{10}) + \left(\frac{\partial f}{\partial x_2}\right)(x_2 - x_{20})\right]$$

$$+ \frac{1}{2!}\left[\left(\frac{\partial^2 f}{\partial x_1^2}\right)(x_1 - x_{10})^2 + 2\left(\frac{\partial^2 f}{\partial x_1 \partial x_2}\right)(x_1 - x_{10})(x_2 - x_{20}) + \left(\frac{\partial^2 f}{\partial x_2^2}\right)(x_2 - x_{20})^2\right] + \cdots$$

式中，偏导数都在 $x_1 = x_{10}$、$x_2 = x_{20}$ 上求取。忽略二阶以上各项，可以写成

$$y = f(x_{10}, x_{20}) + \left(\frac{\partial f}{\partial x_1}\right)(x_1 - x_{10}) + \left(\frac{\partial f}{\partial x_2}\right)(x_2 - x_{20})$$

或

$$y - y_0 = K_1(x_1 - x_{10}) + K_2(x_2 - x_{20}) \tag{9.15}$$

式中，$y_0 = f(x_{10}, x_{20})$；$K_1 = \dfrac{\partial f}{\partial x_1}$；$K_2 = \dfrac{\partial f}{\partial x_2}$。

这就是两个自变量的非线性系统的线性化数学模型。

例 9.4　求晶闸管整流电路的线性化数学模型。

解：取三相桥式晶闸管整流电路的输入量为控制角 α，输出量为整流电压 E_d，E_d 与 α 之间的关系为

$$E_d = 2.34E_2\cos\alpha = E_{d0}\cos\alpha$$

式中，E_2 为交流电源相电压的有效值；E_{d0} 为 $\alpha = 0°$ 时的整流电压。

该装置的整流特性曲线如图 9.8 所示。输出量 E_d 与输入量 α 呈非线性关系。

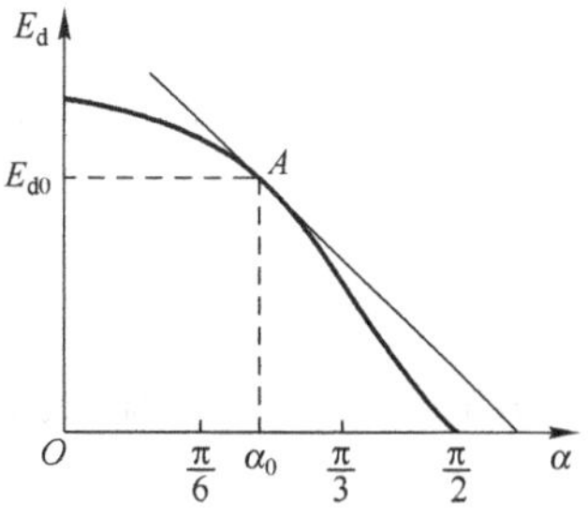

如果正常工作点为 A，这时 $(E_d)_0 = E_{d0}\cos\alpha_0$，那么当触发延迟角 α 在小范围内变化时，可以作为线性化环节来处理。令

$$x_0 = \alpha_0, y_0 = E_{d0}\cos\alpha_0$$

得

$$E_d - E_{d0}\cos\alpha_0 = K_s(\alpha - \alpha_0) \tag{9.16}$$

图 9.8　晶闸管整流特性

式中

$$K_s = \left(\frac{\mathrm{d}E_d}{\mathrm{d}\alpha}\right)_{\alpha = \alpha_0} = -E_{d0}\sin\alpha_0$$

例如，$\alpha_0 = 30°$，则 $K_s = -E_{d0}\sin 30° = -0.5E_{d0}$。这里负号表示随 α 的增大，E_d 下降。

将式（9.16）写成增量方程，得

$$\Delta E_d = K_s\Delta\alpha \tag{9.17}$$

式中，$\Delta E_d = E_d - E_{d0}\cos\alpha_0$；$\Delta\alpha = \alpha - \alpha_0$。这就是晶闸管整流装置线性化后的特征方程。在一般情况下，为了简化起见，当写晶闸管整流装置的特性方程式时，把增量方程转换成一般形式

$$E_d = K_s\alpha \tag{9.18}$$

但是，应明确的是，式（9.18）中的变量 E_d、α 均为增量。

（3）传递函数

在上面内容中，简要地讨论了如何编写动态系统的线性微分方程式（动态数学模型），并且得知线性微分方程式的一般表达式为

$$a_0 \frac{\mathrm{d}^n x_\mathrm{c}}{\mathrm{d}t^n} + a_1 \frac{\mathrm{d}^{n-1} x_\mathrm{c}}{\mathrm{d}t^{n-1}} + \cdots + a_{n-1} \frac{\mathrm{d}x_\mathrm{c}}{\mathrm{d}t} + a_n x_\mathrm{c}$$

$$= b_0 \frac{\mathrm{d}^m x_\mathrm{r}}{\mathrm{d}t^m} + b_1 \frac{\mathrm{d}^{m-1} x_\mathrm{r}}{\mathrm{d}t^{m-1}} + \cdots + b_{m-1} \frac{\mathrm{d}x_\mathrm{r}}{\mathrm{d}t} + b_m x_\mathrm{r} \tag{9.19}$$

进一步的工作就是以微分方程式为基础，来分析动态系统的性能。分析动态系统的性能，最直接的方法就是求解微分方程，取得被控量在暂态过程中的时间函数曲线 $x_\mathrm{c}(t)$，然后再根据 $x_\mathrm{c}(t)$ 曲线对系统性能进行评价。直接求解可以运用经典法（即求解微分方程）或拉氏变换法。

拉氏变换是求解线性微分方程的简捷方法。当采用这种方法时，微分方程的求解问题化为代数方程和查表求解的问题，这样就使计算大为简捷。更重要的是，由于采用了这一方法，能把系统以线性微分方程式描述的系统动态数学模型，转换为在复数 s 域的数学模型——传递函数，并由此发展出用传递函数的零点和极点分布、频率特性等间接分析和设计系统的工程方法。

动态系统的微分方程式可进行拉氏变换，用传递函数来表达系统的数学模型。例如，控制系统的微分方程式一般可写成式（9.19），$x_\mathrm{r}(t)$ 为输入量，$x_\mathrm{c}(t)$ 为输出量。

当初始条件为零时，根据拉氏变换的微分定理，式（9.19）的拉氏变换为

$$(a_0 s^n + a_1 s^{n-1} + \cdots + a_{n-1} s + a_n) X_\mathrm{c}(s)$$

$$= (b_0 s^m + b_1 s^{m-1} + \cdots + b_{m-1} s + b_m) X_\mathrm{r}(s)$$

式中，$X_\mathrm{c}(s) = L[x_\mathrm{c}(t)]$；$X_\mathrm{r}(s) = L[x_\mathrm{r}(t)]$。输出量的变换为

$$X_\mathrm{c}(s) = \frac{b_0 s^m + b_1 s^{m-1} + \cdots + b_{m-1} s + b_m}{a_0 s^n + a_1 s^{n-1} + \cdots + a_{n-1} s + a_n} X_\mathrm{r}(s)$$

令

$$W(s) = \frac{b_0 s^m + b_1 s^{m-1} + \cdots + b_{m-1} s + b_m}{a_0 s^n + a_1 s^{n-1} + \cdots + a_{n-1} s + a_n} \tag{9.20}$$

则输出量的拉氏变换为输入量的拉氏变换乘以 $W(s)$，即

$$X_\mathrm{c}(s) = X_\mathrm{r}(s) W(s)$$

或用框图表示为

$$X_\mathrm{r}(s) \longrightarrow \boxed{W(s)} \longrightarrow X_\mathrm{c}(s)$$

$W(s)$ 称为系统或环节的传递函数，可以写成

$$W(s) = \frac{X_\mathrm{c}(s)}{X_\mathrm{r}(s)} \tag{9.21}$$

根据式（9.21）可以得到传递函数的定义为在零初始条件下，系统输出量的拉氏变换与输入量的拉氏变换之比。

可以看出，求出系统（或环节）的微分方程式以后，只要把方程式中各阶导数用相应阶次的变量 s 代替，就很容易求得系统（或环节）的传递函数。

传递函数是系统（或环节）数学模型的又一种形式，它表达了系统把输入量转换成输出量的传递关系。它只和系统本身的特性参数有关，而与输入量怎样变化无关。

传递函数是研究线性系统动态特性的重要工具，利用这一工具可以大大简化系统动态性能的分析过程。例如，对初始状态为零的系统，可不通过拉氏反变换求解研究在输入信号作用下的动态过程，而直接根据系统传递的某些特征来研究系统的性能，这样给分析系统带来很大的方便。另一方面，也可以将对系统性能的要求转换成对传递函数的要求，从而对系统的设计提供简便的方法。系统传递函数 $W(s)$ 是复变量 s 的函数，常常可以表达成如下形式：

$$W(s) = \frac{b_m}{a_n} \frac{d_0 s^m + d_1 s^{m-1} + \cdots + 1}{c_0 s^n + c_1 s^{n-1} + \cdots + 1} = \frac{K \prod\limits_{i=1}^{m} (T_i s + 1)}{\prod\limits_{j=1}^{n} (T_j s + 1)} \tag{9.22}$$

或

$$W(s) = \frac{b_0}{a_0} \frac{s^m + d_1' s^{m-1} + \cdots + d_m'}{s^n + c_1' s^{n-1} + \cdots + c_n'} = \frac{K_g \prod\limits_{i=1}^{m} (s + z_i)}{\prod\limits_{j=1}^{n} (s + p_j)} \tag{9.23}$$

式中，$-z_i$ 为分子多项式的根，即为系统的零点；$-p_j$ 为分母多项式的根，即为系统的极点。

分母和分子多项式的根均可包括共轭复根和零根。式（9.22）中的常数 K 称为增益或传递系数。

对于简单的系统和环节，首先列出它的输入量与输出量的微分方程式，求其在零初始条件下的拉氏变换，然后由输入量与输出量的拉氏变换之比，即可求得系统的传递函数。对于复杂的系统和环节，可以将其分解成各局部环节，先求得环节的传递函数，然后利用本章介绍的结构图变化法则，计算系统总的传递函数。

下面举例说明求取传递函数的步骤。

例 9.5　设有源网络电路如图 9.9 所示，试求其传递函数 $W(s) = \dfrac{U_o(s)}{U_i(s)}$。

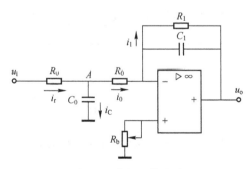

图 9.9　有源网络电路

解：各支路电流如图 9.9 所示，根据运算放大器特性有

$$i_0 = i_1$$

再由基尔霍夫电流定律有

$$i_r = i_C + i_0$$

并根据运算放大器负相输入端"虚地"的概念，可求得

$$I_0(s) = \frac{U_i(s)}{R_0 + R_0 // \dfrac{1}{C_0 s}} \frac{\dfrac{1}{C_0 s}}{R_0 + \dfrac{1}{C_0 s}} = \frac{1}{2R_0\left(\dfrac{1}{2}R_0 C_0 + 1\right)} U_i(s)$$

由 $i_0 = i_1$，将上述两式整理后，可以求得网络的传递函数为

$$W(s) = \frac{U_o(s)}{U_i(s)} = \frac{R_1}{2R_0\left(\dfrac{1}{2}R_0 C_0 s + 1\right)(R_1 C_1 s + 1)}$$

2. 离散事件动态系统的数学模型

对于离散事件动态系统，为了方便起见，进行建模之前有必要了解它的一些基本要素。

实体（Entity）：离散事件系统也是由实体组成的，分为临时实体和永久实体两大类。在系统中只存在一段时间的实体就是临时实体，而长久存在于系统中的实体叫永久实体。系统状态的变化主要是由实体状态变化而产生的。

事件（Event）：引起系统状态变化的行为称为事件，它是某一时刻的瞬间行为。事件不仅仅用来协调两个实体间的同步活动，还用于各实体之间的传递消息。

活动（Activity）：两个相邻发生的事件之间的过程称为活动，是实体在两个事件之间保持某一个状态的持续过程。

进程（Process）：进程是由一系列与某类实体相关的事件和活动按照逻辑顺序组成一个过程，它描述了这些事件和活动之间的时序逻辑关系。

实体、事件、活动与进程之间的关系如图 9.10 所示。离散事件动态系统具有以下特点：进程总是相对于某一个临时实体而言的，即它总是某个实体的进程；离散事件动态系统总是处在一个变化-稳定-变化的过程；处于活动过程中的实体状态总认为是不变的，即在相邻两个事件之间，系统处于稳定状态。

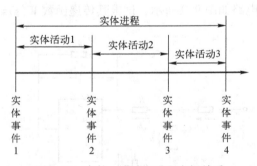

图 9.10 事件、活动和进程之间关系

离散事件动态系统常用的建模方法有 Petri 网、极大代数和排队网络等，这些都属于形式化建模技术，即指采用大量的数据工具通过状态方程对系统进行描述和分析的建模技术。

此外，与形式化建模技术相对应的有非形式化建模技术，它采用图形符号或语言描述等贴近人的思维习惯方式对系统进行描述和分析，如活动循环图、流程图和面向对象建模技术

等。非形式化建模技术实质上是软件分析与建模的方法在计算机仿真中的应用，采用非形式化建模技术的优点在于从数学模型转化为计算机模型非常容易。

3. 混合动态系统的数学模型

现实中的系统都是混合动态系统，对这类系统的特性进行研究有非常重要的现实意义。混合动态系统是由连续变量动态系统和离散事件动态系统混合而成，其混合的方式有两种：过程混合和结构混合。过程混合（Process Hybrid）是指在系统状态变化过程中，状态变量既有连续性的变化，又有离散性的跳跃。如果按照离散事件动态系统的观点，过程混合方式下的实体状态不再保持不变，而是一个连续变化的过程。如图 9.11 所示，一个混合动态系统的实体进程区别于图 9.10 中所示离散事件动态系统的实体进程。

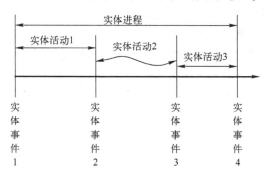

图 9.11　混合动态系统中的一个实体进程

结构混合（Structure Hybrid）是指在结构上，混合动态系统既有连续变化的部分，又有离散变化的部分。按照系统无限可分的观点，将各个部分作为一个子系统，那么属于连续变量动态系统的，可以采用连续变量动态系统的建模方法进行建模，属于离散事件动态系统的，可以采用离散事件动态系统的建模方法进行建模。

在混合动态系统中，实体间的联系更为复杂。如果以离散事件动态系统的观点，混合动态系统中同样有事件的概念，此时事件的发生不仅仅意味着实体的状态要发生变化，更重要的是还将引发若干实体之间的信息交互，即事件成为实体间互动的重要途径。根据这一特性，定义混合动态系统中的事件为通信事件，如图 9.12 所示。

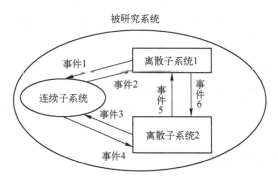

图 9.12　结构混合方式时的结构

通信事件这一概念的引入，将大大扩展事件的功能。首先从事件发生的时间上讲，通信事件可以分为即时通信事件和定时通信事件。即时通信事件，就是事件的发生时间为当前仿真时间，要求在当前仿真步长内予以处理，即时通信事件不仅可以描述系统即时发生的事件，还可以描述实体间的信息交互；定时通信事件，就是事件的发生时间为将来某个特定的时刻，要求在将来那个特定时刻上予以处理，此类事件的功能类似于定时器。

混合动态系统的结构为上述两种混合方式的一种，或者两种兼有。对于过程混合方式，无论状态变量的变化是连续的还是离散的，都可以看作是连续变化的扩展，其原因在于：无论是连续变化和离散变化，本质上都是在一定时间内状态发生了变化，反映在计算机模型中都是一种效果，即状态变量都要呈离散特性。

对于混合动态系统的数学建模包括两个方面的内容：一是分析混合动态系统的结构，分离出各个子系统，并确定它们的性质，然后根据不同的性质，利用已有的建模方法进行建模；二是分析各个子系统间的交互过程，建立起子系统间通信联系，并结合子系统的建模，确定通信发起的时刻、方法和影响。

对于子系统的数学建模过程，利用常用的形式化建模方法可以比较容易地实现。对于建立子系统间的通信联系，形式化建模理论通常难以描述。然而，非形式化建模技术对于解决此类问题非常容易，如面向对象的建模技术、程序语言描述等。因此，描述混合动态系统，应该将形式化建模技术的确定性、严密性与非形式化建模技术的直观性、灵活性结合起来。

9.8   数学模型到计算机模型转化

计算机模型有狭义和广义两个概念。狭义上讲，计算机模型是数学模型在计算机中的一种直接映射；广义上讲，计算机模型则是整个仿真应用程序。狭义上的数学模型关注的是如何用计算机算法实现数学模型，而广义上的计算机模型除此之外还要关注整个仿真应用程序的功能。

广义上的计算机模型涉及的问题包括：①数学模型的程序语言实现，也就是如何将系统的数学模型利于计算机语言来实现，转化为狭义上的计算机模型；②仿真器的设计，也就是如何推动狭义上的计算机模型运行；③软件工程意义下的需求约束，也就是作为一个应用软件产品，仿真程序还将实现其他附加的功能，如对仿真程序的灵活性、可扩充性等要求，实质上，这一问题是如何将计算机仿真与软件工程理论结合在一起的问题。本节主要对工业VR 中的仿真器的设计展开讲解。

工业 VR 中的仿真器用来推动计算机模型运行，是整个仿真程序的核心。对于仿真器的概念，学术界没有统一的定义，这里认为仿真器包括以下两层含义：①仿真程序的逻辑框架，它描述仿真程序的静态结构；②仿真程序的运行原理，它是推动计算机模型运行的算法，即所谓的仿真策略。

9.8.1   连续变量动态系统仿真器

连续变量动态系统的数学模型通常以微分方程或微分方程组的形式出现，因此，首先需要使用数字积分法或离散相似法，将微分方程或微分方程组转化为适合数字计算机计算的差分方程或差分方程组；其次需要选择合适的步长，要求仿真步长必须满足需要的仿真精度，将截断误差和舍入误差的影响控制在允许范围内。

通常仿真程序包括以下几个部分：初始化部分，定义并输入仿真参数、模型参数；模型运行部分，在每一个步长循环内调用模型运行子程序，直到满足仿真结束的条件；统计输出部分，对仿真的结果进行统计、分析和输出。其仿真的主流程如图 9.13 所示。

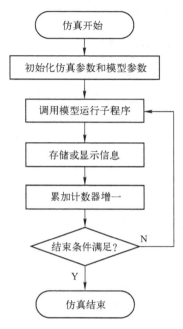

图 9.13　连续变量动态系统计算机仿真主流程

9.8.2　离散事件动态系统仿真器

离散事件动态系统的仿真器设计有两个需要研究的内容：一个是仿真时钟的选择，另一个是仿真策略的选择。

（1）仿真时钟的选择

在离散事件动态系统的仿真中，仿真器采用两种仿真时钟：时间步长法和事件步长法。时间步长法是将仿真的过程分成若干等长的时间间隔，一个仿真时钟就是一个时间间隔，在每一个仿真时钟内，对系统的所有实体、属性和活动进行一次扫描；事件步长法是以相邻两个事件发生的时间为增量进行仿真，仿真时钟的长度不固定，在一个仿真时钟内认为系统状态没有变化。

需要注意的是，在采用时间步长法作为仿真时钟的仿真策略中，时间的步长应该小于一个实体的相邻两个顺序事件的时间间隔，避免出现顺序事件成为同时事件的现象，增加仿真器处理的难度。

（2）仿真策略的选择

通常离散事件动态系统的仿真策略有三种：事件调度法、活动扫描法和进程交互法。事件调度法中仿真程序以事件表为中心，事件的产生与处理是整个仿真程序的主要任务。事件调度法通常采用事件步长法仿真时钟，仿真运行的速度快，图 9.14 是通常的事件调度法的处理流程。

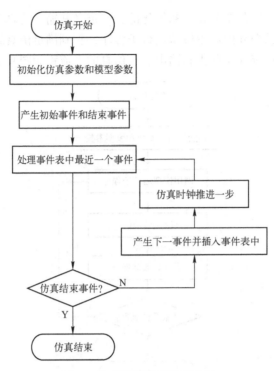

图 9.14　事件调度法处理流程

活动扫描法在一个仿真时钟内扫描系统中所有实体，并处理该时刻内发生的事件，然后推进到下一仿真时钟，如此反复直到仿真结束条件满足，图 9.15 是活动扫描法的处理流程。

进程交互法是基于一个临时实体通过系统的过程。这里的进程定义为一个临时实体在其生命周期中通过系统的全部活动序列。仿真程序首先让一个实体尽可能沿其生命周期向前推进，这一过程继续直到实体的运动由于某种原因被阻止或延迟。此时，实体的进程中断，中断时的实体状态称为中断点。实体要等到继续向前推进的条件得到满足再继续其生命进程。推进条件得到满足时的实体状态称为再激活点。在中断点，仿真程序选择激活条件满足的另一实体，推进该实体的进程直至中断。这样仿真程序在若干实体的进程间交互进行，直到仿真结束，图 9.16 所示为进程交互法的处理流程。

事件调度法、活动扫描法与进程交互法的共同之处在于程序结构均具有三个层次：控制层、操作层和标准子程序层。其中控制层通过调用操作层来对事件、过程或进程进行调度，以推进仿真的进程；操作层则分别针对系统中所有的不同事件、活动或进程给出具体的操作流程，并由标准子程序层来进行处理。

实质上，事件是离散事件动态系统的基础，而活动和进程也是在事件基础上的概念，因此三种仿真策略的实质都是对事件的处理，都是以事件为核心的。不同之处在于，事件调度法扫描事件表，以事件表的处理为中心，通常采用事件步长法。活动扫描法扫描系统的实体，以实体为处理的中心，通常采用时间步长法。进程交互法结合了事件调度法和活动扫描法的特点，以实体的进程为处理的中心，通常采用事件步长法。

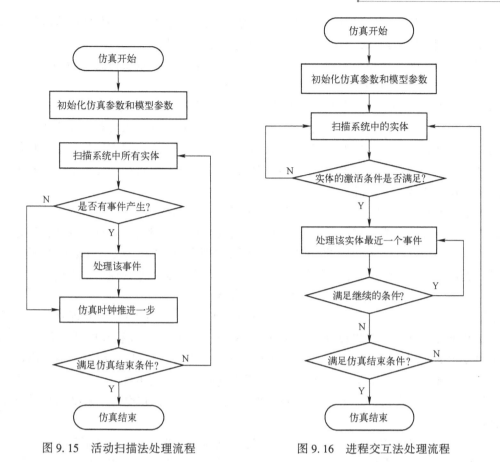

图 9.15 活动扫描法处理流程 　　　　图 9.16 进程交互法处理流程

9.8.3 混合动态系统仿真器

混合动态系统的结构通常是以离散事件系统的结构为框架的，在此框架中，部分实体的状态变量呈现连续变化或连续/离散混合变化。这一特征与计算机仿真离散运行的特点为混合动态系统的仿真器设计提供了条件：设计混合动态系统的仿真器，可以以离散事件动态系统中事件作为子系统间通信的桥梁，同时仿真器应该具备推动连续变量动态系统的状态变化的功能。因此混合动态系统的仿真器设计的主要问题如下。

（1）仿真步长的选择

在混合动态系统中，通常采用时间步长法较为合理，原因在于事件步长法解决下列问题比较困难：连续状态变量变化到某个阈值时可能产生一个离散事件，但当该变量的变化不独立时，即该产生阈值的条件不是完全由该连续状态变量自身独立决定时，此时系统将无法预知该阈值在将来的具体哪个时刻能够达到，因此就不可能将到达该阈值的事件提前产生并插入事件表中。

例如，在一个排队系统，临时实体的到达服从某一种分布，那么在一个临时实体到达时，利用该分布完全可以预知下一个临时实体的到达时间，这样系统就可以在事件驱动下连续运行；而在一个交通运输系统中，如果运输实体的运动都是独立的，那么一个运输实体与另一个运输实体的路径冲突是在两个运输实体的位移值满足一定条件时产生的。对于冲突发生这一事件，一个运输实体是无法预知的，因为与之冲突的另一个实体的开始运行是随机的，无法根据规律提前预知，只能让冲突这一类事件自然地发生。

采用时间步长法，无须预测将来事件的发生，而是在每次扫描实体时判断当前是否有事件发生，让其"自然"地发生。

（2）在过程混合方式下，如何推动状态变量完成不同的变化形式

活动扫描法可以推动实体状态变量的变化，尤其在使用面向对象思想建立实体的计算机模型时，实体状态变量的变化如果完全是由时间来推动的，那么该状态变量的变化规律完全可以封装在该实体的扫描接口内，仿真器只需要在每一个仿真时钟内扫描该实体的扫描接口即可完成对该实体状态变量的推动。

（3）在结构混合方式下，如何实现两类不同性质系统的通信

虽然活动扫描法在模拟连续系统的运行及推动实体状态变量时有独特的优势，但是活动扫描法难以描述混合动态系统中的事件。事件调度法使用事件表方式很好地解决了这一问题，结合上述通信事件的概念，可以使用事件表方式来进行实体间的通信，因此可以结合活动扫描法和事件调度法来构造混合动态系统的仿真器。

事实上，该方法已有先例，Microsoft 公司的 Windows 操作系统的运行原理就是结合了活动扫描法和事件调度法的思想设计的。在 Windows 操作系统中，线程间的切换是一种 CPU 资源分时复用的使用方法，实质上就是一种活动扫描的过程。Windows 消息类似于离散事件动态系统中的事件，管理消息的消息队列类似于事件调度法中的事件表，而消息的产生、传递和处理这一机制在 Windows 中称为事件驱动（或消息驱动），它类似于离散事件动态系统的事件调度。

因此混合动态系统的仿真器完全可以借鉴这一机制，在 Windows 系统下甚至可以借用该机制。然而，Windows 系统的消息（事件）都是即时响应且不受控的，如果完全使用 Windows 的消息处理机制，那么仿真器将丧失对事件的控制功能。某些定时通信事件需要在事件表中存放直到将来某一时刻再予以处理，这类事件必须由仿真器来控制。

归纳以上分析，混合动态系统的仿真器可以采用如图 9.17 所示的一种通用结构。图中，所有实体间的通信事件都可以通过事件表的方式进行。首先，通信发起实体将通信事件插入

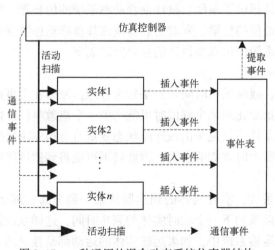

图 9.17　一种通用的混合动态系统仿真器结构

事件表中，如果该事件是即时通信事件，那么会被仿真控制器按照事件所约定的内容激发相应通信响应实体，通信响应实体响应这一事件，相应改变自己的状态，完成通信过程。如果该事件是定时通信事件，那么该事件在当前仿真时刻不会被处理，直到仿真时钟推进到该事件的发生时刻，仿真控制器将响应该事件，此时的处理过程与即时通信事件一致。

采用这种结构，计算机模型的结构是稳定的，并且与系统原有结构相似。模型中变化的仅仅是事件的内容以及事件处理过程，而这些变化都可以封装在实体的内部，不影响计算机模型的结构。该结构对应的处理流程如图 9.18 所示。

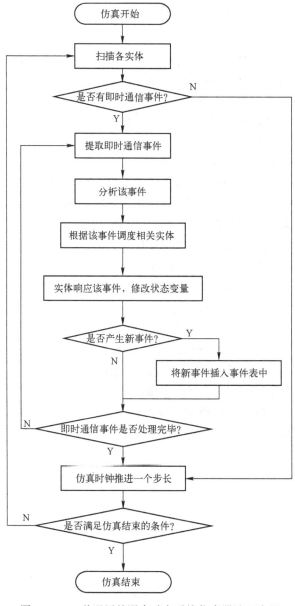

图 9.18 一种通用的混合动态系统仿真器处理流程

9.9　习题

9.1　什么是工业 VR？工业 VR 同一般的虚拟现实的区别主要是什么？

9.2　VR 技术的工业应用主要具有哪些特殊的性能和特征？

9.3　工业 VR 的功能需求主要有哪些？

9.4　工业 VR 的主要性能需求有哪些？

9.5　VR 技术一般可以应用于哪些工业领域？

9.6　工业 VR 的设计框架一般应该遵循哪三个原则？

9.7　工业 VR 中数据库设计的基本步骤是什么？

9.8　工业 VR 中虚拟对象模型库如何建立？

9.9　工业 VR 中为什么要用到数据库的设计？

9.10　工业 VR 中虚拟对象的建模流程主要是什么？

9.11　工业 VR 中基准仿真周期是如何确定的？

9.12　工业 VR 中仿真时间是什么意义？

9.13　工业 VR 中仿真周期具体如何确定？

9.14　工业 VR 中对象模型的校核、验证与验收有什么意义？

9.15　工业 VR 中对象模型校核、验证与验收的工作过程是什么？

9.16　工业 VR 中对象模型校核和验证主要技术方法有哪些？

9.17　工业 VR 中的动态系统分为哪些类型？

9.18　工业 VR 系统的数学模型主要分为哪几大类？

9.19　工业 VR 系统的数学模型到计算机模型的转化一般应该注意哪些问题？

9.20　工业 VR 中狭义的计算机模型是什么？

9.21　工业 VR 中广义的计算机模型是什么？

9.22　工业 VR 中连续变量动态系统的计算机仿真主流程是什么？

9.23　工业 VR 中通用的混合动态系统仿真器结构是什么？

9.24*　工业 VR 为什么要按照混合动态系统进行考虑？

9.25*　数学模型和实际原型系统的异同点是什么？

9.26*　如何验证数学模型和实际原型系统的近似性？

第 10 章　工业 VR 设计实例

本章通过连轧过程厚度控制虚拟仿真（AGC-VR）系统的具体开发过程，分别从工业背景、厚度控制 VR 系统总体结构、控制算法设计与封装、虚拟轧机数学建模、厚度控制 VR 系统开发与实现五个方面进行详细说明，最后通过 AGC-VR 系统的开发与实现画面展示一个典型的工业 VR 的具体效果。通过本章学习，读者可以对一般工业 VR 系统的设计和开发有一个比较清楚的了解和认识。

10.1　工业背景

钢铁行业的连续轧制工序，几乎是自动化程度最高的环节。轧制板带材的厚度精度是表征其产品质量的重要指标之一，它直接关系到产品的质量和经济效益。厚度自动控制（AGC）是提高板带材质量的重要方法之一，其目的是获得板带材纵向厚度的均匀性，因此，厚度自动控制是现代化冶金生产中不可缺少的重要组成部分。

厚度自动控制是通过测厚仪或传感器（如辊缝仪和压头等）对板带材实际轧出厚度进行连续测量，并根据实测值与给定值相比较的偏差信号，借助于控制回路和装置或计算机的功能程序，改变压下位置、轧制压力、张力、轧制速度或金属秒流量等，把厚度控制在允许偏差范围之内的方法。厚度自动控制系统中，改变轧制辊缝或轧制压力是厚度控制的主要方式，其执行机构则是依靠液压压下控制系统进行实现，它的主要任务是按数学模型计算出来的轧制压力或压下位置设定值对辊缝大小进行实时动态调节，控制轧出板带材的厚度精度。

液压压下控制系统是综合机、电、液一体化的复杂系统，因此以连轧过程的厚度自动控制为代表，研究其计算机控制系统的设计与实现具有明显的理论意义和实用价值。如图 10.1 所示，液压压下控制系统的动作执行机构是液压缸及其控制元件伺服阀，伺服阀用于控制进入液压缸的液体流量，然后通过液压缸及机架内的有关机构来控制上支撑辊和上工作辊的上下移动，进而达到控制轧制压力和压下位置的目的。AGC 系统主要以轧机压下装置作为执行机构，控制轧机出口的轧件厚度（简称为轧件出口厚度或出口厚度），使其达到或逼近轧件的目标（基准）厚度。

图 10.1 中，Q 为轧件塑性系数，M 为轧机刚度系数，Δh 为厚度偏差，x_{p1} 为活塞位移设定值，x_{p2} 为活塞位移实际值，Δx_p 为辊缝设定偏差，F_d 为液压缸实际压力，F_s 为液压缸设定压力，x_{ps} 为设定辊缝值，P_L 为负载压力，h_{ref} 为入口厚度设定值，h 为出口厚度实际值。

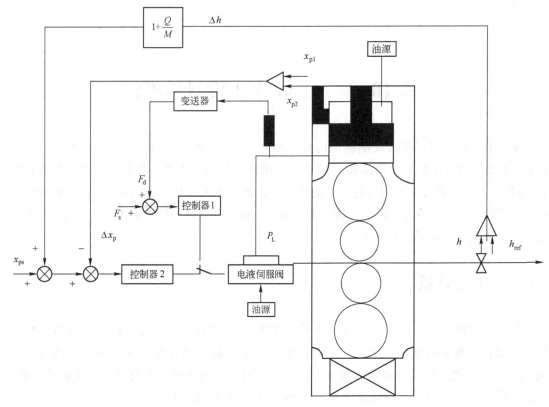

图 10.1　液压 AGC 系统结构图

10.1.1　轧机弹跳方程

在轧制生产过程中，轧辊和轧件的相互作用是通过轧制力来体现的，轧辊对轧件施加力，使轧件发生塑性变形，从而使轧件的厚度变薄，这是轧制过程的主要目的之一。同时，轧件又给轧辊以同样大小、方向相反的反作用力，并通过轧辊轴承、压下螺杆等零部件传到机架上，使整个机座产生一定量的弹性形变。这些零部件的弹性变形值总的反映在轧辊辊缝上，使辊缝增大（由空载辊缝 S_0 增大到有载辊缝 S），这称为弹跳或辊跳，如图 10.2 所示。

图 10.2 中，H 为入口厚度，h 为出口厚度，S_0 为空载辊缝，S 为实际辊缝，P 为轧制力，V_1 为轧件入口速度，V_2 为轧件出口速度。

轧制时发生的基本现象是轧机的弹性变形和轧件的塑性变形。如图 10.2 所示，轧机在外力 P 的作用下，产生弹性变形（$h-S_0$），依胡克定律有

$$P=M(h-S_0) \tag{10.1}$$

式中，M 为轧机刚度或轧机刚度系数。

式（10.1）可变形为

$$h=S_0+\frac{P}{M} \tag{10.2}$$

式（10.2）就是著名的轧机弹跳方程，它由英国人 Smis 创立，是厚度计式 AGC 的基本

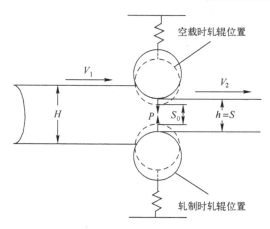

图 10.2　轧制时发生的基本现象

数学模型，也是实现厚度计式 AGC 的基础。由于轧机弹跳方程在一定程度上避免了测厚仪 AGC 系统的纯滞后，所以它的问世为 AGC 技术的发展做出巨大的贡献，厚度计式 AGC 系统是到目前为止应用最为广泛的一种 AGC 方式。

10.1.2　人工压零

轧机刚度是轧制力的函数 $M=f(P)$，而且轧机的弹性形变与轧制力并非线性关系，在小轧制力时为一曲线，当轧制力大到一定值以后，力和变形才能近似成线性关系，这一现象的产生可用零件之间存在接触变形和轴承间隙等来解释。这一非线性区并不稳定，每次换辊后都有变化，特别是轧制力接近于零时的变形（实际上是间隙）很难精确确定，亦即辊缝的实际零位很难确定。

在现场实际操作中，为了消除上述不稳定段的影响，都采用了所谓人工压零位的方法，即在空载情况下，将轧辊压靠到一较大的预压靠力 P_0（或用压下电动机电流作为标准，但是压下电动机的电流值受压下系统传动机构摩擦的影响，因此不精确），此时将调零的指示器设定值清零（作为参考零位），这样做既避免了轧制力较小时辊缝非线性的影响，又解决了难以确定辊缝实际零点的问题。

图 10.3 表示了预压靠时各相关物理量的对应关系，其中 P_0 为预压靠轧制力，M 为轧机刚度，S_0 为相对实际位置的空载辊缝。$Ok'l'$ 线为预压靠曲线，在 O 处轧辊受力开始变形，压靠力为 P_0 时变形（负值）为 Of'，此时将辊缝仪清零，即参考零点；然后抬辊，如抬到 g 点，此时辊缝仪指示值为 $f'g=Of=S_{Of}$，则相对实际位置零点的空载辊缝：

$$S_0 = S_{Of} - \frac{P_0}{M} \tag{10.3}$$

则由图 10.3 可推导出

$$h = S_0 + \frac{P}{M} = S_{Of} - \frac{P_0}{M} + \frac{P}{M} = S_{Of} + \frac{P-P_0}{M} \tag{10.4}$$

即轧机弹跳方程为

$$h = S_{Of} + \frac{P-P_0}{M} \tag{10.5}$$

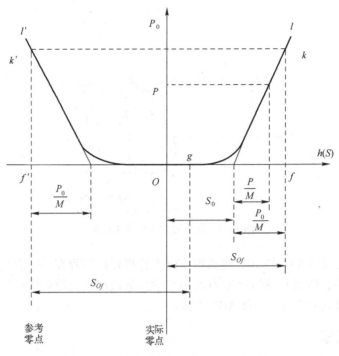

图 10.3 预压靠时各相关物理量的对应关系

10.1.3 轧件塑性曲线

轧制是轧机和轧件相互作用的过程，以轧件为研究对象可以得到轧制力方程：

$$P = f(H, h, T_e, T_s, R, B, \cdots) \tag{10.6}$$

式中，T_e 为入口张力；T_s 为出口张力；R 为轧辊半径；B 为带钢宽度。

式（10.6）说明轧制时的轧制力 P 是众多变量的函数，其中变量包括所轧板带材的宽度 B、来料入口厚度 H、出口厚度 h、摩擦系数 f、轧辊半径 R、温度 t、入口张力（前张力）T_e、出口张力（后张力）T_s 以及变形抗力 σ_s 等。

在实际应用中，总是针对具体的主要扰动因素，对式（10.6）进一步简化。如果除出口厚度 h 以外，其他参数恒定不变，则 P 只随 h 变化，式（10.6）可简化为

$$P = f(h) \tag{10.7}$$

在轧制力 P 和出口厚度 h 以外的各变量一定的情况下，可画出 P 随 h 变化的曲线，并称该曲线为轧件塑性曲线。轧件的一个重要参数是轧件塑性系数，它定义为使轧件产生单位压塑所需轧制力，用 Q 表示轧件塑性系数，则有

$$Q = \frac{\partial P}{\partial h} = \frac{\partial f(H, h, \cdots)}{\partial h} \tag{10.8}$$

可见，轧件塑性系数为轧件塑性曲线的斜率。

把式（10.7）和式（10.8）画在一个几何图上，如图 10.4 所示，两条曲线交点的横坐标恰好是出口厚度 h。图 10.4 是 P-h 图，它是分析和设计 AGC 系统的一个有效工具。

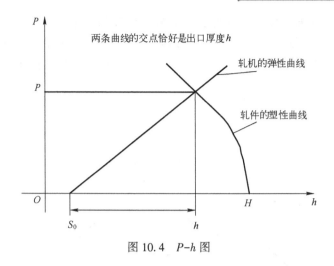

图 10.4　P-h 图

10.1.4　测厚仪式 AGC

根据不同的控制方法，厚度控制分为很多种实现方式，本章仅仅介绍典型的测厚仪式 AGC。测厚仪式 AGC 利用安装在轧机出口侧的测厚仪直接测出口厚度，然后根据厚度偏差反馈调整压下装置，改变空载辊缝，并据此实现厚度控制。其原理如图 10.5 所示，图中 L 为轧辊中心线到测厚仪的距离。

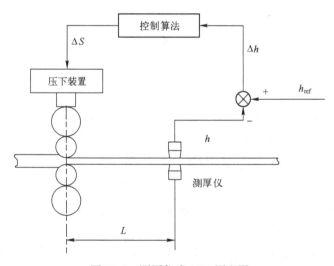

图 10.5　测厚仪式 AGC 原理图

板带材从轧机轧出之后，通过轧机出口侧的测厚仪测出实际厚度 h，并与给定厚度值 h_{ref} 相比较，得到厚度偏差 $\Delta h = h_{ref} - h$，将此厚度偏差反馈给厚度自动控制装置，转换为辊缝调节量的控制信号 ΔS，输出给压下系统做相应的辊缝调节，以消除此厚度偏差。

测厚仪式 AGC 能准确地测出实际厚度并进行反馈控制，但是由于轧机结构的限制、测厚仪的维修需要以及防止断带损坏测厚仪等原因，测厚仪的安装点离辊缝有一段距离，致使存在一段大时间滞后，难以进行稳定控制，使测厚仪式 AGC 不适用于厚度快速变化的情况。但由于射线式测厚仪可以满足高性能 AGC 对厚度检测精度的需要，所以测厚仪式 AGC 既有优点，又有不足。下面简单介绍一下测厚仪式 AGC 的控制算法。

当空载辊缝由 S_1 移动到 S_2 时，变化了 $\Delta S = S_2 - S_1$，产生的厚度偏差为 $\Delta h = h_2 - h_1$，轧制力变化 $\Delta P = P_2 - P_1$，如图 10.6 所示。图中 A 为轧机刚度曲线，B 为轧件塑性曲线，ΔP 为轧制力调节量。

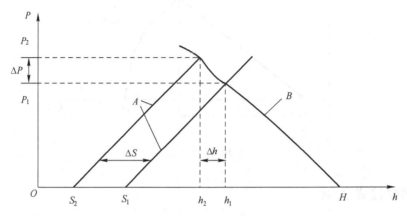

图 10.6　测厚仪式 AGC 控制算法示意图

若不考虑各变量符号，则有下面关系式：

$$\Delta S = \Delta h + \frac{\Delta h Q}{M} \tag{10.9}$$

即

$$\Delta h = \frac{M}{M + Q} \Delta S \tag{10.10}$$

式中，$\dfrac{M}{M+Q}$ 为压下有效系数。

在进行厚度自动控制时，若厚度增大，应减小辊缝，则厚度变化量与辊缝变化量符号相反，因此，测厚仪式 AGC 的控制算法为

$$\Delta S = -\frac{M+Q}{M} \Delta h = -\left(1 + \frac{Q}{M}\right) \Delta h \tag{10.11}$$

式（10.11）说明，为消除板带材的厚度偏差 Δh，必须使辊缝移动 $\left(1 + \dfrac{Q}{M}\right) \Delta h$ 的距离，也就是说，要移动比厚度差还要大 $\dfrac{Q}{M} \Delta h$ 的距离。因此，只有当 M 越大，而 Q 越小时，才能使得 ΔS 与 Δh 之间的差别越小。当 M 和 Q 为一定值时，即 $\left(1 + \dfrac{Q}{M}\right)$ 为常数，则 ΔS 与 Δh 便成比例关系。只要检测到厚度偏差 Δh，便可以计算出为消除此厚度偏差所要求的辊缝调节量 ΔS。

10.1.5　厚度波动的原因及变化规律

要对板带材的厚度进行控制，就要知道为什么在轧制过程中板带材厚度会波动，以及板带材厚度的变化规律。

在轧制过程中，凡是影响到轧制力、初始辊缝和油膜厚度等的因素都将对实际板带材轧出厚度产生影响，概括起来有如下几方面。

（1）温度变化的影响

温度变化对板带材厚度波动的影响，实质就是温度差对厚度波动的影响，温度的波动引起金属变形抗力和摩擦系数的变化，从而引起厚度的偏差。

（2）张力变化的影响

张力是通过影响应力状态，以改变金属变形抗力，从而引起厚度发生变化。张力的变化除对带板带头尾部厚度有影响之外，也会影响到其他部分的厚度。张力过大时不仅会影响厚度值，甚至会影响宽度发生改变。因此在热连轧过程中一般采用恒定的小张力轧制，而冷连轧由于是冷态进行轧制，并且随着轧制过程的进行，会产生硬化，故冷轧时采用较大的张力进行轧制。

（3）速度变化的影响

速度变化会引起摩擦系数、变形抗力和轴承油膜厚度的变化，进而影响出口厚度的变化。

（4）辊缝变化的影响

当进行板带轧制时，因轧机部件的热膨胀、辊缝的磨损和轧辊的偏心等都会使辊缝发生变化，直接影响实际轧出厚度变化。轧辊和轴承的偏心所导致的辊缝周期性变化，在高速轧制情况下，会引起高频的周期性厚度波动。

除上述因素外，来料厚度和机械性能的波动也是通过轧制压力的变化而引起板带材厚度产生变化。

10.2　厚度控制 VR 系统总体结构

AGC-VR 系统的基本控制思想如图 10.7 所示。图中，过程控制级按实际系统模拟，基础自动化级包括控制部分和执行部分，控制部分按实际系统模拟，执行部分按照物理实体建模后，纳入设备软对象动态模型系统中，构成物理实体仿真，设备模型以机理建模的数学模型为主。

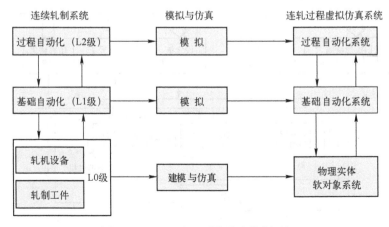

图 10.7　AG C-VR 系统基本控制思想

　　AGC-VR 系统总体结构分为三层。第一层为对轧制设备建模进而仿真设备特性的软对象层 L0 级，第二层为在计算机中实现各种工艺控制子系统的实时控制层 L1 级，第三层为设定值计算的过程设定与优化层 L2 级。

10.2.1　厚度控制 VR 系统功能划分

　　系统各个组成部分的硬件说明如下。

　　1）过程设定与优化层（L2 级）的硬件采用通用的品牌计算机，其用于实现生产过程数据的设定与优化，包括物料跟踪、轧制策略、设定值计算与输出、采样数据的收集和处理、模型系数自适应和模型自学习等功能。其主要任务就是设定值计算，设定值计算是连续轧制过程自动控制系统不可缺少的基本功能，它借助于数学模型和技术人员的经验知识，根据设备的状态为下一级控制系统提供各种参数的设定值。设定值合理与否将直接影响到产品的质量以及机组生产能力的发挥。

　　2）实时控制层（L1 级）的硬件为台式计算机或笔记本计算机，用于实现各种工艺控制系统的综合设计及逻辑控制，以及编程调试或监视画面。各种工艺控制系统既包括速度控制系统、张力控制系统、厚度控制系统、板形控制系统等，也包括各种控制系统之间的协调、补偿、解耦、综合等，还包括数据的采集、执行机构的控制，以及各种辅助控制功能等。

　　3）设备软对象层（L0 级）为通过机理建模或数据建模而形成的虚拟生产设备，包括虚拟轧机、虚拟轧件、虚拟执行机构（电动、液压等），以及必要的虚拟检测仪表等。各种虚拟设备既要体现设备的静态特性又要体现设备的动态特性；各种设备之间的物理或工艺关联关系十分重要，如轧机和轧件之间的相互作用、不同执行机构的动作对重要物理量的关联影响等，在设备软对象层要给予充分的考虑和展示，这是采用 VR 技术体现的主要部分。

10.2.2　厚度控制 VR 系统结构组成

　　虚拟轧机系统结构如图 10.8 所示，下面分别对设备软对象层（L0 级）的主要模块加以详细说明。

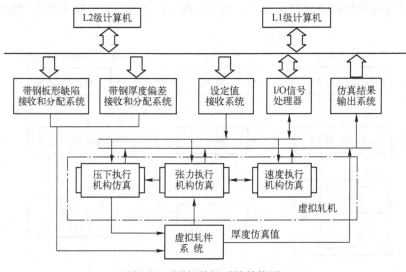

图 10.8　虚拟轧机系统结构图

（1）压下系统仿真

压下系统包括压力控制系统和压下位置控制系统，通常冷连轧机在穿带过程中采用的是压下位置控制，而在轧制过程中采用的是压力控制；热连轧无论是穿带还是正常轧制时一般都采用的是压下位置控制。压下系统由液压站、管路、液压缸、电液伺服阀和压力传感器等组成，并由液压压下控制调节回路进行闭环调节，轧机本身是以质量为空间分布的多自由度系统，以电液伺服阀机构为执行器的液压压下系统、液压弯辊系统等是高度非线性的时变系统，因此在连轧机设备仿真中压下系统仿真也最为复杂。

（2）速度控制系统

在连轧机中速度控制系统有着十分重要的作用，其控制性能的好坏，直接会影响到张力调节和轧制力控制的性能，从而最终影响到带钢的产量和质量。在 L2 级由设定计算功能模块根据秒流量计算出对应轧件的各机架相对速度，而由基础自动化级在需要升降速时根据升/降速曲线，输出主令速度系数，电动机控制回路以相对速度和主令速度系数乘积来实现各个机架的同步升/降速。

（3）虚拟轧件系统

轧件变形与轧件本身的材料特性、机架出/入口张力、轧件与轧辊间摩擦、轧辊压扁以及轧件承受的压力有关，轧件变形确定后轧制压力是可以通过轧制压力计算模型计算的。当然任何一个压力模型都存在一个精度问题，解决模型精度问题的最佳办法是利用现场实测数据进行模型自身精度的自适应。虚拟轧件系统建模过程示意如图 10.9 所示。

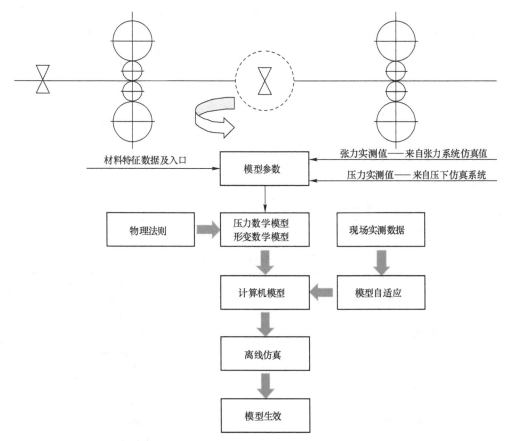

图 10.9　虚拟轧件系统建模过程示意图

整个 AGC-VR 系统分为五个部分：初始参数输入界面、控制算法软件、指标分析、VR 动画显示以及虚拟轧机和虚拟轧件，软件逻辑框图如图 10.10 所示。VR 三维动画最主要的作用，就是向用户直观呈现不同控制作用下的带材表面质量，而当三维动画演示包含在整个虚拟仿真系统中时，就必须考虑到与系统的匹配和兼容性。匹配性在系统中主要表现为时间上的匹配，必须与虚拟仿真系统中的数值计算同步运行。

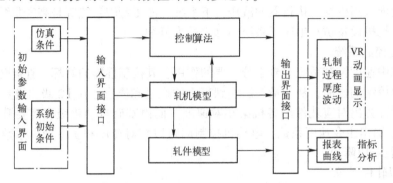

图 10.10　AGC-VR 系统软件逻辑框图

10.3　控制算法设计与封装

轧制过程的厚度控制系统虚拟仿真，除了要有可视化效果比较好的动画呈现外，由于工业 VR 主要反映的是有关执行和控制的生产或加工过程，必须设计和采用适当的控制方法进行控制。针对连轧过程的厚度控制 VR 开发，本节以 PID 控制方法为例加以描述。

10.3.1　控制模块

轧制过程厚度控制需要设定的参数、参数公式和需要回传的数据主要如下。

1）开环（控制量）Control_U。

2）闭环 PID 的 kp、ki、kd 三个参数。

　　Control_U = kp * error + ki * error_sum + kd * error-error_last

3）自定义算法文件加载接口。

4）轧件的固有参数见表 10.1。

表 10.1　轧件参数设置

HMI 界面相关参数	默认大小
带材宽度	1160 mm
带材入口厚度	21.5 mm
带材设定出口厚度	3 mm
轧机刚度系数	450 kN/mm
带材塑性系数	350 kN/mm
辊缝设定值	2 mm（5 mm）
入口温度	850 ℃
轧机工作辊半径	400 mm
带材轧制速度	0.4~10 m/s

控制模块的输入是测得的出口厚度与设定的出口厚度间偏差 error_0，经过一系列换算得到辊缝的调节量 ΔS_{set}，即 PID 公式中的 error。控制模块的输出是控制量 Control_U，该值回传给轧机压下控制系统模型和弹跳方程模型计算，最终得到下次动作轧制出的带材出口厚度 h 和辊缝调节量 ΔS，并存入数据库，作为下次轧制时轧机 3D 模型的实际动作量。

通过将控制算法封装成 DLL 文件，以便可以供 VR 开发软件 Unity 调用。通过调用 DLL 文件实现控制和数据交互。其中，控制算法的 DLL 文件中类 class 的静态函数 Control_PID（double T, double h_set, double h_ce, double kp, double ki, double kd, double error_sum, double error_last）的变量意义如下：T 为采样周期，h_set 为设定的出口厚度，h_ce 为测厚仪测得的轧件出口厚度，kp、ki、kd 为 PID 参数，error_last 为算法局部变量，代表上一控制时刻设定厚度和实际测得厚度间的偏差，error_sum 则为总控制时间段的偏差累计值。

模型 DLL 文件中类 class 的静态函数 Cal（double T, double h_set, double h_ce, double kp, double ki, double kd, double S, double dS, double dF, double dH, double dTemp, double Len_ce, double v, double dv）的变量意义如下：T、h_set、h_ce、kp、ki、kd 同控制算法 DLL 文件；S 为辊缝值；dS 为辊缝扰动量；dF 为轧制力扰动；dH 为来料厚度扰动；dTemp 为温度扰动；Len_ce 为测后仪与末机架间距；v 为轧制速度；dv 为轧制速度扰动。

10.3.2　创建动态链接库文件

1) 运行 VS2013，选择"新建"→"项目"→"Visual C++"→"Win32 控制台应用程序"→"输入 NEU_AGC_PID（也是动态链接库的名称）"命令，如图 10.11 所示，单击"确定"按钮。然后选择动态链接库（DLL），如图 10.12 所示，单击"确定"按钮完成。

图 10.11　新建工程名

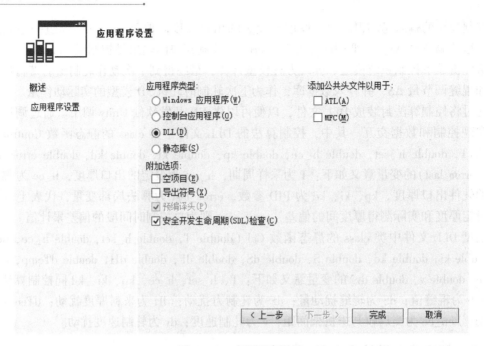

图 10.12　应用程序设置

2）给项目添加头文件：createdll. h，如图 10.13 所示，右击，选择"添加"→"新建"命令，在弹出的对话框中输入文件名，单击"添加"按钮完成本步操作，如图 10.14所示。

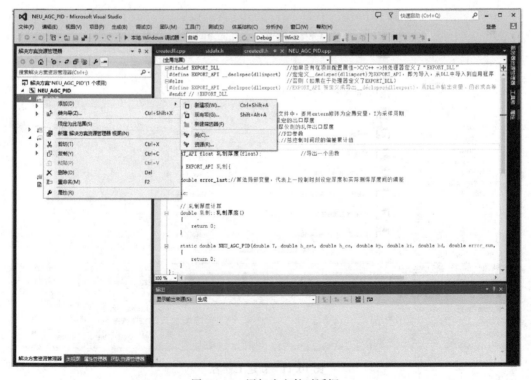

图 10.13　添加头文件对话框

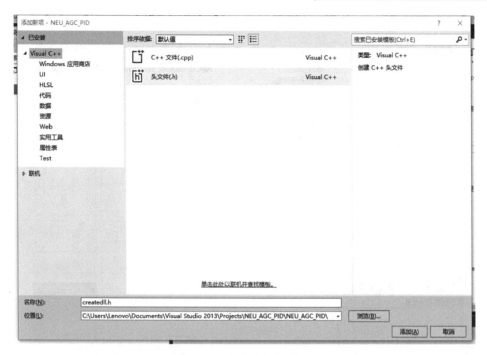

图 10.14 头文件命名对话框

3）查看项目属性，选择"项目"→"NEU_AGC_PID 属性"→"C/C++"→"预处理器"→"预处理定义"命令，在弹出的对话框中已经自动加上"NEU_AGC_PID_EXPORTS"，把它修改成"EXPORT_DLL"，不修改也是可以的，只是字符串比较长而已，应用并确定，如图 10.15 和图 10.16 所示。

图 10.15 预处理器定义对话框

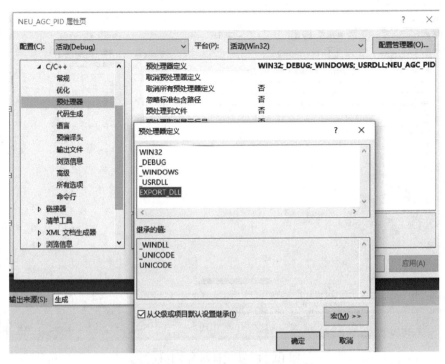

图 10.16　预处理定义修改名称对话框

4）在新建的头文件中，写入代码：

```
#ifndef EXPORT_DLL
        //如果没有在项目配置属性->C/C++ ->预处理器定义了"EXPORT_DLL"
#define EXPORT_API _declspec(dllimport)
        //宏定义_declspec(dllimport)为 EXPORT_API,即为导入,从 DLL 中导入应用程序中
#else   //否则(如果在处理器中定义了 EXPORT_DLL)
#define EXPORT_API _declspec(dllexport)
        //EXPORT_API 被定义成导出_declspec(dllexport),从 DLL 中输出变量、函数或类等
#endif // ! EXPORT_DLL
```

添加全局变量、函数和类：

```
//添加全局变量:
extern EXPORT_API float const T;
        //在头文件中,要用 extern 修饰为全局变量,T 为采样周期
extern EXPORT_API float h_set;          //设定的出口厚度
extern EXPORT_API float h_ce;           //测厚仪测的轧件出口厚度
extern EXPORT_API float kp;             //PID 参数
extern EXPORT_API float ki;
extern EXPORT_API float kd;
extern EXPORT_API float error_sum;      //总控制时间段的偏差累计值
extern EXPORT_API double error_last;
        //算法局部变量,代表上一控制时刻设定厚度和实际测得厚度间的偏差
```

EXPORT_API float ZhaZhiHouDu(float a)；

　　//导出类,要导出类中的所有公共数据成员和成员函数,必须出现在类名的左边

　　//添加类：

class EXPORT_API ZHAZHI

｛

　　double error_last；

　　　　//算法局部变量,代表上一控制时刻设定厚度和实际测得厚度间的偏差

　　public：

　　double ZHAZHI∷ZhaZhiHouDu(float a)；　　//轧制厚度计算

　　｛ return 0；｝

　　static double NEU_AGC_PID (double T, double h_set, double h_ce, double kp, double ki, double kd, double error_sum, double error_last)

　　　　｛ return 0；｝

｝；

　　给类添加变量：选择"项目"→"类向导"→"成员变量"→"添加自定义"命令,添加变量后单击"确定"按钮,如图 10.17 所示。

图 10.17　类向导对话框

给类添加成员函数：选择"项目"→"类向导"→"方法"→"添加方法"命令，添加成员函数后单击"完成"按钮，如图 10.18 所示。

图 10.18　添加成员函数向导对话框

5）添加 createdll. cpp 文件，在 createdll. cpp 中对导出函数进行定义，如图 10. 19 所示。

```cpp
#include "stdafx.h"
#include "createdll.h"
#include <iostream>

//对导出函数的具体定义
float ZhaZhiHouDu(float a)
{
    return 0;
}
```

图 10.19　定义导出函数对话框

6）生成 DLL 动态链接库，如图 10. 20 所示。

注意：在 *. cpp 中，#include "stdafx. h"要在#include "createdll. h"前面，不然会有一堆错误出现！#include "stdafx. h"在前，就不会报错。

7）这样就在当前项目下的 debug 文件夹里生成了 DLL 文件和 lib 文件，如图 10. 21 所示。

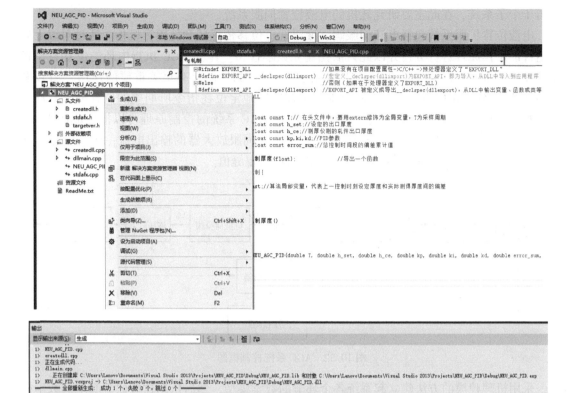

图 10.20　生成 DLL 动态链接库文件

名称	修改日期	类型	大小
Debug	2020/8/19 9:41	文件夹	
ipch	2020/8/18 21:19	文件夹	
NEU_AGC_PID	2020/8/19 9:41	文件夹	
NEU_AGC_PID.sdf	2020/8/19 9:36	SQL Server Com...	34,240 KB
NEU_AGC_PID.sln	2020/8/18 21:18	Microsoft Visual...	1 KB

名称	修改日期	类型	大小
NEU_AGC_PID.dll	2020/8/19 9:41	应用程序扩展	60 KB
NEU_AGC_PID.exp	2020/8/19 9:41	Exports Library ...	2 KB
NEU_AGC_PID.ilk	2020/8/19 9:41	Incremental Link...	298 KB
NEU_AGC_PID.lib	2020/8/19 9:41	Object File Library	3 KB
NEU_AGC_PID.pdb	2020/8/19 9:41	Program Debug...	1,163 KB

图 10.21　DLL 和 lib 文件目录

10.4　虚拟轧机系统数学建模

　　虚拟轧机软件的编写，首先要求程序编写者对轧机系统的各个组件建立准确的数学模型，只有在此基础上，建立的 VR 系统才能模拟轧机工作的全过程。通常，虚拟轧机系统包括若干个子系统，在此主要研究轧机的电液位置伺服系统。

电液位置伺服系统包括电液伺服阀、液压缸、位移传感器和轧辊等机构。通过对以上轧机组件的工作原理进行分析并以此为依托建立数学模型。作为 AGC 执行内环的位置自动控制（Automatic Position Control，APC）系统，对 AGC 的性能具有至关重要的作用。APC 系统的任务是接收 AGC 的指令，控制液压缸比较准确地定位在指令所期望的位置上，其性能指标在一定程度上决定着 AGC 的控制精度。常规 AGC 系统的控制原理可以抽象成图 10.22所示。图中，Δh 为辊缝偏差；ΔS 为辊缝偏差；I 为伺服放大器的输出电流；Q_p 为伺服阀输出负载流量；S_0 为空载辊缝值；X_p 为液压缸的输出辊缝值。

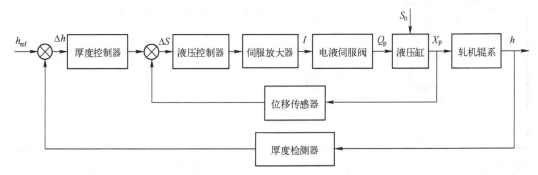

图 10.22　AGC 系统控制框图

采用机理建模的方法建立起系统各个环节的数学模型，然后依据这些建立起来的数学模型进行综合，就可以得到该轧机厚度控制系统的数学模型。机理建模方法就是根据实际系统工作的物理过程机理，在某种假定的条件下，按照相应的理论，写出代表其物理过程的数学方程，结合其边界条件和初始条件，再采用适当的数学处理办法，来得到能够正确反映对象动、静态特性的数学模型。

在实际的控制过程中，通常是实时采集轧件厚度 h 和给定厚度 h_{ref} 进行比较得到厚度偏差，然后根据前面的弹跳方程计算出所需调节的辊缝变化量。因此，只要建立起内环 APC的数学模型，即可得到 AGC 系统的动态特性。

10.4.1　APC 闭环系统控制器模型

对于 APC 闭环的液压控制器，有时也称为辊缝控制器，通常是采用 PID 调节器，这部分功能主要在液压控制器中实现。实际现场应用中，一般只是采用 PI 环节，其动态传递函数一般可表示为

$$G(s) = K_p\left(1 + \frac{1}{T_i s}\right) \tag{10.12}$$

式中，K_p 为比例增益系数；T_i 为积分时间常数（s）。

10.4.2　伺服阀放大器模型

伺服放大器是将输入电压转换为电流并进行信号放大，然后用来对伺服阀进行控制，可不计时间常数，近似为比例放大环节，其增量形式的传递函数为

$$G(s) = \frac{\Delta I}{\Delta U} = K_{vi} \tag{10.13}$$

式中，U 为伺服阀放大器的输入电压（V）；I 为伺服阀放大器用于控制伺服阀动作的输出电流（A）；K_{vi} 的大小可以根据实际的输入和输出反馈数据的比值求得。

10.4.3　伺服阀流量模型

在液压伺服系统中，作为控制元件应用最广的一种元件是电液伺服阀，因为这种阀在工作时具有快速性好、灵敏度高的优点；同时，只需要很小的电信号（如 10 mA）即可控制它提供巨大的液压功率（如几十千瓦），所以电液伺服阀可以驱动较大的负载。但是，它也有造价高、对油的质量及清洁度要求高等缺点。电液伺服阀的工作原理如图 10.23 所示。

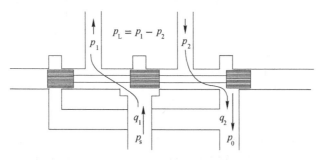

图 10.23　电液伺服阀原理图

图中，q_1 为流进液压缸进油腔的流量；q_2 为从液压缸回油腔流出的流量；p_1 为液压缸进油腔的压力；p_2 为液压缸回油腔的压力；p_L 为负载压力；p_s 为系统液压油供给压力；p_0 为液压油流出压力。

根据电液伺服阀的工作原理，把输入伺服阀线圈的电流 I 作为系统的输入信号，伺服阀所控制的负载流量 Q_p 作为系统的输出，伺服阀的传递函数可以由理论分析得到。阀控液压控制系统实际上是一个高度非线性系统。对于高度非线性系统来说，采用线性化分析方法建立伺服阀流量模型是工程上行之有效的方法。由于轧机在正常轧制时，伺服阀总是工作在平衡点（零点）附近，因此宜采用传统的小增量线性化分析方法。伺服阀具有很高的响应特性，尽管伺服阀具有高度非线性特点，但是在工作点附近一定的范围内可以近似为线性化处理。在液压压下系统中，由于对系统的快速性要求比较高，故伺服阀的传递函数一般可按以下情况进行处理。

液压执行机构频率低于 50 Hz 时伺服阀的传递函数可用一阶惯性环节表示，即

$$W_{sv}(s) = \frac{Q_p(s)}{I(s)} = \frac{K_v}{\dfrac{s}{\omega_v}+1} \tag{10.14}$$

式中，K_v 为电液伺服阀流量增益系数；ω_v 为电液伺服阀的固有频率，可从伺服阀制造厂提供的频率响应曲线获得；s 为拉普拉斯算子。

当液压缸的液压执行机构的固有频率高于 50 Hz 时，可用二阶振荡环节表示：

$$W_{sv}(s) = \frac{Q(s)}{I(s)} = \frac{K_v}{\dfrac{s^2}{\omega_{sv}^2}+\dfrac{2\xi_v s}{\omega_{sv}}+1} \tag{10.15}$$

式中，ξ_v 为伺服阀阻尼系数。

10.4.4 液压缸流量模型

液压缸是液压伺服系统中的执行元件，从电液伺服阀流入的液压油驱动液压缸中活塞的移动，从而提供机械所需要的机械功率，其基本原理如图 10.24 所示。

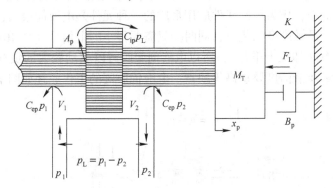

图 10.24　液压缸原理图

图 10.24 中，A_p 为液压缸活塞面积；x_p 为活塞的位移；V_1 为液压缸进油腔的容积；V_2 为液压缸出油腔的容积；C_{ip} 为液压缸的内泄漏系数；C_{ep} 为液压缸的外泄漏系数；F_L 为作用在活塞上的外负载力；M_T 为活塞和下辊系折算到活塞上总的等效质量；B_p 为活塞和负载的黏性阻尼系数；K 为负载的弹簧刚度，相当于轧机自然刚度之半。

当油液驱动活塞运动时，由于液压缸内的各种油液泄露、油液自身体积的压缩以及液压缸缸体的膨胀等因素，使得进入与流出液压缸的油液量不相等，在分析建模时这些因素都要考虑在内。在设计模型时，一般用油液的有效体积弹性模量来表示液压缸与油液的体积变化与压力之间的关系，如下式所示：

$$\frac{dV_1}{dt} = \frac{V_1}{\beta_e} \frac{dp_1}{dt} \tag{10.16}$$

式中，β_e 为有效体积弹性模量（包括油液、连接管道和进油腔）。

现设活塞在初始位置时，液压缸进油腔的容积为 V_{10}，液压缸出油腔的容积为 V_{20}，则当活塞运动之后，液压缸进油腔与回油腔的体积可以表示为

$$V_1 = V_{10} + A_p x_p \tag{10.17}$$

$$V_2 = V_{20} - A_p x_p \tag{10.18}$$

假定阀与液压缸的连接管道是对称的，液压缸每个工作腔内各处压力相等，油温和体积弹性模量为常数，在考虑液压缸中各泄露因素的情况下，流入液压缸进油腔的流量 q_1 为

$$q_1 = A_p \frac{dx_p}{dt} + C_{ip}(p_1 - p_2) + C_{ep}p_1 + \frac{V_1}{\beta_e} \frac{dp_1}{dt} \tag{10.19}$$

式中，第一项代表的是推动活塞运动所需要的油液流量；第二项代表的是液压缸内油液从进油腔泄漏到回油腔的流量；第三项代表的是油液从液压缸进油腔泄漏到液压缸外的油液流量；最后一项则表示压力变化时补偿液压缸及油液的体积变化所需要的流量。

同理可得流出液压缸回油腔的流量 q_2 如下式所示：

$$q_2 = A_p \frac{dx_p}{dt} + C_{ip}(p_1 - p_2) - C_{ep}p_1 - \frac{V_2}{\beta_e} \frac{dp_2}{dt} \tag{10.20}$$

由式（10.16）~式（10.20）可得流量连续性方程为

$$Q_p = \frac{q_1+q_2}{2} = A_p\frac{\mathrm{d}x_p}{\mathrm{d}t} + C_{ip}(p_1-p_2) + \frac{C_{ep}}{2}(p_1+p_2) + \frac{1}{2\beta_e}\left(V_{01}\frac{\mathrm{d}p_1}{\mathrm{d}t} - V_{02}\frac{\mathrm{d}p_2}{\mathrm{d}t}\right) + \frac{A_p x_p}{2\beta_e}\left(\frac{\mathrm{d}p_1}{\mathrm{d}t} + \frac{\mathrm{d}p_2}{\mathrm{d}t}\right)$$

(10.21)

从式（10.21）可以看出，从阀流入油缸的流量除了推动活塞运动外，还要补偿缸内的各种泄漏，补偿液体的压缩量等。由于外泄漏流量 $C_{ep}p_1$ 和 $C_{ep}p_2$ 通常很小，所以可以忽略不计。

现根据电液伺服阀的工作原理可知

$$p_L = p_1 - p_2 \tag{10.22}$$
$$p_s = p_2 + p_1 \tag{10.23}$$

于是有

$$p_1 = \frac{p_s + p_L}{2} \tag{10.24}$$

$$p_2 = \frac{p_s - p_L}{2} \tag{10.25}$$

因此可得

$$\frac{\mathrm{d}p_1}{\mathrm{d}t} = \frac{1}{2}\frac{\mathrm{d}p_L}{\mathrm{d}t} = -\frac{\mathrm{d}p_2}{\mathrm{d}t} \tag{10.26}$$

为了加强系统的稳定性，所以在分析时，应该取活塞的中间位置作为初始位置，即 $V_1 = V_2 = V_{01} = V_{02} = \dfrac{V_0}{2}$（$V_0$ 是总压缩容积），所以式（10.21）可化简为

$$Q_p = A_p\frac{\mathrm{d}x_p}{\mathrm{d}t} + C_{tp}p_L + \frac{V_t}{4\beta_e}\frac{\mathrm{d}p_L}{\mathrm{d}t} \tag{10.27}$$

对式（10.27）进行拉普拉斯变换得

$$Q_p = A_p x_p s + \left(C_i + \frac{V_0}{4\beta_e}s\right)p_L \tag{10.28}$$

式中，$C_i = C_{ip} + \dfrac{1}{2}C_{ep}$ 为液压缸的总泄漏系数。

式（10.28）中，第一项代表的是液压缸中推动活塞运动的流量；第二项则表示在活塞运动过程中为了补偿液压缸内的各种泄露所需要的油液流量。

10.4.5　液压缸与负载之间的力平衡模型

液压动力元件的动态特性受负载特性的影响，负载力包括惯性力、黏性阻尼力、弹性力和任意外负载力。轧机辊系近似为单自由度负载模型，如图 10.25 所示。基于这个模型，把各种负载等效到活塞上，并且认为在轧制过程中下辊系是固定不动的，上辊系在压下油缸的驱动下做垂直运动，此时辊系的运动质量为上辊系运动部件和油缸缸体的质量之和。实际轧机机座及轧机辊系是一个复杂的多自由度质量分布系统，即为无穷自由度运动系统，分析计算十分复杂。为便于分析，本节将轧机辊系视为单自由度质量负载模型，此时辊系的运动质量为上辊系运动部件和油缸缸体的质量。

忽略库仑摩擦等非线性负载以及油液的质量等，根据牛顿第二运动定律，可得液压缸输出和负载 F_L 的力平衡方程：

$$F = A_p p_L = M_T \frac{\mathrm{d}^2 x_p}{\mathrm{d}t^2} + B_p \frac{\mathrm{d}x_p}{\mathrm{d}t} + K x_p + F_L \quad (10.29)$$

对式（10.29）进行拉普拉斯变换得

$$A_p p_L = M_T x_p s^2 + B_p x_p s + K x_p + F_L$$

$$p_L - \frac{F_L}{A_p} = (M_T s^2 + B_p s + K) x_p \quad (10.30)$$

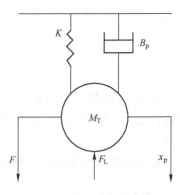

图 10.25　轧机单自由度模型

式中，F 为油缸输出压力（N）；F_L 为作用在活塞上的外负载力，主要是轧制带钢的变形抗力。

10.4.6　辊缝位置传感器

测量辊缝位置，一般采用位移传感器，通常是安装在 AGC 液压油缸中的一个索尼磁尺，用于检测油缸活塞的位移，其分辨率可达 1 μm。工程上可将位移传感器视为惯性环节，即

$$G_p(s) = \frac{K_p}{1 + T_p s} \quad (10.31)$$

式中，K_p 为位移传感器位移反馈增益系数（V/m）；T_p 为位移传感器的时间常数（s）。

10.4.7　液压 APC 的动态模型

前文分别对液压 APC 系统的伺服阀、液压缸等部分进行了建模，根据以上已经建立的各个液压部件的数学模型，得到 APC 系统的传递函数框图，如图 10.26 所示。图 10.26 中所示的模型全面地考虑了液压 APC 各个元件的传递函数，该模型可以较为准确地仿真出轧机的真实性能，依据此模型可以仿真和分析轧制过程中各种因素对最后轧制精度的影响，对轧机控制器的设计、缩短轧机调试周期及提高板带加工精度提供了很大帮助，也为后续建立轧制过程厚度控制 VR 系统奠定了基础。

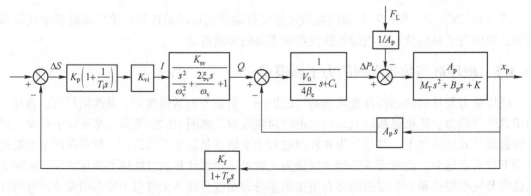

图 10.26　APC 系统传递函数框图

10.5 厚度控制 VR 系统开发与实现

AGC-VR 系统，其场景驱动是通过 Unity 软件进行开发，可以参照 Unity 开发软件学习界面、菜单项、使用资源、创建场景，以及发布等功能。下面介绍开发完成的 AGC-VR 系统的功能和使用方法。

首先找到系统安装的文件夹，打开"轧制厚度虚拟仿真.exe"文件；然后进入登录界面，输入注册的用户名和密码，如图 10.27 所示，即可登录虚拟仿真实验系统。

图 10.27 登录界面

10.5.1 轧制生产线漫游

轧制生产线漫游模块可以让使用者身临其境地置身于轧制生产线中，参观和漫游整个轧制线的生产过程，包括从加热炉经过传动辊道、粗轧机、热卷箱、精轧机和层流冷却，一直到卷取机，整个轧制过程结束，如图 10.28~图 10.34 所示。

图 10.28 系统 VR 画面加热炉部分

通过键盘的〈W〉〈A〉〈S〉〈D〉等快捷键可以控制不同方向上的移动。

轧制生产线漫游，主要目的是通过实际生产过程的虚拟展现，对整个生产线有一个简单的了解。漫游的第一个环节是从热轧生产线的初始阶段，也就是板坯加热炉开始，在这个阶段，读者能够看到加热炉炉门缓缓打开，加热到一定温度后红彤彤的板坯被推送到传输辊道上。

图 10.29　系统 VR 画面轧机远景部分

利用鼠标移动功能可控制视角转变，鼠标滚轮可控制视角的拉近、拉远，通过这个视角远观整个生产线的大体构成，从加热炉朝卷取机的方向望去，一览整个热轧生产线，当然这也是轧制生产工序中轧件的移动方向。

图 10.30　系统 VR 画面粗轧部分

板坯从加热炉出来，经过传输辊道，逐步移动到粗轧机架，通常来讲，实际的粗轧过程一般是经过几个道次往返轧制数次，为节约虚拟演示时间，而且也足以反映真实轧制过程，本虚拟轧制过程简化成一个道次，即板坯通过粗轧一次，完成粗轧过程。

图 10.31　系统 VR 画面热卷箱部分

　　对于不同的热连轧生产线,往往具有不同的设备配置,本虚拟轧机采用了具有热卷箱的典型配置方式,经过粗轧的板坯,其厚度已经变得相对较薄,并且还处于比较高的温度状态,在热卷箱环节可以看到卷取和开卷的详细动作过程。

图 10.32　系统 VR 画面咬钢轧制部分

　　轧件通过热卷箱,迅速被传输辊道送到精轧机的 F1 机架,也就是第一个精轧机架,一般来讲,精轧机组由 5~7 个机架组成,在精轧阶段可以看到轧件依次通过每个精轧机架,轧件逐次被轧制得越来越薄。每一个精轧机架,对最终轧出轧件的厚度都有影响,其控制原理大体相同,而本虚拟轧机更为关注的是最后一个机架,即末机架的轧制厚度,也就是成品厚度。

　　经过精轧机组的轧件,其厚度已经基本满足成品的要求,但其温度依然比较高,不适合立刻进行卷取,因此轧件通过层流冷却环节,在这个阶段,可以看到用于冷却的喷淋水以及水汽的场景,形象地再现了实际的生产情景。

图 10.33　系统 VR 画面层流冷却部分

图 10.34　系统 VR 画面卷取机部分

　　最后，经过层流冷却的轧件，传输辊道快速运送到卷取机，卷取机将经过连续轧制之后的成品轧件由带状长条卷成一个一个卷状成品，以便于储存和运输。

10.5.2　连轧过程厚度控制虚拟实验

　　1）选择初始界面中的"开始实验"，对轧制初始值进行设定，也可以选择默认值。单击"开始实验"按钮，首先进入设定 HMI 界面，对初始参数进行设定，设定值有默认值，并允许修改设定，确认后写到数据库中；每一个输入框对鼠标动作都有响应，当鼠标落于其位置，有输入要求和提示。根据设定的轧制初始值，进入控制参数设定 HMI，如图 10.35 所示。设计控制器参数，此项目为常规 PID 参数设定，设置相关控制参数，包括比例增益系数、积分时间常数、微分时间常数、控制周期和带材轧制速度等；设定好相关控制参数后，单击"确认"按钮，相关参数传入控制器的实现程序中，并进行相关控制计算。

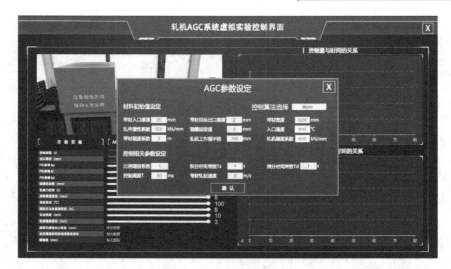

图 10.35　AGC 参数设定界面

2）工艺初始参数设定确认后，进入虚拟仿真实验界面，选择"开始实验"启动虚拟仿真实验，初始画面是放大画面，可观看轧制带钢从远处向轧机行进，依次进入连轧机的每个机架进行轧制，如图 10.36 所示。

图 10.36　虚拟轧制过程

经过 5 s 左右时间的片头画面后退出放大画面，切换到显示轧制过程中实时的控制量与时间关系以及输出厚度与时间关系的曲线。随着时间的推移，模拟实际轧制过程中轧件厚度控制过程的具体效果，观测厚度与控制量数据曲线，如图 10.37 所示。

3）实验过程中，选择"轧制全景"可以展现轧制过程的全景概况，从远到近，从高到低，以不同角度模拟轧制过程的实际情况；为便于观察和熟悉，仿真的轧制过程还可以选择不同的配速进行展示。在实验过程中单击"轧钢全景"按钮，可全屏观看轧制过程；单击"2.0速度""1.0速度"和"0.5速度"按钮可分别控制轧制过程的速度，如图 10.38 所示。

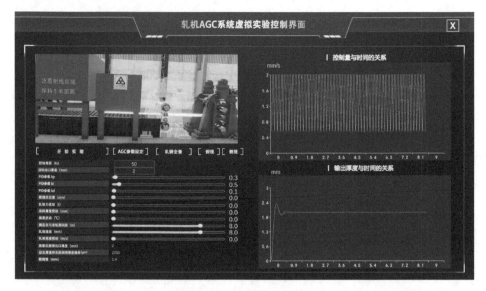

图 10.37　轧制曲线画面

图 10.38　轧制速度调节画面

4）实验过程中，还可以分别选择"俯视"和"侧视"，从两个不同视角观察轧制过程厚度变化的控制过程，全方位理解和掌握轧制过程的厚度控制；同时以虚拟带材的轧制厚度为主要控制指标，采用动画和曲线双重显示的方式展现控制效果，如图 10.39 所示。

5）可以通过分别改变 PID 控制器的比例增益、积分时间常数和微分时间常数三个参数，重复实验，观察在不同的控制参数下的厚度控制效果，并进行前后控制效果的对比和分析，便于充分理解 PID 控制器的比例增益、积分时间常数和微分时间常数对控制效果的影响，如图 10.40 所示。

6）实验过程中，可以依次拖拽轧制力扰动、辊缝扰动、来料厚度扰动和温度扰动等扰动因素的进度条，改变轧机工况条件，重复实验，观察不同扰动引入对厚度控制效果的影响作用，如图 10.41 所示。

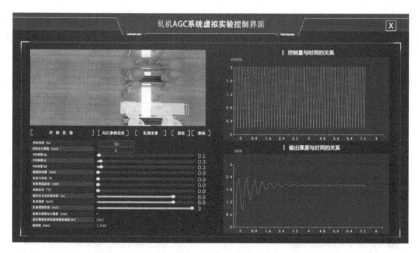

图 10.39 虚拟轧制不同视角示意图

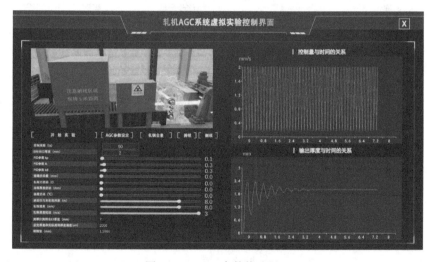

图 10.40 PID 参数修改界面

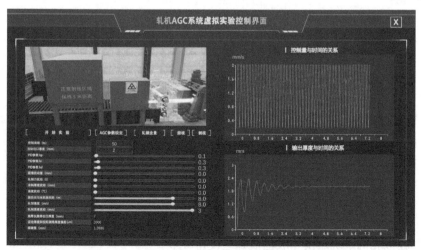

图 10.41 扰动参数修改界面

7）系统默认采用的控制算法是 PID 控制器，使用者也可以自行设计控制算法，只要是按照规定的接口规范和 DLL 文件封装步骤，来进行轧制厚度的控制过程模拟。具体操作方式是，打开"轧制厚度虚拟仿真实验_Data"文件夹，将按照上述规定接口编译完成的 DLL 文件放入"Managed"文件夹中。在 AGC 参数设定中选择相应的自定义控制算法，如图 10.42 所示。

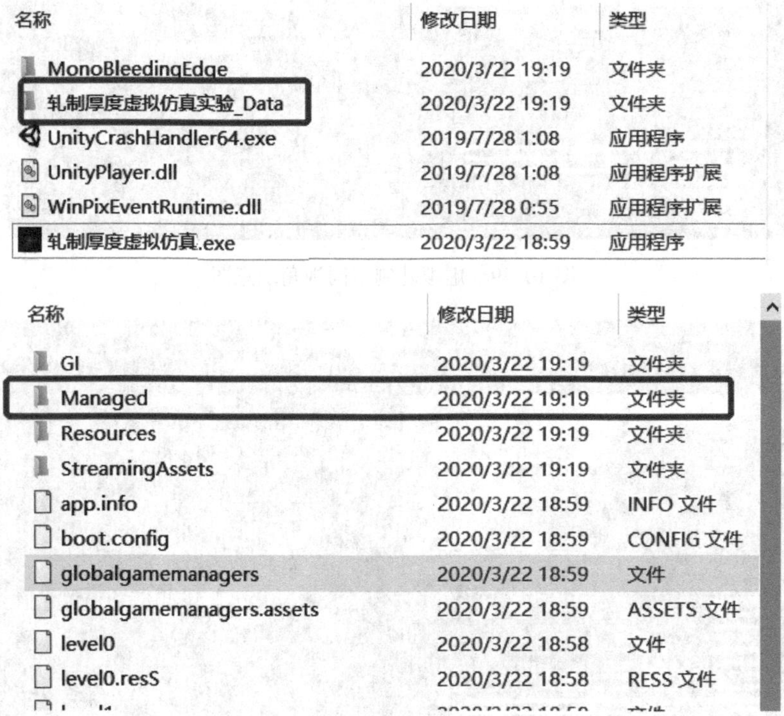

图 10.42　算法修改文件方法

10.6　习题

10.1　轧制过程的 AGC 是什么？

10.2　轧制过程的弹跳方程是什么？

10.3　轧制过程为什么会出现弹跳现象？

10.4　预压靠有什么意义？

10.5　轧件的塑性曲线是什么意义？

10.6　厚度计式 AGC 是什么？

10.7　测厚仪式 AGC 是什么？

10.8　轧制过程厚度波动的原因主要有哪些？

10.9　虚拟轧机系统主要由哪些环节组成？

10.10　控制算法封装 DLL 文件通常需要哪几个步骤？

10.11　虚拟轧机系统建模一般包括哪些设备环节？

10.12　电液伺服阀的模型一般是什么？

10. 13　液压缸的流量方程是什么？

10. 14　液压缸负载力的平衡方程是什么？

10. 15　厚度检测的一般传感器模型是什么？

10. 16　如何实现轧制生产线的漫游？

10. 17　虚拟实验初始值设定主要有哪些参数？

10. 18　PID 控制器参数对厚度控制曲线有什么影响？

10. 19　虚拟实验时如何改变微分环节的作用？

10. 20　虚拟实验时如何改变比例环节的作用？

10. 21　虚拟实验时如何改变积分环节的作用？

10. 22　如何发布创建的工业 VR 系统？

10. 23　连轧过程厚度控制 VR 主要包括哪些内容？

10. 24*　理想的厚度控制 VR 系统，还应该具有哪些功能？

10. 25*　厚度控制 VR 系统中，改变轧制速度对厚度控制的影响是什么？

10. 26*　厚度控制 VR 系统架构更加优化的方案是什么？

第11章　云计算控制系统虚拟实验室设计实例

当前控制系统实验室经常面对实验室开放性不足、资源利用率较低、实验系统类型无法满足课程要求、缺少通用的实验平台等问题。对于云控制系统这一新型控制系统结构，更是缺少可用的实验环境。因此本章在控制系统实验室建设中引入云计算和虚拟现实（VR）技术，设计开发基于云计算平台的控制系统虚拟实验室，进行包括云控制在内的多种控制系统虚拟仿真实验，进而实现实验室资源的高效利用和灵活调度，并且可以使学生能够随时随地访问虚拟实验室，进行在线实时仿真实验，有效克服了当前控制系统实验室面临的问题，也较好地解决了当前线上教学过程中无法开展课程实验的问题。

11.1　需求分析及建设目标

基于云计算平台的控制系统虚拟实验室，具有如下需求。

1）充分利用校园网资源和网络技术解决实验室开放性问题。校园网拥有千兆级的带宽，并且网络信号在校内基本实现了全覆盖，能够为校内教师和学生提供快速、稳定的网络环境。需要利用校园网、互联网等资源为实验用户提供不受时间、地点限制的实验环境。

2）传统的实验室难以兼顾实验室的可用性和资源的高效利用，经常是一类实验室占用一类设备，当没有课程安排时，相应设备处于闲置状态。可以通过云计算和虚拟化技术，使得物理服务器可以作为多类实验课程的载体，从而利用原本闲置的设备，提高资源利用率。此外，通过云计算的集中管理方式给实验室运维带来便利，使得实验室教师可以通过云计算中心采集实验室实时数据信息，监控实验环境状态。

3）为了确保学生能够通过实验培养工程实践能力、学习和巩固控制系统理论知识，需要对真实控制系统进行准确和逼真的模拟。实验数据间交互以及动态视觉效果呈现都应当体现出实验过程的实时性，提供逼真的实时仿真环境，并通过云计算环境模拟传统模式下"学生实验+教师监督指导+讨论交流"的模式。

基于云平台构建虚拟实验室的目的是为教师和学生提供一个灵活、实时、逼真、资源丰富的虚拟仿真实验环境，可以进行包括计算机控制系统、过程控制系统、网络控制系统和云控制系统在内的计算机控制类课程的线上虚拟仿真实验，并且能够满足学生使用自己的计算机，在校园任何地方、任何时间都可上网做实验的需求。具体实现目标如下。

1）统一计算平台。进行硬件平台的集成，把存储、服务器和网络等硬件融合在一起，提供实验所需的各种 IT 资源。

2）高度资源共享。通过云计算、虚拟化等技术充分利用硬件资源，实现高度的资源共享。

3）统一桌面环境。构建集中管理、统一维护、快速部署、安全和绿色的仿真实验桌面环境，提高创建仿真实验环境的效率，改善仿真实验教学。

4）扩展灵活。实现即需即用、灵活高效地使用 IT 资源，并且能够按需购买，避免过度投资及资源浪费。

5）维护和管理简易。构建管理平台，通过统一控制台进行资源管理，实现资源委派、用户自助服务等。

11.2　系统总体结构与功能

11.2.1　虚拟实验室总体结构

基于云平台的虚拟实验室采用了分层设计的思想，将虚拟实验室分为基础设施层（IaaS）、平台层（PaaS）和软件层（SaaS）三层，并对三层结构所具有的不同特性和不同的业务需求分别进行设计，以提高虚拟实验室的可维护性，使其更易扩展，性能更好。此外，用户端提供给教师和学生访问实验室的途径，可以利用任意终端设备对实验环境进行监控和操作，实验室总体架构如图 11.1 所示。

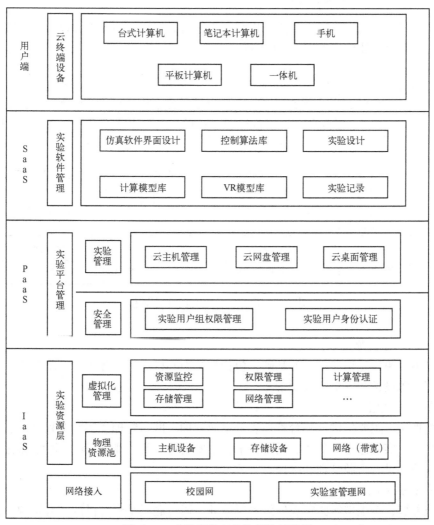

图 11.1　虚拟实验室总体架构示意图

基础设施层，对实验设备的网络接入和基础 IT 资源进行集中管理，利用云计算虚拟化技术将计算、存储和网络等物理资源虚拟化，构成实验资源池。平台层，主要是对虚拟实验室的资源交付方法进行设计，包括实验用户账号管理以及实验室平台层应用。实验室平台层应用主要有三种，包括管理云主机的云平台、存储实验相关文件的云网盘和交付云主机的云桌面。软件层，设计开发虚拟实验软件，为学生实验提供高度仿真、功能丰富的控制系统仿真实验环境。客户端，为教师和学生分别提供监控和实验处理网页或客户端界面。

虚拟实验室结构可以分为用户端（教师和学生端）、实验室远程访问系统和资源云平台。服务器端采用主从模式部署，一台物理服务器作为管理节点，负责对集群资源的调度，其余服务器作为计算节点构成虚拟资源池；实验室门户是对虚拟资源池的直接访问途径，主要包括云管理平台、云网盘和云桌面三部分；在用户端，实验用户只要在校园网环境下就可以使用任意终端设备连接实验室门户，进而进行实验管理和实时仿真实验。

11.2.2　虚拟实验室实现机制

基于云平台的虚拟实验室，其实现机制主要包括提供资源的云平台以及各个实验平台管理子系统，各部分功能描述如图 11.2 所示。

图 11.2　虚拟实验室实现机制描述

（1）基础设施资源层

基础设施资源层是构建平台的基础，包括数据中心机房运行环境、网络系统、计算资源设备和存储资源设备和安全资源设备等。

（2）平台管理层

平台管理层，主要提供云平台管理、云桌面管理、网盘管理、实验课程管理、账号管理以及整个平台的实时监控等功能。其中云平台主要管理计算（服务器）、网络和存储等各类设备资源，并提供云资源管理和维护。

（3）仿真服务层

仿真服务层，是虚拟实验室提供的主要服务，通过底层平台提供的实验资源，仿真服务层提供包括算法库、模型库、在线仿真实验和远程教学等功能。

（4）门户服务层

门户服务层，提供仿真实验室的访问门户、实验操作界面和平台运营管理门户，学生和教师通过各个访问门户获得相应服务，管理员则通过管理门户，实现对仿真实验室的管理和维护。

11.2.3　虚拟实验室逻辑架构

虚拟实验室逻辑架构如图 11.3 所示，整个硬件平台可分为终端用户、桌面服务、计算服务、存储服务、网络和安全服务以及资源云平台等，各部分逻辑功能分别说明如下。

1）终端用户：终端用户主要包括台式计算机、笔记本计算机等各类终端设备及与终端连接的外部设备，用户层是连接和使用信息系统的终端入口。

2）桌面服务：桌面服务是在云平台之上创建的云桌面资源池，用于提供给教师、学生所需要的仿真实验桌面环境。

3）计算服务：计算服务是云平台提供的 CPU、内存等计算服务，用于创建云主机，承担各个应用系统所需要的计算环境。

4）存储服务：存储服务提供云主机所需要的云盘、共享云盘以及各种应用场景中所需要的存储服务，包括实验系统数据、镜像数据和个人数据存储等。

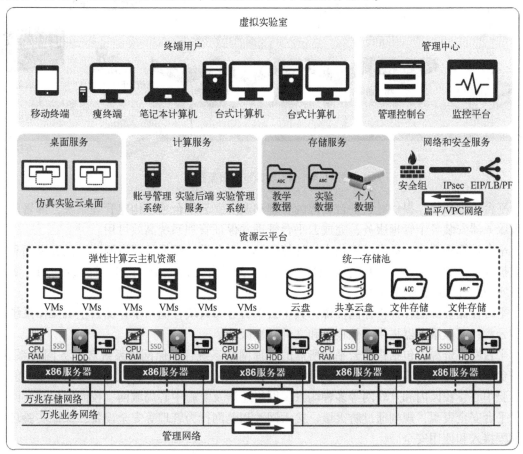

图 11.3　虚拟实验室逻辑架构图

5）网络和安全服务：网络和安全服务提供服务器虚拟化、网络虚拟化、软件定义网络、服务链及网络功能虚拟化等网络服务，以及云计算网络安全机制等服务。

6）资源云平台：资源云平台由多台服务器组成的云计算系统平台构成，统一管理和调度计算、存储、网络等基础设施资源，构建基础 IT 资源池。

11.2.4 虚拟实验室部署架构

根据虚拟实验室的逻辑架构，虚拟实验室部署云平台计算集群、存储平台和网络系统，并配套构建云桌面系统，系统部署如图 11.4 所示。

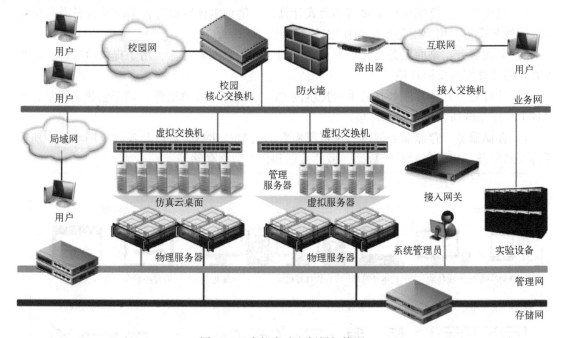

图 11.4 虚拟实验室部署架构图

平台管理系统，提供对云平台资源的管理和调度，云平台独立构建管理系统，部署两台管理服务器安装各个管理服务，完成云平台管理并保证管理系统高效可用。

平台计算资源池，提供虚拟化主机计算资源，平台设计部署计算资源池满足云桌面和管理虚拟服务器的需求，并实现资源隔离。同时，云平台支持 USB、GPU 等外设使用，满足仿真实验对外设资源的需求。

平台存储资源池，提供存储资源，其中云平台分布式块存储用于存储云主机操作系统磁盘和云盘；网盘服务器提供文件存储和文件共享服务。

平台网络资源，包括构建云平台所需的管理网络系统、存储网络系统和业务网络系统。云平台通过创建私有云网络、公有云网络等，提供给云主机使用。虚拟实验室的使用可能是在实验中心、校园内和互联网等多种场景，网络还涉及实验中心局域网、校园网和互联网。

平台安全资源，规划通过防火墙、接入网关和上网行为管理等安全设备，保证实验环境的远程接入和使用安全。

11.2.5　虚拟实验室实时性设计

虚拟实验室基于云平台、云桌面等 IT 技术进行设计，系统后台主要由云平台创建的云主机提供实验仿真程序和仿真程序后台服务的运行环境，实验仿真程序在云主机中是实时运行的，实验仿真程序与后台服务的通信也是在云平台内实时完成的。系统前端利用云桌面，将仿真程序运行的结果实时展示到学生面前。同时，学生在云桌面中操作仿真程序的指令，也通过桌面传输协议实时传回到后端云桌面主机中执行。此外，学生在云桌面中操作仿真程序的画面，可以通过教学交互软件实时回传到教师端，教师也可以通过教学交互系统中的实时通信功能与学生及时沟通，指导实验。系统设计具有实时性，能够满足实时仿真实验的要求。上述流程如图 11.5 所示。

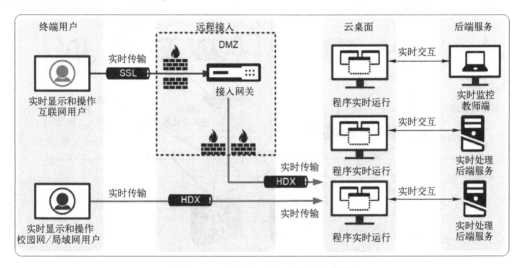

图 11.5　系统实时交互流程示意图

11.3　系统网络设计

系统网络设计的核心思想是根据网络实际需求情况，采用合适的网络技术进行合理的设备选型，在网络的性能、可靠性、扩展能力方面进行优化组合和综合平衡，做到拓扑层次清晰、管理方便、扩展灵活、可靠性高。整个网络架构按照不同的网络功能，划分为四个不同的功能区域：校园数据中心外网接入区域、校园数据中心核心交换区、实验中心云平台区域和实验中心内部局域网。系统网络拓扑如图 11.6 所示。

1）校园数据中心外网接入区域，部署着校园出口路由器和防火墙等设备，并且管理着学校的公网 IP，需要申请至少一个公网 IP，用于发布虚拟实验室云桌面等应用，实现互联网访问。

2）校园数据中心核心交换区，是校园网络的核心，通过校园数据中心核心交换网络，联通校园内各场所，实现可以在校园内任何地方访问虚拟实验室平台。

3）实验中心云平台区域，部署网络设备，连接云平台管理网、业务网和存储网，构建云平台，同时联通校园网和实验中心局域网。

4）实验中心内部局域网，联通实验中心各终端和虚拟云平台，实现内网访问和数据存储。

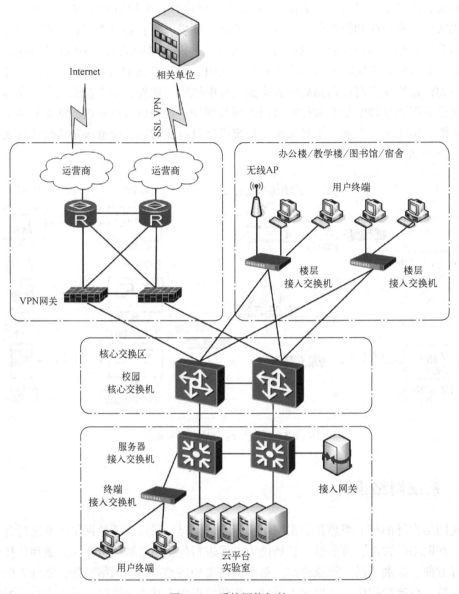

图 11.6　系统网络拓扑

1. 接入网关组网架构

为实现将云桌面发布到互联网，使得用户可以在任何地方访问实验环境，同时又保证数据的安全性，系统规划部署一台接入网关。接入网关作为整个系统的代理，对外与校园数据中心防火墙连接，对内与云平台相关服务器和桌面云主机连接，简化防火墙地址转换（NAT）和准入策略的维护工作量。

通过向学校网络中心申请，能够得到在互联网上解析的子级域名，给虚拟仿真系统配置一个域名指向接入网关地址，实现用户可以通过域名登录虚拟实验室平台。

2. 云平台网络逻辑架构

云平台网络逻辑上分为三个平面：业务平面、存储平面和管理平面，且三个平面之间相互隔离，确保各个网络独立，保证云平台稳定运行。实际部署时，业务平面网络和存储平面网络共用一组万兆交换机，管理网络及硬件管理网络共用一组千兆交换机。

云平台规划采用超融合架构，融合节点配置两个万兆网口和四个千兆网口，规划两个万兆网口配置 bond，上联交换机配置 Access 模式，用作分布式存储网络连接；两个千兆网口配置 bond，上联交换机配置 Trunk 模式，用作业务网络连接；两个千兆网口配置 bond，上联交换机配置 Access 模式，用作云平台管理网络连接。

云平台系统网段配置时，规划云平台管理网段、云平台分布式存储网络段、云主机业务网络段和桌面云主机网段，并继承原有的网络规则，满足云桌面和各业务系统的使用需求。

3. 用户终端与云主机通信设计

虚拟实验室需要实现云计算主机（虚拟机）与实体机（个人计算机）之间的实时通信，根据用户接入场景不同有以下几种实现方式。

1）云桌面虚拟机获得的都是内网 IP 地址或校园网 IP 地址，无法让互联网用户直接访问，需要在校园数据中心申请公网 IP，并将公网 IP 映射给每个云桌面虚拟机，这种方式需要为每个云桌面虚拟机申请一个公网 IP，实现难度较大。

2）基于网络地址转换（NAT），可以将一个网络（通常是公有网络）的 IP 地址转换成另一个网络（通常是私有网络）的 IP 地址；通过弹性 IP，可对公网的访问直接关联到内部私网的云主机 IP。内部私有网络是隔离的网络空间，不能直接被外部网络访问。

3）利用防火墙端口转发功能，将固定 IP 的不同端口映射到云主机端口，这种方式需要用户端用特定端口访问特定云主机，管理员需要定义和配置好映射规则，用户必须记住特定端口，另外还要确保交互的程序可以通过特定端口通信，实现难度较大。

4）端口转发（PF）功能，可将指定公有网络的 IP 地址端口流量，转发到云主机对应协议的端口。在公网 IP 地址紧缺的情况下，通过端口转发可提供多个云主机对外服务，节省公网 IP 地址资源。

5）若用户是在校园网或实验室局域网，则可以配置用户终端网络与云主机网络互通，实现用户终端与云主机实时互通。

6）用户终端与云主机直接进行的文件传输，数据的导入和导出是通过网盘系统上传和下载文件实现的。

4. VLAN 网络隔离

云平台支持虚拟局域网（VLAN）网络隔离技术。VLAN 是一组逻辑上的设备和用户，这些设备和用户并不受物理位置的限制，可以根据功能、部门及应用等因素将它们组织起来，相互之间的通信就好像它们在同一个网段中一样，由此得名虚拟局域网。ZStack 在创建两层网络时支持 VlanNetwork 类型，表示相关的物理机对应的网络设备需设置 VLAN，从逻辑上划分虚拟局域网，支持 1~4094 个子网。云平台通过 VLAN 网络隔离技术实现云平台管理网络、存储网络和业务网络等网络逻辑划分。

5. 用户网络隔离

云平台提供完善的安全组解决方案，能有效地对云主机进行访问控制，提高云主机的安全性。安全组就是给云主机提供三层网络防火墙控制，控制 TCP/UDP/ICMP 等数据包进行有效过滤，对指定网络的指定云主机按照指定的安全规则进行有效控制。通过添加安全组，可以实现每个用户虚拟机直接的隔离，确保用户实验室环境安全。

6. 网络带宽规划

虚拟实验室需要通过互联网、校园网等网络接入，对实验室网络进行合理规划，提供充足的网络带宽，保证良好的使用体验。云桌面的网络带宽需求与用户行为相关，根据仿真实验桌面的特点，平台网络带宽根据以下公式评估规划。

云桌面带宽计算公式如下：

$$Bandwidth(kbit/s) = 200H + 100D + 1500X + Z$$

式中，H 为需要在云桌面中使用视频的用户数；D 为不需要在云桌面中使用视频的用户数；X 为需要使用 3D 应用程序的用户数；Z 为额外附加的带宽，一般为 1000~2000 kbit/s。

虚拟实验桌面涉及图形和 VR 应用，属于 3D 应用场景，根据以上计算模型，若并发提供 60 个云桌面同时使用，系统出口网络需要的带宽约为 92 Mbit/s。

$$Bandwidth(kbit/s) = (200×0 + 100×0 + 1500×60 + 2000)kbit/s = 92000 kbit/s$$

虚拟实验室云平台规划通过万兆网络连接校园核心交换机，在实验中心局域网和校园网内网络带宽压力不大，但对互联网出口带宽要求较高。

7. 公网资源需求

虚拟实验室需要提供云桌面访问门户、网盘访问门户和云平台管理门户等访问入口，根据网络规划以及使用的要求，需要给相应的服务器申请相应的公网域名、公网 IP、校园网 IP 和局域网 IP 等资源。

用户访问虚拟实验室的路径如图 11.7 所示，至少需要申请一个公网 IP 和域名用于互联网访问，公网 IP 可以复用校园网站已经在使用的 IP 地址，公网域名可以在校园域名系统中添加虚拟实验室子级域名（例如 vlab.xxx.xxx.edu.cn）。

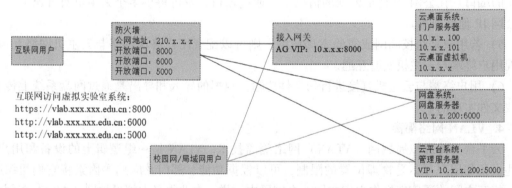

图 11.7　用户访问虚拟实验室路径

用户在校园网、局域网访问虚拟实验室时，可以使用校园网地址直接访问各个系统，因此需要给各个系统申请校园网固定 IP 地址，云平台服务器、云桌面控制台系统、接入网关和网盘服务器等均需要固定的校园网 IP 地址。

11.4　资源管理工具设计

虚拟实验室云计算资源管理工具选用 ZStack 云平台，该平台提供构建完整的基础设施服务（IaaS）云计算平台方案，以及完整的云计算资源异地/异构的管理平台。通过虚拟化技术，云平台为用户提供云主机的基础运行环境。用户获得云主机后，可安装合适的业务应用系统，并通过 Web 界面可对云主机执行众多的生命周期管理操作，包括停止、启动、快照、克隆和加载/卸载数据云盘等操作。其架构和功能如下。

基础设施层，提供硬件资源基础管理，包括异构虚拟化技术、分布式存储系统、SDN 网络服务和监控/运维系统等。

云交付层，向管理员/用户提供云平台服务，包括云主机服务、网页交互、API 接口、监控系统、弹性网络、VPN 隧道、账户管理、计费模块、负载均衡和端口转发等服务。

应用服务层，管理员/用户可以基于云平台提供承载业务系统应用运行的环境。

云平台具有简单（Simple）、强壮（Strong）、可扩展性（Scalable）、智能（Smart）的 4S 特点和标准。

11.4.1　部署模式

ZStack 云平台采用超融合基础架构（Hyper-Converged Infrastructure，HCI）部署模式，其含义是指在同一套单元设备中具备计算、网络、存储和服务器虚拟化等资源和技术，多套单元设备可以通过网络聚合起来，实现模块化的无缝横向扩展（Scale-out），形成统一的资源池。HCI 是实现"软件定义数据中心"的技术途径。使用计算存储超融合的一体化平台，替代传统的服务器加集中存储的架构，使得整个架构更清晰、简单。

虚拟实验室数据中心超融合解决方案（见图 11.8），集成了企业级虚拟化平台和企业级分布式存储系统，通过多个节点的本地硬盘，提供高性能、大容量的存储服务，以多副本等机制保障数据安全。通过集成云平台，提供多种企业级虚拟化管理平台的功用与用户体验，通过虚拟机高可用性（High Availability，HA）、虚拟机快照等功能，保证业务的高效可用。

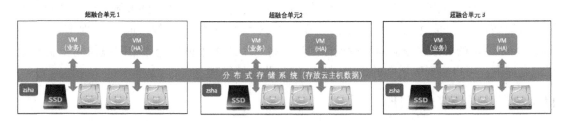

图 11.8　数据中心超融合解决方案示意图

超融合解决方案提供高性能的存储池和虚拟化环境，并实现统一运维管理。在超融合基础设施平台基础之上，可以将传统 IT 环境升级成云数据中心，将各个业务统一部署在云平台，从而无须为业务系统购买专门的服务器和专用存储设备，提高硬件资源利用率，降低设备成本和管理成本。

11.4.2 虚拟化云主机及其镜像管理

ZStack 云平台作为介于硬件和操作系统之间的软件层，采用裸金属架构的 x86 虚拟化技术，实现对服务器物理资源的抽象，将 CPU、内存、I/O 等服务器物理资源转化为一组可统一管理、调度和分配的逻辑资源，并基于这些逻辑资源在单个物理服务器上构建多个同时运行、相互隔离的虚拟机执行环境，实现更高的资源利用率。云平台提供的虚拟化云主机由 vCPU、内存、系统云盘、数据云盘和虚拟网卡等资源共同组成，如图 11.9 所示。

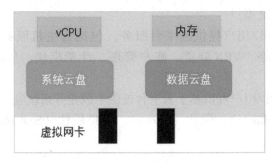

图 11.9　虚拟化云主机示意图

云平台提供基于 KVM 的虚拟化平台，可以承载各业务系统虚拟服务器，虚拟服务器提供与物理服务器性能一致的能力和体验。虚拟服务器运行在云平台上，可以提供虚拟服务器的高可用性，在物理服务器故障时，虚拟服务器可以迁移到其他服务器上重新启动，减少业务中断时间，保障业务高可靠。

云平台镜像是指云主机或云盘所使用的镜像模板文件。用户可以上传 ISO 文件，并通过 ISO 创建模板云主机，预先安装软件、预先配置策略来自定义镜像；同时，支持镜像导出，导出的镜像可下载到其他镜像服务器或归档备份。

镜像模板包括系统云盘镜像和数据云盘镜像。系统云盘镜像支持 ISO 和 Image 类型，数据云盘镜像支持 Image 类型。Image 类型支持 raw 和 qcow2 两种格式。镜像保存在镜像服务器上，首次创建云主机/云盘时，会下载到主存储上作为镜像缓存。

云平台中部署镜像服务器，用于保存镜像模板。镜像服务器挂载到区域之后，区域中的资源就能访问它。通过镜像服务器，可在多个区域之间共享镜像。同一管理节点下的 ImageStore 类型的镜像服务器间支持镜像同步，将一个或多个镜像仓库中的镜像同步至指定镜像仓库中，可以实现区域间的镜像同步，满足跨区域管理。

11.4.3 云平台管理设计

通过构建统一的云管理平台，提供丰富的虚拟化、存储、网络功能和强大的资源池管理能力，可以帮助用户整合各类物理和虚拟资源，更好地实现数据中心虚拟化资源管理、自动化运维发放。并且，针对用户业务场景通过用户组织管理、角色权限管理和监控报警等功能，为用户提供简便、易用的业务及运维平台。

ZStack 云平台提供完整的云主机生命周期管理，包括云主机创建、删除，以及云主机日常运营操作。提供镜像管理，支持 ISO、QCOW2 和 RAW 多种镜像格式，支持私有镜像和共享镜像，支持镜像导入及导出，如图 11.10 所示。

图 11.10　云主机创建

云平台具有良好的用户体验设计，平台初始化和平台配置都提供操作向导，指导用户简单、快速地完成系统配置操作。在进行配置操作过程中，如果系统中缺少相关资源和关联配置，云平台会智能地显示提示信息，并引导用户完成所有相关配置，从而实现简单运维。

云平台提供性能分析功能，性能分析界面能够直观地显示云主机、路由器、物理机、三层网络、虚拟 IP 和镜像服务器资源实时使用情况。性能分析页面支持全局资源和指定资源两种方式搜索，规定好搜索起止时间，填写筛选条目，系统会自动筛选出符合要求的信息。云平台具有监控报警系统，针对各种资源类型提供了多样化报警条目，支持的接收端类型有邮件、钉钉和 HTTP 等应用。

云平台提供操作记录审计功能，云平台操作日志界面包括已完成、进行中和审计三个子页面。针对已完成的操作提供日志查看，可查看该操作的操作描述、任务结果、操作员、登录 IP、任务创建/完成时间，以及操作返回的消息详情，实现更细粒度管理。

云平台提供资源编排服务，可以帮助用户简化云资源管理和实现自动化部署运维。通过资源栈模板，定义所需的云资源、资源间的依赖关系和资源配置等，可实现自动化批量部署和配置资源，轻松管理云资源生命周期。用户只需创建资源栈模板或修改已有模板，定义所需的云资源、资源间的依赖关系和资源配置等，资源编排将通过编排引擎自动完成所有资源的创建和配置。

云平台用户管理主要提供了用户对系统资源的访问控制，可实现以细粒度对资源归属及权限控制的划分。用户管理提供账户、用户组和用户的管理，同时涉及策略、配额等。

云平台支持对云主机、定时任务、镜像、云盘、弹性 IP、安全组、用户和标签总共八类资源的权限控制。在云平台中用户权限受到用户权限设置页以及该用户所属用户组权限设置页共同控制。只要用户权限设置页，或者该用户所属任意用户组权限设置页授予了某资源的权限，即代表该用户拥有该权限对应的操作。如果需要禁止该用户对某资源的操作权限，则需要禁止该用户权限页，以及该用户所属所有用户组权限页相关资源的操作权限。

云平台具有计费管理功能，可以按计费单价和使用时间来统计并显示所有项目或账户下各资源的资费信息。资源计费后生成计费账单，账单显示计费项目或计费账户、总额、云主机、根云盘、数据云盘、GPU 设备和公网 IP 的计费信息。

云平台支持定时器与定时任务功能。定时器是承载定时任务的容器，非常适用于长时间运行的操作。定时任务是加载到定时器上的任务条目。支持任务类型包括启动云主机、停止云主机、重启云主机、创建云主机快照和创建云盘快照等。

云平台支持网络拓扑功能，支持云平台的全局拓扑，还支持针对自定义资源生成拓扑图，快速定位资源状态。ZStack 云平台提供监控大屏能够实时展示资源负载、资源用量和TOP5 等信息，提供全面的云平台监控信息，如图 11.11 所示。

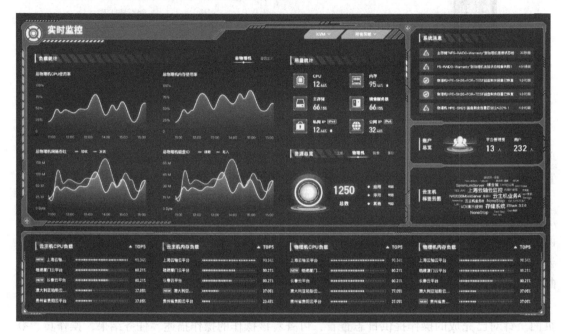

图 11.11　ZStack 云平台监控大屏

11.4.4　云存储网盘设计

云存储网盘为用户提供了专属的文件存储空间。学生可以通过云存储网盘备份实验关键数据、算法文件和上传实验报告等；教师则可以借助云网盘发布实验公告及操作指导手册，在线查看学生实验情况等。

在云平台上部署 DzzOffice 网盘服务器，提供云存储服务。DzzOffice 网盘是一款多人协作办公工具，提供团队文件集中管理，可满足组织的各种自定义需求；主要功能涵盖权限管理、群组和机构部门管理、空间设置、文件分享管理、文件基本操作、云盘存储支持等；其功能灵活、强大，并且为企业私有部署，安全可靠。

网盘系统允许用户创建"群组"，在群组内共享和同步文件。在实验室的网盘建设中，账号信息与云桌面用户信息同步，并采用一个共享空间和账号私有空间的模式进行构建。共享云盘空间分为只读部分和只写部分，只读部分用于存储实验指导手册，只写部分用于存储学生上传的实验报告等。普通实验用户通过登录云盘可以对自己的云盘进行读写、备份操作，而对共享云盘只拥有部分权限。管理员账号则可以对所有云盘进行管理。

11.5 云桌面设计

云桌面解决方案是基于云平台的一种虚拟桌面应用,通过在云平台上部署虚拟桌面软件,终端用户可以通过瘦客户端或者其他设备来访问云桌面和应用。云桌面解决方案,通过构筑统一的桌面资源平台,实现了计算、存储等资源集中共享、统一调度管理,同时解决了传统 PC 带来的信息安全、办公效率和运维管理等诸多问题,增强信息安全,实现高效运维、灵活办公,提高业务可靠性。

云桌面及交付基础架构提供了用户到应用和桌面的端到端解决方案,可将任何应用、桌面和数据交付给任何用户,并提供最佳的性能、最高的安全性、最低的成本及最强的灵活性。云交付解决方案将数据中心转变成交付中心,其组成架构如图 11.12 所示。

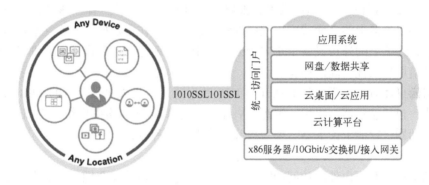

图 11.12 云交付中心示意图

关键组件解释如下。

1)x86 服务器:标准企业级 x86 服务器,提供计算、存储资源。

2)10 Gbit/s 交换机:标准万兆以太网交换机,支撑存储网络、业务网络。

3)接入网关:为终端用户接入访问应用程序和桌面提供接入网关,为 IT 人员提供了细粒度的应用层策略和行为控制能力,可保障应用和数据访问的安全,同时让用户可单点访问所需的应用和桌面。

4)云计算平台:将服务器等硬件基础设施整合为虚拟资源池,包括计算资源池、分布式存储资源池,提供统一的计算、存储和网络服务。

5)云桌面:以更低成本、更安全、更可靠地直接通过数据中心交付操作桌面。

6)网盘/文件共享:交付企业数据,实现文件共享。

7)客户端软件:可以将桌面或应用程序交付到多种用户设备,包括智能手机、平板计算机、笔记本计算机和台式计算机。

由于云桌面是通过网络连接的,用户可以在教室、实验室和宿舍等区域轻松访问自己的云桌面环境,实现移动接入;通过互联网连接,可以在校园外部访问实验系统的资源,实现资源同步共享。

1. 用户层设计

使用仿真云桌面系统进行教学和实验时,可以在台式计算机、笔记本计算机和移动终端上访问云桌面系统，登录云桌面进行相关实验。

作为连接云桌面的终端可以是台式计算机、笔记本计算机和移动终端等。使用台式计算机或笔记本计算机时，可以在台式计算机和笔记本计算机中安装桌面访问客户端，然后通过访问门户网站，登录云桌面。这种方式没有额外的硬件和软件成本增加，用户环境不需要改变，用户仍然可以访问本地计算机的应用，部署简单，只需要安装云桌面客户端程序。客户端支持 Windows、Linux 和 mac OS 等操作系统。

云桌面环境，能够提供声音、灯光等处理方案。用户通过云桌面协议连接到云桌面，云桌面协议中包含有多个虚拟通道，分别传递各种输入、输出数据，如鼠标、键盘、图像和声音等。云桌面协议将云桌面的输入、输出信息重定向到用户终端设备上，当云桌面中的软件发出声音或灯光指令时，用户终端响起声音和灯光。

云桌面远程传输协议连接虚拟桌面、虚拟应用和用户终端设备，通过桌面协议的多个虚拟通道（分别传递各种输入/输出数据，如鼠标、键盘、图像、声音、端口和打印等）将运行在数据中心服务器上的桌面或应用程序的输入、输出操作重定向到用户终端设备上。桌面协议同时也将终端上的外接设备重定向到云桌面中。实现全面的外设接入，细粒度的安全管控，并呈现给用户最优的高清体验。

在使用云桌面时，桌面协议默认开启 USB 映射通道，为大多数流行的 USB 设备提供了优化的支持，包括显示器、鼠标、键盘、VoIP 电话、耳机、网络摄像机、扫描仪、摄像头、打印机、驱动器、智能卡读卡器、手写板和签名板等各种设备。

2. 接入层设计

为了满足用户对于内外网访问的需求，同时又保证数据的安全性，在数据中心内建设仿真云桌面交付平台，用户终端所在网络与云桌面交付平台通过防火墙、NetScaler 接入网关隔离（见图 11.13），保证了网络的安全和数据的隔离性。

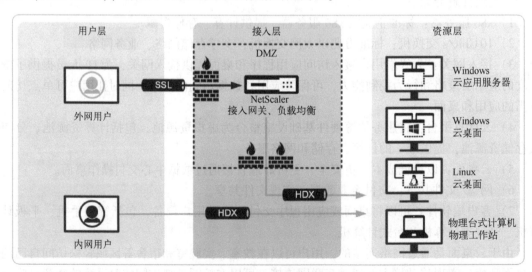

图 11.13　接入层设计

NetScaler 安全接入网关设备是接入层的核心组件，其作用主要如下。

1）协议代理：作为 ICA 协议的反向代理，把所有从终端设备网段到应用交付层之间的通信封装在使用 443 端口的加密通道中。协议代理模式可以极大简化企业防火墙地址转换（NAT）和准入策略的维护工作量。

2）负载均衡：NetScaler 作为业界优秀的七层负载均衡设备，可以为包括 StoreFront 门户网站、桌面虚拟化控制器（DDC）的 XML 服务和 PVS 服务在内的诸多组件提供负载均衡，实现高可用。

3）应用汇聚与统一访问：应用交付平台最终通过 Citrix NetScaler 安全接入网关设备统一交付应用及桌面资源，用户只需访问统一的发布门户，系统就会根据用户身份来自动判别并分配应用，对用户的访问权限实现了细粒度的控制，以确保有效的权限访问合法授权的应用资源。

3. 资源层设计

资源层定义云桌面用户配置文件、桌面策略、应用程序、业务系统和云桌面虚拟机规格等桌面使用中的各个方面。

对于云桌面的用户配置文件，规划使用配置文件管理策略以及 Windows 文件夹重定向策略，在保证桌面用户个性化需求的同时保证良好的桌面登录体验。应用程序包括训练系统软件、浏览器、办公软件和仿真软件等。

云桌面支持交付独享式桌面操作系统桌面（Windows XP/Windows 7/Windows 10），独享式云桌面使用桌面版操作系统，同一时间仅允许一个用户登录使用，提供给用户独享的资源空间，且应用兼容性和用户体验良好。

虚拟显卡桌面在通用虚拟桌面基础之上，应用虚拟 GPU 解决方案，在桌面操作系统计算机上随托管桌面或应用程序交付图形密集型应用程序。虚拟图形处理器（vGPU）功能可以使多台虚拟机直接调用单个物理 GPU 资源，在虚拟桌面中使用具有硬件加速能力的 vGPU 虚拟机，非常适合图形密集型应用、设计和研发等桌面办公场景。

虚拟化平台支持 vGPU 功能，将物理 GPU 经过虚拟化切割，形成多个 vGPU，分别加载到不同云主机使用，在满足 GPU 使用场景的情况下，扩展 GPU 数量，从而避免 GPU 资源浪费。

4. 控制层设计

云桌面系统实现远程安全交付桌面给用户使用，云桌面系统架构如图 11.14 所示，整个云桌面系统由超融合平台资源池、云桌面发布基础架构、桌面虚拟机、接入访问层和用户终端等几个部分构成。

云桌面系统各部分由各种组件构建而成，其中主要组件说明如下。

1）超融合主机：安装虚拟化平台，分布式存储系统，创建虚拟服务器、虚拟桌面资源池。

2）域控制器（AD）：提供虚拟应用认证登录、用户账号管理、策略控制和域名解析等服务。

3）数据库服务器：SQL Database 为 DDC 提供数据库，用于存储数据信息，如虚拟机与用户的关联信息、交付组配置等。

4）访问门户服务器：部署 StoreFront 服务，提供客户端访问虚拟桌面的门户入口。

5）桌面分发控制器（DDC）：用于发布虚拟应用、管理客户端登录授权以及监视虚拟应用状态的服务器，通过它来为客户端用户交付虚拟应用。

6）虚拟桌面交付服务控制台（Studio）：用于连接 DDC 进行桌面分发管理等。

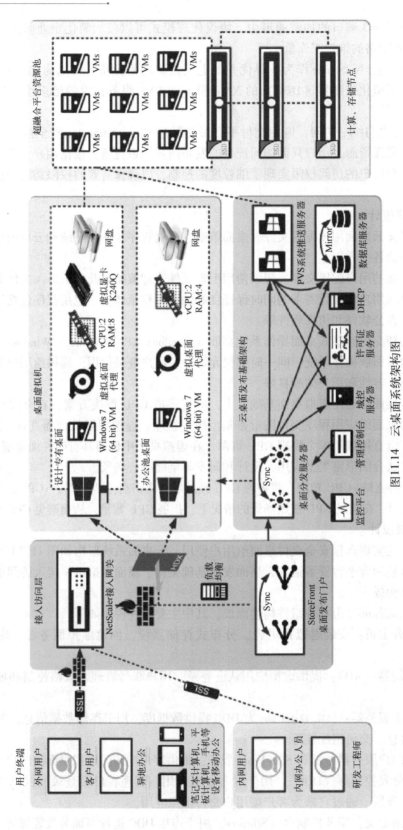

图 11.14 云桌面系统架构图

7）虚拟桌面监控平台（Director）：提供虚拟桌面、虚拟应用登录和运行等监控信息。

8）License 服务器：是 License 的管理与发放系统，负责虚拟桌面的 License 发放。

9）虚拟应用服务器（XenApp）：为 Windows Server 服务器，安装 Virtual Delivery Agent 和应用软件，提供 Windows 虚拟应用。

10）桌面虚拟机：基于 Windows 操作系统的 VM，安装 Virtual Delivery Agent 和应用软件，用于向用户交付个性化桌面。

11）维护管理服务器（MGMT）：提供系统的维护管理控制台，安装应用和桌面分发服务控制台（Studio）连接 DDC 服务，进行桌面和应用的分发管理；安装监控平台（Director）监控系统环境和进行故障排除，还可以为最终用户提供远程协助等支持任务。

12）用户及客户端：云桌面访问客户端可以安装到用户台式计算机、笔记本计算机、平板计算机和手机等设备。

11.6　教学交互系统设计

教学交互系统使用电子教室软件，实现多媒体网络课堂教学互动、教学管理、教学测评、教学监督的高度整合与优化，充分发挥了信息技术在教学中的优势。

教学互动部分通过广播教学、分组教学和学生演示等功能，极大地拓展和深化了网络环境下的多媒体课堂互动。网络环境下多媒体互动教学过程如图 11.15 所示。

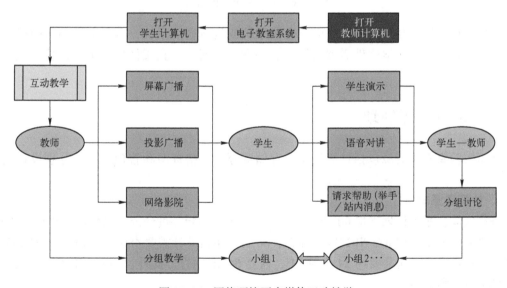

图 11.15　网络环境下多媒体互动教学

网络环境下多媒体互动教学具体步骤如下。

1）电子教室系统用于教学时，教师打开教师计算机中的电子教室系统，以学生手动或教师远程命令的方式打开学生计算机，即可开展有线或无线网络环境下的多媒体互动教学。

2）教师可以将教师计算机的屏幕和声音同步广播给学生，也可以使用自己携带的笔记本计算机进行投影广播，并且教师笔记本计算机无须安装电子教室系统。

3）教师可以通过网络影院功能将视频资源同步播放给学生，网络影院支持众多主流的视频格式，并可以自动记忆视频播放的位置供下次继续播放。

4）教师可以通过电子教室系统进行学生演示、语音对讲和分组讨论，达到教师与学生的有效互动，营造一个积极的教学氛围，从而提高教学效率。

5）学生可以使用举手或发送站内消息的功能向教师请求帮助，以便及时与教师沟通。

6）教师通过电子教室系统的分组管理功能对班级学生进行分组，并设置组长等角色对小组进行管理，教师适时参与指导学生，帮助学生开展有效的探究性学习。

教学管理部分通过断线锁屏、远程命令、远程监控和学生限制等功能，充分保证了多媒体网络课堂教学的有序性。利用系统监控功能，可以同时观看多位学生或放大显示某位学生的桌面情况，实时了解学生的学习情况。如图 11.16 所示。

图 11.16　教学系统监控画面

此外，还可以结合第三方网络电子会议系统或实时通信系统，实现全员参与的视频教学，视频会议或视频教学软件需要占用大量的网络带宽，可直接使用学生的计算机或手机登录。

11.7　系统资源规划

虚拟实验室系统资源包括计算资源、存储资源、网络资源和管理资源，分别设计规划如下。

1. 计算资源规划

虚拟实验室平台计划支持 60 个用户进行在线仿真实验，每台云主机配置为 8vCPU/8 GB RAM/100 GB DISK/1 Gbit/s NIC/1 GB 显存，60 台云主机共计需要 480 个 vCPU，需要 480 GB 内存。云桌面管理系统需要约 24 个 vCPU，需要 64 GB 内存。此外，还需要部署教室机、网盘系统等管理服务器。

云平台规划使用三台物理服务器作为计算节点，每台服务器配置两颗 12 核 2.2 GHz 以上的 CPU 和不低于 384 GB 的内存。另外，为保证平台云主机支持 VR 应用，规划给每台云主机配置 1 GB 显存的虚拟显卡。

2. 存储资源规划

虚拟实验室平台存储采用分布式存储架构，通过云平台中的分布式存储软件，将多台服务器上的磁盘通过网络组织起来，构成企业级存储系统，提供云桌面、用户数据和管理系统所需的存储空间，并通过数据多副本、数据重构等功能实现数据保护。

采用超融合架构，分布式存储系统规划使用三台服务器部署分布式存储软件，规划每台服务器配置两块 480 GB SSD 磁盘用于安装服务器系统和服务；配置一块 960 GB SSD 磁盘分别用缓存磁盘以提高系统性能；配置四块 4 TB 的 SATA 硬盘用于云主机数据存储。分布式存储资源池可提供约 48 TB 裸容量存储空间，在使用三副本的存储策略下提供约 16 TB 可用存储。

3. 网络资源规划

云平台系统网络架构分为存储网络平面、管理网络平面、业务网络平面和接入网关几个层次。存储网络、管理网络和业务网络平面均采用冗余部署模式，实现网络负载均衡及链路高可靠。各网络平面作用如下。

1）存储网络平面：主要用于云平台服务器与存储设备的网络连接，提供高速、高可靠的存储网络链路，存储网络由服务器上万兆网卡和万兆交换机构成。

2）管理网络平面：负担云平台系统的管理流量，包括对云平台服务器的管理、云主机在线迁移和系统高可用保障等，管理网络使用服务器千兆网卡和千兆以太网交换机，并与数据中心网络连接。

3）业务网络平面：与现有校园核心网络架构相连，主要用于云主机与外部网络的通信。业务网络使用服务器上千兆网卡和千兆以太网交换机，并与数据中心网络连接。

4）接入网关：为终端用户接入访问应用程序和桌面提供接入网关，同时让用户可单点访问所需的应用和桌面。

此外，配置服务器硬件管理（IPMI）网络，实现远程硬件管理和监控。

4. 管理资源规划

云平台规划配置两个管理服务器用于云平台管理。管理服务与计算服务合并部署共用物理服务器资源。

11.8　习题

11.1　简述虚拟实验室的结构和作用。

11.2　简述虚拟实验室的实现机制。

11.3　简述虚拟实验室的逻辑架构。

11.4　简述虚拟实验室的部署架构。

11.5　简述 ZStack 资源管理工具的特点。

11.6　简述虚拟实验室的网络部署，并列出其中的关键技术。

11.7　如何设计云桌面系统？

11.8　虚拟实验室包括哪些资源，如何规划？

11.9*　试结合校园网络实际情况，自行设计一个云计算网络系统。

11.10*　试在个人计算机上安装 ZStack 系统。

参 考 文 献

[1] 关守平，周玮，尤富强．网络控制系统与应用 [M]．北京：电子工业出版社，2008.

[2] 吴迎年，张建华，侯国莲，等．网络控制系统研究综述（Ⅰ)[J]．现代电力，2003，20（5）：74-81.

[3] 吴迎年，张建华，侯国莲，等．网络控制系统研究综述（Ⅱ)[J]．现代电力，2003，20（6）：54-62.

[4] 刘建昌，周玮，王明顺．计算机控制网络 [M]．北京：清华大学出版社，2006.

[5] 刘建昌，关守平，周玮，等．计算机控制系统 [M].2版．北京：科学出版社，2016.

[6] 李伯虎，柴旭东，张霖，等．智慧云制造：工业云的智造模式和手段 [J]．中国工业评论，2016，2：58-66.

[7] 罗军舟，金嘉晖，宋爱波，等．云计算：体系架构与关键技术 [J]．通信学报，2011，32（7）：3-21.

[8] 夏元清．云控制系统及其面临的挑战 [J]．自动化学报，2016，42（1）：1-12.

[9] GUAN S P, NIU S L. Stability-based controller with uncertain parameters for cloud control system [C]. Proceeding of the 32nd CCDC, Hefei, 2020.

[10] 彭可．控制网络系统性能分析、系统设计和网络互连的研究与应用 [D]．长沙：中南大学，2004.

[11] ALMUTAIRI N B, CHOW M-Y. PI parameterization using adaptive fuzzy modulation（AFM）for IP networked PI control systems—part Ⅰ: partial adaptation [C]. Proceedings of IECon'02, Sevilla, 2002.

[12] ALMUTAIRI N B, CHOW M-Y. PI parameterization using adaptive fuzzy modulation（AFM）for IP networked PI control systems—part Ⅱ: full adaptation [C]. Proceedings of IECon'02, Sevilla, 2002.

[13] 何杰．用于时滞不确定系统的自适应 Smith 预估器 [J]．江苏理工大学学报，2001，22（3）：75-77.

[14] MATAUSEK M R, MICIC A D. A modified smith predictor for controlling a process with an integrator and long dead-time [J]. IEEE Transactions on Automatic Control, 1996, 41（8）: 1199-1203.

[15] 王良明．云计算通俗讲义 [M].3版．北京：电子工业出版社，2019.

[16] 林子雨．大数据技术原理与应用 [M]．北京：人民邮电出版社，2018.

[17] 陈晓宇．云计算那些事儿 [M]．北京：电子工业出版社，2020.

[18] CloudMan. 每天 5 分钟玩转 Kubernetes [M]．北京：清华大学出版社，2018.

[19] 刘鹏．云计算 [M].3版．北京：电子工业出版社，2015.

[20] 俞立．鲁棒控制：线性矩阵不等式处理方法 [M]．北京：清华大学出版社，2002.

[21] BOYD S, GHAOUI L E, FERON E, et al. Linear matrix inequalities in system and control theory [M]. Philadelphia: SIAM, 1994.

[22] WANG Y, XIE L, De SOUZA C E. Robust control of a class uncertain nonlinear systems [J]. Systems and Control Letter, 1992, 19（3）: 139-149.

[23] HUANG C H, IOANNOU P A, MAROULAS J, et al. Design of strictly positive real systems using constant output feedback [J]. IEEE Transactions on Automatic control, 1999, 44（3）: 569~573.

[24] GUAN S P, DONG X. An architecture of cloud control system and its application in greenhouse environment [C]. Proceeding of the 38nd CCC, Guangzhou, 2019.

[25] 吕云，王海泉，孙伟．虚拟现实：理论、技术、开发与应用 [M]．北京：清华大学出版社，2019.

[26] 卢博．VR 虚拟现实商业模式+行业应用+案例分析 [M]．北京：人民邮电出版社，2016.

[27] 赵亚洲．智能+：AR、VR、AL、IW 正在颠覆每个行业的新商业浪潮 [M]．北京：北京联合出版公

司, 2017.

[28] ARNALDI B, GUITTON P, MOREAU G. 虚拟现实与增强现实：神话与现实 [M]. 侯文军, 蒋之阳, 等译. 北京：机械工业出版社, 2019.

[29] 谢成. 基于虚拟实境技术的变电站三维仿真培训平台的研制 [D]. 上海：上海交通大学, 2009.

[30] 阚阔. 虚拟现实在连铸仿真培训系统中的应用研究 [D]. 唐山：华北理工大学, 2018.

[31] 孙政. 综采机组远程操作系统虚拟现实技术研究 [D]. 太原：太原理工大学, 2018.

[32] 孙少明. 基于沉浸式虚拟现实环境下虚拟实验的设计与实现 [D]. 昆明：云南师范大学, 2019.

[33] 李林强. 基于虚拟现实技术的矿井提升机教学系统研究 [D]. 焦作：河南理工大学, 2012.

[34] 汪余博. 某型舰炮拨弹机虚拟仿真训练维修系统的研究与开发 [D]. 南昌：南昌大学, 2011.

[35] 孟志刚. 三维虚拟自动控制实验系统的设计与实现 [D]. 乌鲁木齐：新疆大学, 2015.

[36] 方美琪, 张树人. 复杂系统建模与仿真（第2版）[M]. 北京：中国人民大学出版社, 2011.

[37] 党宏社. 系统仿真与应用 [M]. 北京：电子工业出版社, 2018.

[38] LAW A M. 仿真建模与分析 [M]. 5版. 范文慧, 译. 北京：清华大学出版社, 2017.

[39] 谭树彬, 钟云峰, 刘建昌, 等. 轧机辊缝控制建模及仿真 [J]. 系统仿真学报, 2006, 18 (6): 1425-1427.

[40] 谭树彬, 钟云峰, 徐心和. 压力 AGC 与监控 AGC 相关性研究 [J]. 东北大学学报, 2006, 27 (3): 256-259.

[41] 王建辉, 顾树生. 自动控制原理 [M]. 2版. 北京：清华大学出版社, 2014.